集成电路科学与工程系列教材

敏捷硬件开发语言
Chisel 与数字系统设计

梁 峰 吴 斌 张国和 雷冰洁 雷绍充 编著

電子工業出版社
Publishing House of Electronics Industry
北京 · BEIJING

内 容 简 介

从 20 世纪 90 年代开始，利用硬件描述语言和综合技术设计实现复杂数字系统的方法已经在集成电路设计领域得到普及。随着集成电路集成度的不断提高，传统硬件描述语言和设计方法的开发效率低下的问题越来越明显。近年来逐渐崭露头角的敏捷化设计方法将把集成电路设计带入一个新的阶段。与此同时，集成电路设计也需要一种适应敏捷化设计方法的新型硬件开发语言。

本书从实用性和先进性出发，较全面地介绍新型硬件开发语言 Chisel 和数字系统敏捷化设计方法。全书分两篇。第一篇共 10 章，主要内容包括 Chisel 语言简介、Chisel 的数据类型、Chisel 的模块与硬件类型、Chisel 常用的硬件原语、如何将 Chisel 代码转换生成 Verilog HDL 代码及基本测试方法、Chisel 的黑盒、用 Chisel 实现多时钟域设计、Chisel 的函数应用及其他议题等。第二篇共 9 章，介绍编写 Chisel 需要掌握的 Scala 语言编程基础知识。读者可以根据自身情况，跳过第二篇 Scala 基础部分，直接学习 Chisel 的硬件开发功能。本书提供配套的课后练习参考答案、仿真程序代码等。

本书可作为集成电路科学与工程、电子信息类、计算机类等相关专业的高年级本科生及研究生的教学用书，也可供从事集成电路设计的工程人员和 EDA 专业人员学习、参考。

图书在版编目（CIP）数据

敏捷硬件开发语言 Chisel 与数字系统设计/梁峰等编著. —北京：电子工业出版社，2022.6
ISBN 978-7-121-43412-9

Ⅰ. ①敏…　Ⅱ. ①梁…　Ⅲ. ①集成电路－电路设计－高等学校－教材　Ⅳ. ①TN402

中国版本图书馆 CIP 数据核字（2022）第 077413 号

责任编辑：王晓庆
印　　刷：北京虎彩文化传播有限公司
装　　订：北京虎彩文化传播有限公司
出版发行：电子工业出版社
　　　　　北京市海淀区万寿路 173 信箱　　邮编：100036
开　　本：787×1092　1/16　印张：16.75　字数：429 千字
版　　次：2022 年 6 月第 1 版
印　　次：2024 年 11 月第 3 次印刷
定　　价：69.00 元

凡所购买电子工业出版社图书有缺损问题，请向购买书店调换。若书店售缺，请与本社发行部联系，联系及邮购电话：（010）88254888，88258888。

质量投诉请发邮件至 zlts@phei.com.cn，盗版侵权举报请发邮件至 dbqq@phei.com.cn。

本书咨询联系方式：（010）88254113，wangxq@phei.com.cn。

前　言

在数字集成电路设计领域中，最流行的硬件描述语言就是 Verilog HDL。Verilog HDL 已推出将近四十年，其开发效率低下的问题越来越明显，已经不适应如今动辄百亿晶体管规模的芯片开发。虽然 Verilog HDL 也有后续改进版本——SystemVerilog，其可使得硬件设计更为方便，但效果并不明显，治标不治本。据调研，过去的几十年间，以年为时间度量单位的芯片开发周期已经成为阻碍芯片设计行业创业的重要阻力。业界急需一套敏捷的硬件开发流程，这其中就需要一种新型的敏捷硬件开发语言。

经过最近十几年的探索，已经有 Chisel、Bluespec、SpinalHDL 等多种新型硬件开发语言出现，这些语言各有特色，各有优缺点。其中，以加州大学伯克利分校的研究团队发布的一种新型硬件开发语言 Chisel（Constructing Hardware In a Scala Embedded Language）最为抢眼。Chisel 是一门以 Scala 为宿主语言开发的硬件构建语言，它是建构在 Scala 语言之上的领域专用语言（Domain Specific Language，DSL），支持高度参数化的硬件生成器。加州大学伯克利分校在设计著名的 RISC-V 处理器的时候引入了 Chisel 语言，其高抽象程度的描述方式让沉闷已久的芯片设计领域为之震动。借助 Chisel，加州大学伯克利分校的研究团队仅花了一年时间和 100 万美元，就完成了从 RISC-V 指令集设计到芯片的成功流片。

本书作者在国内高校中较早把 Chisel 引入电路设计，为了向业界同行分享学习和使用 Chisel 语言的经验、体会，作者在科技博客网站推出了一系列的 Chisel 教程。在发布 Chisel 教程之前，Chisel 的学习资料只有官方的在线手册，学习起来晦涩难懂。所以教程被推出后，很快便引起了业内同行的注意，并被转载至十几个不同的技术网站，随后也引来了国内几家著名的集成电路设计公司的关注。

Chisel 解决了 Verilog 的一些痛点。首先，也是最重要的，是在硬件电路设计中引入面向对象的特性。其次，减少了很多不必要的语法，改进了有瑕疵的语法。Verilog 的初衷就是用于电路验证，而不是设计，因此存在很多不可综合的语法。在 Chisel 转换成 Verilog 的过程中，不会采用这些不可综合的语法，因此编写 Chisel 时不用担心无法生成电路，对硬件新手而言非常便利。再比如，Verilog 的 reg 不一定指代寄存器，这常常被新手误解，而 Chisel 的 Reg 就是寄存器，没有歧义。最后，利用 Scala 的模式匹配、特质混入、类继承等特性，能够迅速改变电路结构。对于日益庞大的 SoC 系统，这是非常重要的。

由于目前关于 Chisel 的详细教程很少，国内外更未有相关的教材出现，为了使我国的集成电路设计教育在扑面而来的敏捷化开发大潮中抢占一席之地，作者决定编写一本介绍 Chisel 和敏捷硬件开发的教材，为在校本科生、研究生以及从事数字集成电路设计的专业人才讲授该方面的专业知识。

本书从零基础开始，由浅入深，从基础到高级，配合大量实践案例，带领学习者一步一步学会 Chisel 开发的实用技术。由于 Chisel 是构建在 Scala 之上的 DSL，因此本教材分两篇：第一篇介绍 Chisel 语言及敏捷硬件开发知识；第二篇介绍 Chisel 用到的 Scala 语言的编程基础知识。读者可以根据自身情况，跳过 Scala 基础部分，直接学习 Chisel 的硬件开发功能。

本书提供配套的课后练习参考答案、仿真程序代码等，请登录华信教育资源网（https://www.hxedu.com.cn）注册后下载，也可联系本书编辑（010-88254113，wangxq@phei.com.cn）索取。

本书语言简明扼要、通俗易懂，具有很强的专业性、技术性和实用性。本书第一篇的每一章都附有丰富的习题，供学生课后练习以巩固所学知识。

本书由梁峰、吴斌、张国和、雷冰洁、雷绍充编著。这本书是作者所在的教学科研团队的全体老师和同学们多年的劳动成果，其中研究生肖飞豹、王宗轩、余文麟、成舒婷、曹琪、陈昇杰、郝渊、程才菲、秦海鹏、孙齐伟、王永强、付海生、卞鼐、张洁、杨崟、李佩嵘等做了大量工作，如素材搜集、翻译、整理、录入、程序设计修改和验证等。趁此机会，作者衷心地感谢在编写本书过程中所有给过作者帮助和鼓励的老师与同学们。本书的编写也参考了大量近年来出版的相关技术资料，吸取了许多专家和同人的宝贵经验，在此向他们深表谢意。

作　者

2022 年 6 月

目　录

第一篇　敏捷硬件开发语言 Chisel

第二篇　Scala 语言编程基础知识

第一篇　敏捷硬件开发语言 Chisel

第 1 章　新型敏捷硬件开发语言——Chisel 和 Scala

1.1　最好的宿主——什么是 Scala

"如果今天让我在 Java 之外选一门语言，我会选 Scala。"[1]

——James Gosling，Java 之父

在今天众多的编程语言中，Java 常常是软件开发者的首选语言。而能让 Java 之父给出如此评价的 Scala，想必有其吸引人之处。那么，Scala 究竟是一门什么样的语言呢？

Scala 是一门基于 JVM（Java Virtual Machine，Java 虚拟机）运行的语言，并且兼容现有的 Java 程序，在设计之初就考虑了与 Java 的无缝衔接。Scala 代码不需要任何特殊的语法、显式的接口描述，就可以直接调用 Java 方法、访问 Java 字段、从 Java 类继承、实现 Java 接口。Java 代码也可以调用 Scala 代码，不过由于 Scala 的语义比 Java 更为丰富，因此有些更为先进的 Scala 特性映射在 Java 前需要先被编码。但是 Scala 设计者的目的是创造一门比 Java 更好用、更高效、更优秀的语言。从运行机制上讲，Scala 会被编译成与 Java 一样的字节码，交由 JVM 运行，所以其运行时的速度通常与 Java 程序不分上下。从实用性来看，它的形式比 Java 简洁得多，语法功能更加强大，代码量往往比相同功能的 Java 少得多。

Scala 是一门面向对象的函数式语言。时至今日，面向对象已经成为大多数编程语言都支持的主要特性。但另一方面，Scala 没有选择更多人熟悉的指令式编程风格，而是选择了更为小众的函数式编程理念。对于熟悉 C/C++、Java、Python 等语言的读者来说，可能从未接触过函数式编程。但只需要基本的学习，读者便能掌握基本的函数式编程，并会逐步发现函数式编程的妙处。Scala 提倡使用者使用函数式编程，但也预留了指令式编程的余地。

正如它名字取自的"Scalable"一样，这也是一门可以自由伸缩的语言：既能裁剪已有的类库，又能扩展自定义类库；既能用于编写一个简单的脚本，又足以胜任复杂、庞大的软件系统编程任务。Scala 的语法比 Python 更为简洁，抽象能力也比 C++更为高级，因此，Scala 的学习曲线并非平滑的，而是阶梯状的。也正因此，如果读者能耐心学习 Scala，并逐步掌握它提供的高级语法，深入理解其编程理念，就会发现这是一种让你爱不释手、相见恨晚的编程语言。

Scala 最大的优势就是其各种语法便利造就的强大伸缩性，进而成为一种优秀的宿主语言。换句话说，开发者可以方便地利用自定义 Scala 类库，快速开发出"新"语言，专门用于某一特殊用途。

1.2　敏捷开发——什么是 Chisel

对每个数字电路工程师而言，Verilog HDL（Verilog Hardware Description Language，Verilog 硬件描述语言）是再熟悉不过的了。然而，Verilog HDL 是 C 语言时代的产物，现如今，其开

发效率低下的问题越来越明显。与之相比，软件的开发效率早已随着各种高级语言和先进的设计验证方法学的出现而突飞猛进。同时，晶体管密度也随摩尔定律水涨船高，而数字集成电路最前端的 HDL（Hardware Description Language，硬件描述语言）似乎还在原地踏步。早在二三十年前，人们就认为 Verilog HDL 快要过时了，当时的开发者主要分成三大派：一派主张应该改进 Verilog HDL，另外两派则主张把 HDL 转移到软件语言（一派主张 C++，另一派主张 Java），这样就能获得开源的综合工具和仿真器。最终，Verilog HDL 的改进版获胜了，也就是 Verilog 的后续标准——SystemVerilog。这是因为，一方面支持改进 Verilog 的人占多数，另一方面 SystemVerilog 也得到了某些大公司的支持。

然而，SystemVerilog 并不非常好用。首先，尽管它引入了面向对象的编程思想，但是主要用于验证，因为验证更像软件设计，而不是硬件设计。其次，虽然 SystemVerilog 解决了一些 Verilog HDL 的语法瑕疵，使得硬件设计变得较为方便，但效果并不明显，治标不治本。最后，EDA（Electronic Design Automation，电子设计自动化）厂商对 SystemVerilog 的支持不够积极，使得工业界仍然偏向采用 Verilog HDL。总之，从 Verilog HDL 到 SystemVerilog 的发展，并没有实现像从 C 到 C++那样巨大的飞跃。

那么主张 C++的那一派呢？他们支持的语言就是 SystemC。事实上，SystemC 也就是用 C++定义的一堆类库。SystemC 的开发多数还是用在事务级，即编写硬件模型。用 SystemC 直接开发硬件并不多见，因为目前 EDA 工具支持得不够好，相比 Verilog HDL，开发出来的电路的优化性能并不好。

主张 Java 的一派呢？似乎我们现在才看到基于 Java 平台的 HDL 语言——Chisel（Constructing Hardware In a Scala Embedded Language）出现，尽管 Scala 不是 Java，但是它也是基于 JVM 的。Chisel 是一门以 Scala 为宿主语言开发的硬件构建语言，它是由加州大学伯克利分校的研究团队发布的一种新型硬件开发语言。据团队成员之一 Krste Asanovic 教授介绍，早在 30 多年前还没有硬件描述语言的时候，他们就已经开始构想这样一种语言了。最开始 Chisel 是基于 Ruby 语言的，但是后来发现 Scala 更适合构建 Chisel。因为 Scala 有诸多特性适合描述电路，比如它是静态语言，适合转换成 Verilog HDL/VHDL；再比如它的操作符即方法、柯里化、纯粹的面向对象、强大的模式匹配、便捷的泛型编写、特质混入、函数式编程等特性，使得用 Scala 开发 DSL（Domain Specific Language，领域专用语言）很方便。通过 Firrtl 编译器可以把 Chisel 文件转换成 Firrtl 文件，这是一种标准的中间交换格式，也就是让各种高级语言方便地转换到 Verilog HDL/VHDL 的媒介，但它其实和 Verilog HDL/VHDL 属于同一层次。在这里，Chisel 借助 Verilog HDL 来间接生成电路，主要是因为目前没有商业 EDA 工具直接支持 Chisel。因此，Chisel 并不等同于 HLS（High Level Synthesis，高层次综合）。

Chisel 解决了 Verilog HDL 的一些痛点。首先，也是最重要的，就是在硬件电路设计中引入了面向对象的特性。其次，减少了很多不必要的语法，改进了有瑕疵的语法。Verilog HDL 的初衷本就是用于电路验证，而不是设计，因此存在很多不可综合的语法。在 Chisel 转换成 Verilog HDL 的过程中，不会采用这些不可综合的语法，因此编写 Chisel 时不用担心无法生成电路，对硬件新手而言是很便利的。再比如，Verilog HDL 的 reg 不一定指代寄存器，这常常被新手误解，而 Chisel 的 Reg 就是寄存器，没有歧义。最后，利用 Scala 的模式匹配、特质混入、类继承等特性，能够迅速改变电路结构。对于日益庞大的 SoC 系统设计，这是非常重要的。

加州大学伯克利分校在设计著名的 RISC-V 处理器时引入了 Chisel 语言，是因为其

RISC-V 团队仅有十几名成员，如果使用传统的硬件电路描述语言实现 CPU，开发过程会是漫长、艰难的，且效率极低。然而，他们借助 Chisel，仅花了一年时间和 100 万美元，就完成了从 RISC-V 指令集设计到 Rocket 芯片的成功流片。这不得不让人好奇，Chisel 这把“凿子”（chisel 的中文意思）究竟有多大的魔力？接下来，我们就来细致学习 Scala/Chisel。

1.3 Scala 入门——让你的代码跑起来

1.3.1 Scala 的安装方法

要使用 Scala，首先需要保证已经安装好了 Java。对于 Linux 操作系统，Java 已经默认安装了。

然后，在 Scala 的官网下载 Scala 的安装包。首先选择使用 Chisel 推荐的 Scala 版本，然后根据系统选择相应的安装包格式：Linux 系统使用 deb 或 rpm 格式。在终端中运行“scala -version”命令，如果得到以下信息，则说明 Scala 已经安装成功。

```
xjtu_chisel@ubuntu:~$ scala -version

scala code runner version 2.11.12 -- Copyright 2002-2017, LAMP/EPFL
```

1.3.2 使用 Scala 解释器

继上一步安装完成后，需要在终端中运行“scala”命令就能进入 Scala 解释器，界面如下。

```
xjtu_chisel@ubuntu:~$ scala
Welcome to Scala 2.11.12 (OpenJDK 64-Bit Server VM, Java 11.0.11).
Type in expressions for evaluation. or try :help.

scala>
```

此时，光标会自动移动到“scala>”的后面，接下来就可以输入 Scala 代码，按回车键运行。例如：

```
scala> 1 + 2
val res0: Int = 3
```

如果代码不足以构成一条语句，那么按回车键后并不会运行，而是自动跳转到下一行，等待其余代码的输入。例如：

```
scala> println(
     |     "Hello, world!"
     | )
Hello, world!
```

如果要退出解释器，只需要运行“:quit”或“:q”即可。例如：

```
scala> :q
xjtu_chisel@ubuntu:~$
```

1.3.3 运行 Scala 脚本

Scala 文件的后缀是“scala”，因此，创建一个文件后，将其格式更改为“xxx.scala”就会被解读成 Scala 代码文件。如果 Scala 代码文件以一个可以计算出结果的表达式或者有副作用的函数作为结尾，那么就是一个脚本文件。有副作用的意思是这个函数不返回函数值，例如 println 这个函数，只是告诉解释器打印输出信息到屏幕，而不会产生可以使用的结果。

新建一个名为“hello.scala”的文件，输入以下代码并保存：

```
// hello.scala
println("Hello, world!")
```

这就完成了一个 Scala 脚本文件。在这个文件的路径下打开终端（不需要进入解释器），并运行“scala hello.scala”，就会得到以下结果：

```
xjtu_chisel@ubuntu:~$ Scala> scala hello.scala
Hello, world!
```

读者可以尝试编写其他脚本文件，用这种方法运行。

1.3.4　编译非脚本文件

非脚本文件一定是以定义结尾的，如定义的 class、object、package 等。新建一个 Scala 文件，输入以下代码并保存：

```
class Hello {
  val hw = "Hello, world!"
  def display() = println(hw)
}
```

这样，就完成了一个非脚本文件的编写。同样，在这个文件的路径下打开终端（不需要进入解释器），并运行“scalac 文件名.scala”，就会在当前目录下得到一个名为“Hello.class”的文件。注意“scala”和“scalac”命令的区别，前者用于运行脚本文件，后者则启动 Scala 编译器来编译非脚本文件。此外，“fsc 文件名.scala”命令也可以用来编译文件，只是“scalac”在完成后会自动关闭编译器，而“fsc”会保持编译器在后台运行，下次编译时就无须再次启动。

要想使用刚才编译好的文件，需要在“Hello.class”的路径（即当前路径）下使用“scala”命令进入解释器。在解释器里，可以通过关键字“new”来创建 Hello 类的对象，并执行相应的操作。例如：

```
scala> val hello = new Hello
hello: Hello = Hello@45582

scala> hello.display()
Hello, world!

scala> hello.hw
res0: String = Hello, world!
```

1.3.5　使用 IDEA 开发 Scala 项目

IDEA 的全称为 IntelliJ IDEA，是一款适用于 JVM 的集成开发环境。IntelliJ IDEA 是 JET Brains 公司的产品。关于 IDEA 的更多资料，请参阅 IntelliJ IDEA 官方网站。

本书以 Ubuntu 20.04 为例安装 IntelliJ IDEA，完成 Scala 项目的开发。本节对软件配置、快捷键操作及运行调试三个方面的内容展开介绍。

1. 软件配置

IntelliJ IDEA 有 Ultimate 和 Community 两个版本，其中 Ultimate 版为收费版，功能更加丰富；Community 版为免费版，功能上有所裁剪，适用于广大学习爱好者和教育工作者。本书以 Community 版为例，讲解 IDEA 的配置流程。

（1）在官网下载安装包或者在应用商店搜索 IntelliJ IDEA 并安装。

（2）在 GitHub 中下载 chisel-template 工程。建议在主目录下新建文件夹，在该目录下打开终端执行 git clone https://github.com/freechipsproject/chisel-template 进行下载。如果系统中未安装 git，执行 sudo apt install git 进行安装。

（3）打开 IntelliJ IDEA 软件，依次选择 File→Settings→Plugins 菜单中的安装 Scala 插件，然后重启 IDEA。

（4）打开 chisel-template 工程，依次选择 File→Project Structure→Project，在右侧的 Project SDK 下选择 Add SDK→Download JDK，弹出 Download JDK 对话框，Version 选择 1.8，依次单击 Download 按钮、OK 按钮，如图 1-1 所示。

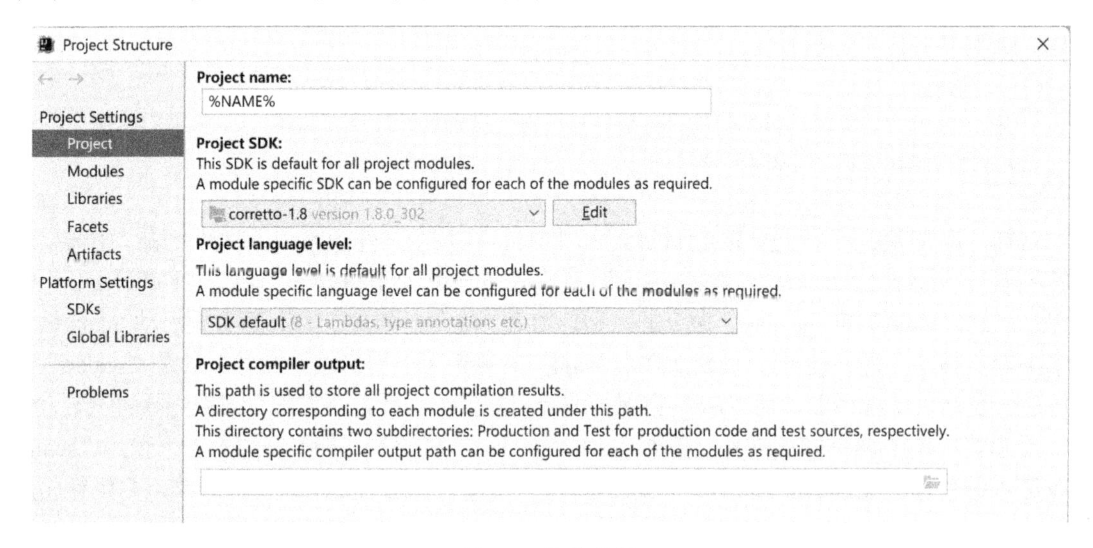

图 1-1 软件配置

（5）在菜单栏依次单击 Build→Build Project，会自动下载 sbt、scala、chisel 等所依赖的软件包。在下方导航栏打开 sbt shell，当光标前没有初始化字样时，输入 test，如果输出 All tests passed 并显示 success，则说明配置成功。

（6）如果使用 IDEA 开发，还需要安装 Verilator、Git、g++、GTKWave，具体见 2.1 节。

2. 快捷键操作

IntelliJ IDEA 软件拥有丰富的快捷键，快捷键的合理组合使用可以在很大程度上提高开发人员的工作效率，其相关设置可以在 File→Settings→Keymap 中修改。对于习惯使用 Eclipse、Sublime 等编辑器的开发者，可以在 Keymap 中做出相应修改。本书采用 IDEA 软件默认的快捷键配置。

在实际的使用过程中，可以根据个人的使用习惯自定义快捷键。除此之外，由于某些快捷键可能与输入法或者系统中的其他应用存在热键冲突，因此也需修改相应的快捷键设置。

3. 运行调试

在新建工程之前，依次选择 File→Project Structure→Global Libraries，单击“+”按钮，选择 Scala SDK。安装完成后依次单击 Apply 按钮、OK 按钮。

依次选择 File→New→Project，在弹出的对话框的左侧选择 Scala，在对应的右侧选择 IDEA，单击 Next 按钮，在弹出的 New Project 设置框里分别设置 Project name、Project Location、Project SDK、Plugin vendor、IntelliJ build、Platform kind，完成后单击 Finish 按钮，新建一个 Scala 工程，此时在工程目录下会自动生成 src 文件夹。在 src 文件夹处右击出现选择列表，依次选择 New→Scala Class，在出现的 Create New Scala Class 对话框中选择 Object，并输入 Object Name。以 test 为例子，创建一个 Scala Class，编写内容如下：

```
object test {
  def main(args: Array[String]): Unit = {
    var a = 0;
    for(a<-1 until 6){
      println("Value of a:" +a);
    }
  }
}
```

在代码区右击，在弹出的选择列表里单击 Run ‘test’或者按组合键 Ctrl + Alt + F10 运行代码。此时控制台的输出内容如下：

```
Value of a:1
Value of a:2
Value of a:3
Value of a:4
Value of a:5
```

在代码区行号的右侧单击可设置断点进行单步调试。使用前面采用的例子，在 println 所在行设置断点，在代码区右击，在弹出的选择列表里单击 Debug ‘test’进入 Debug 模式，在弹出的对话框上方的菜单栏单击 Step Into 或使用快捷键 F7 进行调试，界面下方会显示此时对应的变量值。

1.3.6　总结

本章为 Scala 初学者介绍了如何安装、使用解释器以及文件使用方法。读者可以先通过本书的第二篇比较系统地学习 Scala 的语法，掌握 Scala 的基础知识，为第 2 章学习 Chisel 做好准备。本章还对 IntelliJ IDEA 软件进行简单介绍。读者可以选择本章讲解的 4 种方法来运行代码：直接在解释器里编写运行代码，使用脚本文件运行代码，把定义代码放在文件里编译好并用解释器运行，或者使用 IDEA 进行 Scala 项目开发。

1.4　章节安排

本书旨在让读者掌握用 Chisel 语言完成敏捷硬件开发的基本概念和方法。由于 Chisel 是构建在 Scala 之上的 DSL，所以本书分两篇，第一篇共 10 章，介绍 Chisel 语言及敏捷硬件开发知识。第二篇共 9 章，介绍编写 Chisel 需要掌握的 Scala 语言的编程基础知识。读者可以根据自身情况，跳过 Scala 基础部分，直接学习 Chisel 的硬件描述功能。本书的章节内容安排如下：

第 1 章：Chisel 和 Scala 的关系。
第 2 章：Chisel 入门及数据类型。
第 3 章：Chisel 的模块与硬件类型。
第 4 章：Chisel 常用的硬件原语。
第 5 章：如何将 Chisel 代码转换生成 Verilog HDL 代码及基本测试方法。
第 6 章：Chisel 的黑盒。
第 7 章：用 Chisel 实现多时钟域设计。
第 8 章：Chisel 的函数应用。
第 9 章：Chisel 的其他议题。
第 10 章：以解读 riscv-mini 处理器核为例，介绍 Chisel 中隐式参数的应用。
第 11 章：Scala 的变量及函数。
第 12 章：Scala 面向对象编程。
第 13 章：Scala 的包和导入。
第 14 章：Scala 的集合。
第 15 章：Scala 的内建控制结构。
第 16 章：Scala 的模式匹配。
第 17 章：Scala 的类型参数化。
第 18 章：抽象成员。
第 19 章：隐式转换与隐式参数。

1.5 参考文献

[1] Martin Odersky，Lex Spoon，Bill Venners. Scala 编程[M]. 高宇翔，译. 3 版. 北京：电子工业出版社，2018.

1.6 课后练习

1．Scala 是基于什么运行的语言？
2．请概述 Scala 语言的特点和优势。
3．请概述面向对象语言的三大特征。
4．简述什么是指令式编程。
5．简述什么是函数式编程。
6．传统的硬件描述语言（如 Verilog HDL）有哪些缺点？
7．Chisel 的英文全称是什么？
8．请简述 Chisel 语言的特点和优势。

第 2 章　Chisel 入门及数据类型

在掌握了用于编写 Chisel 程序的 Scala 知识后，就可以正式地开始学习 Chisel 了。除本书第二篇介绍的 Scala 知识外，有兴趣的读者也可以自行深入研究 Scala 的其他内容，不管是学习、工作，还是研究 Chisel 发布的新版本，都会有不少的帮助。

因为目前 Windows 系统的 Chisel 开发环境不甚便捷，所以建议读者在 Linux 系统或者 Mac OS 系统下开发。本书以使用广泛的 Ubuntu 20.04 作为开发平台进行讲解。

2.1　Chisel 开发环境的安装步骤

2.1.1　安装步骤

本书主要介绍通过终端开发 Chisel 工程，也建议使用 IDEA，可以方便查看源代码，比较适合初学者学习 Chisel。

（1）安装 SBT。SBT（Simple Build Tool，简单构建工具）是 Scala 的标准构建工具。它的主要特性有：原生支持编译 Scala 代码和与诸多 Scala 测试框架进行交互；使用 Scala 编写的 DSL 构建描述；使用 Ivy 作为库管理工具；持续编译、测试和部署；整合 Scala 解释器快速迭代和调试；支持 Java 与 Scala 混合的项目。SBT 采用 Scala 编程语言编写配置文件，提高了灵活性。

以下所有安装都只需默认版本，通过命令安装即可。如果需要特定的版本，读者可以自行下载安装包进行安装。打开终端，执行命令：

```
xjtu-chisel@ubuntu:~$ sudo apt-get install sbt
```

等待安装完成后，可以用以下命令查看 sbt 的版本：

```
xjtu-chisel@ubuntu:~$ sbt sbtVersion

[info] welcome to sbt 1.4.6 (Private Build Java 1.8.0_275)
[info] loading project definition from /home/xjtu-chisel/project
[info] set current project to xjtu-chisel (in build file:/home/xjtu-chisel/)
[info] 1.4.6
```

（2）安装 Git，系统可能已经自带了。执行命令：

```
xjtu-chisel@ubuntu:~$ sudo apt-get install git
xjtu-chisel@ubuntu:~$ git -version

git version 2.25.1
```

（3）安装 Verilator。Verilator 是一个开源高性能 Verilog HDL 仿真器，它通过将 Verilog HDL 源代码编译成单/多线程的 C++源代码来进行仿真，提高了仿真速度。执行 Verilator 安装命令：

```
xjtu-chisel@ubuntu:~$ sudo apt-get install verilator
xjtu-chisel@ubuntu:~$ verilator -version
```

```
Verilator 4.028 2020-02-06 rev v4.026-92-g890cecc1
```

（4）安装 g++，Verilator 需要用到 g++。执行 g++安装命令：

```
xjtu-chisel@ubuntu:~$ sudo apt-get install g++
xjtu-chisel@ubuntu:~$ g++ -v

gcc version 7.5.0 (Ubuntu 7.5.0-3ubuntu1~18.04)
```

（5）安装 GTKWave，用来查看 Verilator 生成的.vcd 波形文件。

```
xjtu-chisel@ubuntu:~$ sudo apt-get install gtkwave
```

（6）完成以上安装配置之后，从 GitHub 上复制一个 chisel-template 文件夹。在想要安装 Chisel 的目录下执行命令：

```
xjtu-chisel@ubuntu:~$ git clone https://github.com/freechipsproject/chisel-
template
```

这个文件夹中就是一个工程文件，它已经自带了 Chisel 3.4.3。如果想用更新的版本，可以修改 build.sbt 里面的版本号。

在终端 chisel-template 路径下执行命令 sbt test，第一次运行该命令会自动下载 SBT 指定版本的依赖软件库。如果最后两行输出以下内容，则说明环境配置好了。

```
[info] All tests passed.
[success] Total time: 5 s, completed 2021-7-1 10:52:58
```

复制的 chisel-template 文件夹可以修改成想要的名字。该文件夹下的 src 文件夹用于存放工程的源代码。src 文件夹下有 main 和 test 两个文件夹，其中 main 用于存放 Chisel 的设计部分，test 用于存放对应的测试文件和生成电路的主函数。main 文件夹下有 scala 文件夹，scala 文件夹里可以创建自定义的工程文件，也可以继续创建多个文件夹，按模块存储不同功能的设计文件。如果需要存放与 Chisel 互动的 Verilog 等外部文件，在 main 文件夹下新建 resources 文件夹。test 文件夹下只有一个 scala 文件夹，在 scala 文件夹里创建自定义的测试文件和主函数文件。

在编写代码时，编辑器可以选择 Linux 自带的 gedit。Visual Studio Code 也是一种好的选择，因为可以一边写代码一边使用集成终端，而且微软应用商店里可以下载 Chisel 语法的扩展应用。

读者还可以使用第 1 章介绍的 IDE 工具 IntelliJ IDEA。首先需要安装好 Scala 插件，然后在开始界面选择导入工程，并把 chisel-template 指定为工程文件夹，在下一个页面选择“Import project from external model”并从列表里选择 SBT 为外部模型即可。

2.1.2 开发环境测试

在 chisel-template/src/main/scala 文件夹里创建一个文件，命名为 AND.scala，输入以下内容并保存：

```
// AND.scala
package test
import chisel3._
import chisel3.experimental._

class AND extends RawModule {
  val io = IO(new Bundle {
    val a = Input(UInt(1.W))
```

```
    val b = Input(UInt(1.W))
    val c = Output(UInt(1.W))
  })
  io.c := io.a & io.b
}
```

在 chisel-template/src/test/scala 文件夹里创建一个文件，命名为 ANDtest.scala，输入以下内容并保存：

```
// ANDtest.scala
package test

import chisel3.stage.ChiselGeneratorAnnotation

object testMain extends App {
 (new chisel3.stage.ChiselStage).execute(Array("--target-dir", "generated/and"), Seq(ChiselGeneratorAnnotation(() => new AND)))
}
```

在 chisel-template 文件夹（与文件 build.sbt 同一路径）下打开终端，执行命令（使用 IDEA，单击 object 旁边的绿色箭头运行即可）：

```
xjtu-chisel@ubuntu:~/chisel-template$ sbt "test:runMain test.testMain"
```

当最后输出 success 时，就会在当前路径生成一个 generated 文件夹，里面有一个 and 文件夹。and 文件夹里包含三个最终输出的文件，打开其中的 AND.v 文件，可以看到与门的 Verilog 代码：

```
module AND(
    input   io_a,
    input   io_b,
    output  io_c
);
    assign io_c = io_a & io_b;
endmodule
```

对于小规模电路，可以直接用 Chisel 写 testbench 文件，然后联合 Verilator 生成 C++文件来仿真，输出波形图。该方法会在后续章节介绍。对于大规模电路，Verilator 的仿真速度较慢，建议用生成的 Verilog 文件在专业 EDA 工具里仿真。当前 Chisel 不支持 UVM（Universal Verification Methodology，通用验证方法学），所以尽量用别的工具做测试验证。

2.1.3　小结

本节介绍了 Chisel 开发环境的搭建，以及用 Chisel 代码生成电路。后续章节将逐步讲解 Chisel 的语法，由于内容较为分散，不能很快就完成模块级的讲解，因此本书前几章的内容暂时无法及时运行验证，读者只需要理解书中提供的示例即可。

2.2　Chisel 的常见问题

在学习 Chisel 前，应该熟悉一些常见问题，这些问题在编写 Chisel 程序的任何时候都应该牢记。

（1）Chisel 是寄宿在 Scala 里的语言，所以它的本质还是 Scala。为了从 Chisel 转换成 Verilog，开发人员开发了一个中间的标准交换格式——Firrtl，它跟 Verilog 是同一级别的，但两者都比 Chisel 低一级。编写的 Chisel 代码首先会经过 Firrtl 编译器生成 Firrtl 代码，也就是一个后缀格式为“.fir”的文件，然后用这个 Firrtl 文件去生成对应的 Verilog 代码。Firrtl 文件的格式与 Verilog 很接近，但是其是由机器生成的，不利于阅读。Firrtl 编译器并不是只针对 Chisel，有兴趣和能力的读者也可以开发针对 Java、Python、C++等语言的 Firrtl 编译器。因为 Firrtl 只是一种标准的中间媒介，如何从一端到另一端，完全是自定义的。另外，Firrtl 也并不仅仅是生成 Verilog，同样可以开发工具生成 VHDL、SystemVerilog 等语言。

（2）Scala 里的语法在 Chisel 中也基本能用，比如 Scala 的基本值类、内建控制结构、函数抽象、柯里化、模式匹配、隐式参数等。但是读者要记住这些代码不仅要通过 Scala 编译器的检查，还需要通过 Firrtl 编译器的检查。

（3）Verilog 的最初目的是电路验证，所以它有很多不可综合的语法。在将 Firrtl 转换成 Verilog 时，只会采用可综合的语法。所以只要 Chisel 代码能正确地生成 Verilog 代码，就能被综合器生成电路。

（4）Chisel 目前不支持 Verilog 的四态逻辑里的 x 和 z，只支持 0 和 1。由于只有芯片对外的 I/O 处才能出现三态门，因此内部设计几乎用不到 x 和 z。而且 x 和 z 在设计中会带来危害，忽略它们也不影响大多数设计，还简化了模型。当然，如果确实需要，通过黑盒语法与外部的 Verilog 代码互动，也可以在下游工具链里添加四态逻辑。

（5）Chisel 会对未被驱动的输出型端口和线网进行检测，如果存在就会报错。报错选项可以关闭和打开，取决于读者对设计模型的需求。推荐把该选项打开，尽量不要残留无用的声明。

（6）Chisel 的代码包并不会像 Scala 的标准库那样被编译器隐式导入，所以每个 Chisel 文件都应该在开头至少写一句“import chisel3._”。这个包包含基本的 Chisel 语法，对于某些高级语法，则可能需要“import chisel3.util._”“import chisel3.experimental._”“import chisel3.testers._”等。

（7）应该用一个名字有意义的包来打包实现某个功能的文件集。例如，要实现一个自定义的微处理器，则可以把顶层包命名为“mycpu”，进而再划分成“myio”“mymem”“mybus”“myalu”等子包，每个子包包含相关的源文件。

（8）Chisel 现在仍在更新中，会添加新功能或删除旧功能。因此，本书介绍的内容在将来并不一定完全正确，读者应该持续关注 Chisel 3 的 GitHub 的发展动向。

2.3 Chisel 的变量与数据类型

Chisel 定义了自己的一套数据类型，读者应该与 Scala 的 9 种基本值类区分开来。Chisel 也能使用 Scala 的数据类型，但是 Scala 的数据类型都是用于参数和内建控制结构的，构建硬件电路还是得用 Chisel 的数据类型，在使用时千万不要混淆。当前 Chisel 的数据类型关系图如图 2-1 所示，其中椭圆形的是 class，三角形的是 object，长方形的是 trait，箭头指向的是超类和混入的特质。

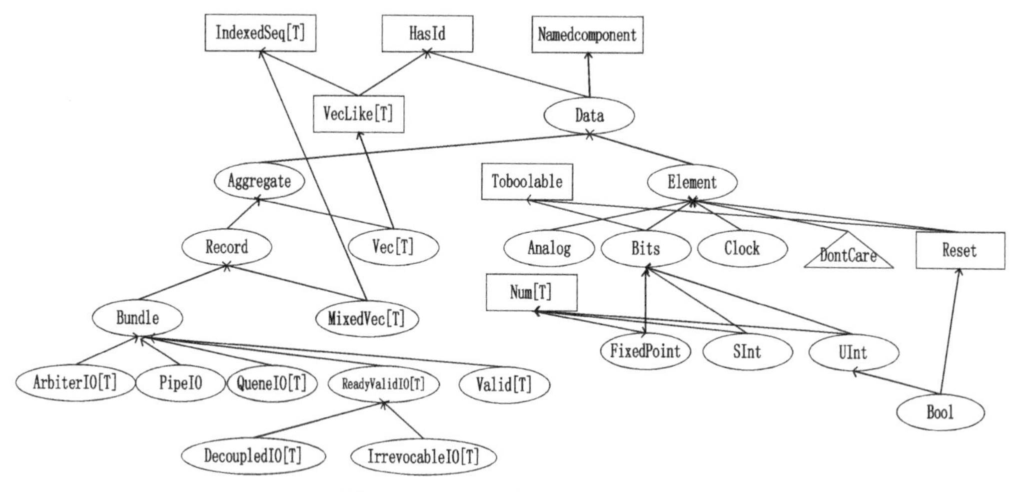

图 2-1　Chisel 的数据类型关系图

所有数据类型都继承自抽象基类 Data，它混入了两个特质 HasId 和 NamedComponent。如果读者查看 Chisel 3 的源代码，就会看到很多参数在传递时都用下界表明了是 Data 的子类。在实际硬件构成里，并不会用到 Data，读者也不用关心它的具体实现细节。更多地，应该关注 Data 类的两大子类：聚合类 Aggregate 和元素类 Element。

聚合类 Aggregate 的常用子类是向量类 Vec[T]和包裹类 Bundle。Vec[T]类用于包含相同的元素，元素类型 T 可以是任意的 Data 子类。因为 Vec[T]类混入了特质 IndexedSeq[T]，所以向量的元素能从下标 0 开始索引访问。Bundle 类用于被自定义的类继承，这样自定义的类就能包含任意 Data 的子类对象，常用于协助构造模块的端口，故而衍生出了一些预定义的端口子类。混合向量类 MixedVec[T]是 Chisel 3.2 以上版本添加的语法，它与 Vec[T]类的不同在于可以包含不同类型的元素。

Element 类衍生出了 Analog、Bits 和 Clock 三个子类，单例对象 DontCare 和特质 Reset。Analog 用于在黑盒中模拟 inout 端口，目前在实际 Chisel 里并无其他用途。Bits 类的两个子类 SInt 和 UInt 是最常用的两种数据类型，它们是用补码表示的有符号整数和无符号整数，不仅用来协助定义端口位宽，还用来进行赋值。FixedPoint 类提供的 API 带有试验性质，而且将来可能会发生改变，所以不常用。Bool 类是 Chisel 的布尔类型，区别于 Scala 的 Boolean。Bool 类是 UInt 类的子类，因为它可以被视为 1bit 的 UInt，而且它被混入 Reset 特质，因为复位信号都是用 Bool 类型的线网或寄存器使能的。此外，Bits 类混入了特质 ToBoolable，也就是说 FixedPoint、SInt 和 UInt 都能转换成多比特的 Bool 类型。Clock 类表示时钟，Chisel 里的时钟是专门的一个类型，并不像 Verilog 里那样是 1bit 的线网。复位类型 Reset 也是如此。单例对象 DontCare 用于赋值给未驱动的端口或线网，防止编译器报错。

2.3.1　数据字面量与数据类型

能够表示具体值的数据类型为 UInt、SInt 和 Bool。实际可综合的电路都为若干比特，所以只能表示整数，这与 Verilog 是一致的。要表示浮点数，本质还是用多比特来构建，而且要遵循 IEEE 的浮点标准。对于 UInt，可以构成任意位宽的线网或寄存器。对于 SInt，在 Chisel 里会按补码解读，转换成 Verilog 后会使用系统函数$signed，这是可综合的。对于 Bool，转换成 Verilog 后就是 1bit 的线网或寄存器。

要表示值，则必须有相应的字面量。Chisel 定义了一系列隐式类：fromBigIntToLiteral、fromtIntToLiteral、fromtLongToLiteral、fromStringToLiteral、fromBooleanToLiteral 等。参考本书第二篇讲述的隐式类的内容，隐式类通常会有相应的隐式转换。以隐式类 fromtIntToLiteral 为例，存在一个同名的隐式转换，把相应的 Scala 的 Int 对象转换成一个 fromtIntToLiteral 的对象。而 fromtIntToLiteral 类有两个方法 U 和 S，分别构造一个等值的 UInt 对象和 SInt 对象。而且 Scala 的基本值类都用字面量构造对象，所以要表示一个 UInt 对象，可以写成“1.U”的格式，这样编译器会插入隐式转换，变成“fromtIntToLiteral(1).U”，进而构造出字面值为“1”的 UInt 对象。同理，也可以构造 SInt。还有相同行为的方法 asUInt 和 asSInt。

从几个隐式类的名字就可以看出，可以通过 BigInt、Int、Long 和 String 这 4 种类型的 Scala 字面量来构造 UInt 和 SInt。按 Scala 的语法，其中 BigInt、Int、Long 三种类型默认是十进制的，但可以加前缀“0x”或“0X”变成十六进制的。对于字符串类型的字面量，Chisel 编译器默认也是十进制的，但是可以加上首字母“h”“o”“b”来分别表示十六进制、八进制和二进制。此外，字符串类型的字面量可以用下画线间隔。

可以通过 Boolean 类型的字面量 true 和 false 来构造 fromBooleanToLiteral 类型的对象，然后调用名为 B 和 asBool 的方法进一步构造 Bool 类型的对象。例如：

```
1.U              // 字面值为"1"的 UInt 对象
0xd.U            // 字面值为"13"的 UInt 对象
-8.S             // 字面值为"-8"的 SInt 对象
"b01_01".U       // 字面值为"5"的 UInt 对象
true.B           // 字面值为"true"的 Bool 对象
```

2.3.2 数据宽度

默认情况下，数据的宽度按字面值取最小，例如，字面值为“8”的 UInt 对象为 4 位宽，SInt 为 5 位宽，但是也可以指定宽度。在 Chisel 2 里，宽度是由 Int 类型的参数表示的，而 Chisel 3 专门设计了宽度类 Width。还有一个隐式类 fromIntToWidth，把 Int 对象转换成 fromIntToWidth 类型的对象，然后通过方法 W 返回一个 Width 对象。方法 U、asUInt、S 和 asSInt 都有一个重载的版本，接收一个 Width 类型的参数，构造指定宽度的 SInt 和 UInt 对象。注意，1.U(32)表示的是取 1.U 的第 32 位，Bool 类型固定为 1 位宽。例如：

```
1.U              // 字面值为"1"、宽度为 1bit 的 UInt 对象
1.U(32.W)        // 字面值为"1"、宽度为 32bit 的 UInt 对象
1.U(32)          // 字面值为"0"、宽度为 1bit 的 UInt 对象
1.U(0)           // 字面值为"1"、宽度为 1bit 的 UInt 对象
```

UInt、SInt 和 Bool 都不是抽象类，除可以通过字面量构造对象外，也可以直接通过 apply 工厂方法构造没有字面量的对象。UInt 和 SInt 的 apply 工厂方法有两个版本，一个版本接收 Width 类型的参数构造指定宽度的对象，另一个则是无参版本构造位宽可自动推断的对象。有字面量的数据类型用于赋值、初始化寄存器等操作，而无字面量的数据类型则用于声明端口、构造向量等。

2.3.3 类型转换

UInt、SInt 和 Bool 三种类型都包含 4 个方法：asUInt、asSInt、asBool 和 asBools。其中 asUInt 和 asSInt 分别把字面值按无符号数和有符号数解释，并且位宽不会变化，要注意转换

过程中可能发生符号位和数值的变化。例如，3bit 的 UInt 值“b111”，其字面量是“7”，转换成 SInt 后字面量就变成了“-1”。asBool 会把 1bit 的“1”转换成 Bool 类型的 true，把“0”转换成 false。如果位宽超过 1bit，则用 asBools 转换成 Bool 类型的序列 Seq[Bool]。

另外，Bool 类还有一个方法 asClock，把 true 转换成电压常高的时钟，把 false 转换成电压常低的时钟。Clock 类只有一个方法 asUInt，转换成对应的 0 或 1。

```
"ha".asUInt(8.W)     // 字面值为"0xa"、宽度为 8bit 的 UInt 对象
-1.S(3.W).asUInt     // 字面值为"7"、宽度为 3bit 的 UInt 对象
```

类型转换还经常用来辅助完成子字赋值。在 Verilog 中，可以直接给向量的某几位赋值。同样，Chisel 受限于 Scala，不支持直接给 Bits 类型的某几位赋值。子字赋值的可行办法是先调用 Bits 类型的 asBools 方法。该方法根据调用对象的 0、1 排列返回一个相应的 Seq[Bool]类型的结果，并且低位在序列里的下标更小，比如第 0 位的下标就是 0、第 *n* 位的下标就是 *n*。然后用这个 Seq[Bool]对象配合 VecInit 构成一个向量，此时就可以给单比特赋值。注意，必须都是 Bool 类型，要注意赋值前是否需要类型转换。子字赋值完成后，Bool 向量再调用 asUInt、asSInt 方法转换回来。例如：

```
class TestModule extends Module {
  val io = IO(new Bundle {
    val in = Input(UInt(10.W))
    val bit = Input(Bool())
    val out = Output(UInt(10.W))
  })
  val bools = VecInit(io.in.asBools)
  bools(0) := io.bit
  io.out := bools.asUInt
}
```

2.3.4　向量

如果需要一个集合类型的数据，除可以使用 Scala 内建的数组、列表、集等数据结构外，还可以使用 Chisel 专属的 Vec[T]。T 必须是 Data 的子类，而且每个元素的类型、位宽必须一样。Vec[T]的伴生对象里有一个 apply 工厂方法，接收两个参数：第一个是 Int 类型，表示元素的个数；第二个是元素。它属于可索引的序列，下标从 0 开始，可以使用 Int 类型索引，也可以使用 UInt 索引，例如：

```
val myVec = Wire(Vec(3, UInt(32.W)))
val myReg_0 = myVec(0)
val myReg_1 = myVec(1.U)
```

还有一个工厂方法 VecInit[T]，通过接收一个 Seq[T]作为参数来构造向量，或者是多个重复参数。不过，这个工厂方法常把有字面值的数据作为参数，用于初始化寄存器组、ROM、RAM 等，或者用来构造多个模块。

因为 Vec[T]也是一种序列，所以它也定义了 map、flatMap、zip、foreach、filter、exists、contains 等方法。尽管这些方法应该出现在软件里，但是它们也可以简化硬件逻辑的编写，减少手工代码量。

2.3.5 混合向量

混合向量 MixedVec[T]与普通的向量 Vec[T]类似，不过包含的元素可以不完全一样。它的工厂方法是通过重复参数或者序列作为参数来构造的，并且也有一个叫 MixedVecInit[T]的单例对象。

对于构造 Vec[T]和 MixedVec[T]的序列，并不一定要逐个手写，可以通过 Scala 的函数（如 fill、map、flatMap、to、until 等）来生成。例如：

```
val mixVec = Wire(MixedVec((1 to 10) map { i => UInt(i.W) }))
```

2.3.6 包裹

抽象类 Bundle 很像 C 语言的结构体（struct），用户可以编写一个自定义类来继承它，然后在自定义的类里包含其他各种 Data 类型的字段。它可以协助构建线网或寄存器，其最常见的用途是构建一个模块的端口列表，或者一部分端口。例如：

```
class MyModule extends Module {
  val io = IO(new Bundle {
    val in = Input(UInt(32.W))
    val out = Output(UInt(32.W))
  })
```

Bundle 可以和 UInt 进行相互转换。Bundle 类有一个方法 asUInt，可以把所含的字段拼接成一个 UInt 数据，并且前面的字段在高位。例如：

```
class MyBundle extends Bundle {
  val foo = UInt(4.W)  // 高位
  val bar = UInt(4.W)  // 低位
}

val bundle = Wire(new MyBundle)
bundle.foo := 0xc.U
bundle.bar := 0x3.U
val uint = bundle.asUInt // 12*16 + 3 = 195
```

Bundle 也可以包含向量。例如：

```
class MyBundle extends Bundle {
  val foo = UInt(4.W)             // 高位
  val bar = Vec(2, UInt(4.W))     // 低位
}
```

Data 子类有一个方法 asTypeOf，可以把 Data 类型的对象转换成该类型，该方法可以用来辅助完成拼接变量的赋值。

在 Verilog 中，左侧的赋值对象可以是一个由多个变量拼接起来的值，例如：

```
wire [1:0] a;
wire [3:0] b;
wire [2:0] c;
wire [8:0] z = [...];
assign {a, b, c} = z;
```

在 Chisel 里不能这样直接赋值。最简单的做法是先定义一个由 a、b、c 组成的 Bundle，高位定义在前面，然后创建线网 z。线网 z 可以被直接赋值，然后 z 调用方法 asTypeOf。该方法接收一个 Data 类型的参数，可以把调用对象强制转换成参数的类型并返回，在这里就是将由 a、b、c 组成的 Bundle 作为参数。注意，返回结果是一个新对象，并没有直接修改调用对象 z。强制转换必须保证不会出错。例如：

```
class MyBundle extends Bundle {
  val a = UInt(2.W)
  val b = UInt(4.W)
  val c = UInt(3.W)
}

val z = Wire(UInt(9.W))
z := ...
val unpacked = z.asTypeOf(new MyBundle)
unpacked.a
unpacked.b
unpacked.c
```

2.3.7　Chisel 的内建操作符

有了数据类型，还需要预定义一些相关的操作符进行基本的操作。表 2-1 所示为 Chisel 的内建操作符。

表 2-1　Chisel 的内建操作符

操　作　符	释　　义
位操作符	作用类型：SInt，UInt，Bool
val invertedX = ~x	位取反
val hiBits = x & "h_ffff_0000".U	位与
val flagsOut = flagsIn | overflow	位或
val flagsOut = flagsIn ^ toggle	位异或
缩减位操作符	作用类型：SInt，UInt 返回类型：Bool
val allSet = x.andR	缩减与
val anySet = x.orR	缩减或
val parity = x.xorR	缩减异或
相等性比较符	作用类型：SInt，UInt，Bool 返回类型：Bool
val equ = x === y	相等
val neq = x =/= y	不相等
移位操作符	作用类型：SInt，UInt
val twoToTheX = 1.S << x	逻辑左移
val hiBits = 16.U >> x	右移（UInt 逻辑右移，SInt 算术右移）
部分位操作符	作用类型：SInt，UInt，Bool
val xLSB = x(0)	抽取 1bit，最低位下标 0，最高位下标 n−1

（续表）

操　作　符	释　　义
val xTopNibble = x(15, 12)	抽取多 bit，左边是高位，右边是低位
val usDebt = Fill(3, "hA".U)	拼接一个 UInt 类型的数据多次（位于 util 包）
val float = Cat(sign, exponent, mantissa)	拼接多 bit，左边的参数是高位（位于 util 包）
逻辑操作符	作用类型：Bool
val sleep = !busy	逻辑非
val hit = tagMatch && valid	逻辑与
val stall = src1busy || src2busy	逻辑或
val out = Mux(sel, inTrue, inFalse)	双输入多路选择器，sel 是 Bool 类型
算术操作符	作用类型：SInt，UInt
val sum = a + b　or　val sum = a +% b	加法（不进行宽度扩展）
val sum = a +& b	加法（扩展一位进位位）
val diff = a − b　or　val diff = a −% b	减法（不进行宽度扩展）
val diff = a −& b	减法（扩展一位进位位）
val prod = a * b	乘法
val div = a / b	除法
val mod = a % b	求余数
算术比较符	作用类型：SInt，UInt 返回类型：Bool
val gt = a > b	大于
val gte = a >= b	大于或等于
val lt = a < b	小于
val lte = a <= b	小于或等于

这里要注意的一点是，相等性比较的两个符号是“===”和“=/=”。因为“==”和“!=”已经被 Scala 占用，所以 Chisel 另设了这两个新的操作符。按照优先级的判断准则，“===”和“=/=”的优先级以首个字符为“=”来判断，也就是在逻辑操作中，相等性比较的优先级要比与、或、异或都高。

2.3.8　位宽推断

某些操作符会发生位宽的改变，这些返回的结果会生成一个自动推断的位宽，如表 2-2 所示。

表 2-2　Chisel 的位宽推断

操　作　符	位　　宽
z = x + y　or　z = x +% y	w(z) = max(w(x), w(y))
z = x +& y	w(z) = max(w(x), w(y)) + 1
z = x − y or z = x −% y	w(z) = max(w(x), w(y))
z = x −& y	w(z) = max(w(x), w(y)) + 1
z = x & y	w(z) = min(w(x), w(y))
z = Mux(c, x, y)	w(z) = max(w(x), w(y))
z = w * y	w(z) = w(x) + w(y)

（续表）

操　作　符	位　　宽
z = x << n	w(z) = w(x) + maxNum(n)
z = x >> n	w(z) = w(x) - minNum(n)
z = Cat(x, y)	w(z) = w(x) + w(y)
z = Fill(n, x)	w(z) = w(x) * maxNum(n)

当把一个短位宽的信号值或硬件结构赋值给长位宽的硬件结构时，会自动扩展符号位。反过来，Chisel 3 可以像 Verilog 那样自动把高位截断。

2.3.9　Chisel 泛型

Chisel 在本质上还是 Scala，所以 Chisel 的泛型就是使用 Scala 的泛型语法，这使得电路参数化更加方便。无论是 Chisel 的函数还是模块，都可以用类型参数和上、下界来泛化。在例化模块时，传入不同类型的参数，就可能产生不同的电路，而无须编写额外的代码。

读者要熟练使用泛型还需学习更多的素材，可以通过阅读 Chisel 的源代码来进一步学习。

2.4　总结

读者在学习本章后，应该理清 Chisel 数据类型的关系。常用的类型有 5 种：UInt、SInt、Bool、Bundle 和 Vec[T]，重点学会这 5 种即可。有关三种值类 UInt、SInt 和 Bool 的操作符与 Verilog 差不多，很快就能理解。

2.5　课后练习

1．简单描述 Chisel 生成 Verilog 的过程。

2．Chisel 支持 Verilog 中的四态逻辑吗？

3．Chisel 中可以存在未被驱动的输出型端口和线网吗？

4．使用 Chisel 至少应该导入哪些包？

5．请对比 Scala 和 Chisel 的数据类型。

6．如何给 Chisel 的数据类型赋值？

7．Chisel 的内建操作符有哪几类？优先级如何？

8．仿照书中例子，用 Chisel 设计一个加法器，把本章 1 位加法器的例子修改为 8 位全加器，输出 8 位加法结果和 1 位进位结果。

9．仿照书中例子，用 Chisel 设计一个比较器，输入两个 8 位 UInt 数据，相等时输出 true，否则输出 false。

10．仿照书中例子，用 Chisel 设计一个多路选择器，使用 Vec 构造 8 个 8 位宽的 UInt 输入，根据 3 位宽的选择信号的值选择对应输出，输出 Vec 对应下标的数据。

第 3 章　模块与硬件类型

Chisel 在构建硬件的思路上与 Verilog 类似。在 Verilog 中是以“模块（module）”为基本单位组成一个完整的独立功能实体的，所以 Chisel 也是按模块划分的，只不过不是用关键字“module”开头来定义模块的，而是用一个继承自 Module 类的自定义 class。

在 Verilog 里，模块内部主要有“线网（wire）”和“四态变量（reg）”两种硬件类型，它们分别用于描述数字电路的组合逻辑和时序逻辑。在 Chisel 里，也按这个思路定义了一些硬件类型，包括基本的线网和寄存器，以及一些常用的其他类型。第 2 章介绍了 Chisel 的数据类型，但是这些数据类型是无法独立工作的。实际的电路应该是由硬件类型的对象构成的，不管是信号的声明，还是用赋值进行信号传递，都是由硬件类型的对象来完成的。数据类型和硬件类型融合在一起，才能构成完整、可运行的组件。比如要声明一个线网，这部分工作由硬件类型来完成；这个线网的位宽是多少、按无符号数还是有符号数解释、是不是向量等，这些则是由作为参数的数据类型对象来定义的。

本章将介绍 Chisel 里的常用硬件类型及如何编写一个基本的模块。

3.1　Chisel 是如何赋值的

有了硬件类型后，就可以用赋值操作来进行信号的传递或电路的连接了。只有硬件赋值才有意义，单纯的数据对象进行赋值并不会被编译器转换成实际的电路，因为在 Verilog 里也是对 wire、reg 类型的硬件进行赋值的。那么，赋值操作需要什么样的操作符来完成呢？

在 Chisel 里，因为硬件电路具有不可变性，所有对象都应该由 val 类型的变量来引用。因此，一个变量一旦在初始化时绑定了一个对象，就不能再发生更改。但是，引用的对象很可能需要被重新赋值。例如，输出端口在定义时使用了“=”与端口变量名进行了绑定，等到驱动该端口时，就需要通过变量名来进行赋值操作，更新数据。很显然，此时“=”已经不可用了，因为变量在声明的时候不是 var 类型。即使是 var 类型，也只是让变量引用新的对象，而不是直接更新原来的可变对象。

为了解决这个问题，几乎所有的 Chisel 类都定义了方法“:=”，作为“=”赋值运算符的代替。所以首次创建变量时用“=”初始化，如果变量引用的对象不能立即确定状态或本身就是可变对象，则在后续更新状态时应该用“:=”。从前面讲的操作符优先级来判断，该操作符以“=”结尾，而且不是 4 种逻辑比较符号之一，所以优先级与“=”一致，是最低的。例如：

```
val x = Wire(UInt(4.W))
val y = Wire(UInt(4.W))
x := "b1010".U  // 向 4bit 的线网 x 赋予了无符号数 10
y := ~x         // 把 x 按位取反，传递给 y
```

3.2　端口（IO）

3.2.1　定义端口列表

定义一个模块前首先需要定义好端口。整个端口列表是由方法“IO[T <: Data](iodef: T)”来定义的，其参数通常是一个 Bundle 类型的对象，而且引用的字段名称必须是“io”（对于继承自 Module 的模块）。因为端口存在方向，所以还需要方法“Input[T <: Data](source: T)”和“Output[T <: Data](source: T)”来为每个端口都表明具体的方向。注意，“Input[T <: Data](source: T)”和“Output[T <: Data](source: T)”的入参是数据类型，不能是硬件类型。目前 Chisel 还不支持双向端口 inout，只能通过黑盒里的 Analog 端口来模拟外部 Verilog 的双向端口。

一旦端口列表定义完成，就可以通过“io.xxx”来使用。输入可以驱动内部其他信号，输出可以被其他信号驱动。可以直接进行赋值操作，Bool 类型的端口还能直接作为使能信号。端口不需要再使用其他硬件类型来定义，不过读者需要注意的是，从性质上来说它仍然属于组合逻辑的线网。例如：

```
class MyIO extends Bundle {
  val in = Input(Vec(5, UInt(32.W)))
  val out = Output(UInt(32.W))
}

class MyModule extends Module {
  val io = IO(new MyIO) // 模块的端口列表
  ...
}
```

3.2.2　翻转端口列表的方向

对于两个相连的模块，可能存在大量同名但方向相反的端口。仅仅为了翻转方向而不得不重写一遍端口，这样费时费力，所以 Chisel 提供了“Flipped[T <: Data](source: T)”方法，可以把参数里所有的输入端口转为输出端口，输出端口转为输入端口。如果是黑盒里的 Analog 端口，则仍是双向的。例如：

```
class MyIO extends Bundle {
  val in = Input(Vec(5, UInt(32.W)))
  val out = Output(UInt(32.W))
}

class MyModule_1 extends Module {
  val io = IO(new MyIO) // in 是输入，out 是输出
  ...
}

class MyModule_2 extends Module {
  val io = IO(Flipped(new MyIO)) // out 是输入，in 是输出
```

```
  ...
}
```

3.2.3 整体连接

翻转方向的端口列表通常配合整体连接符号“<>”使用。该操作符会把符号左右两边的端口列表里所有同名的端口进行连接，而且同一级的模块的端口方向必须是输入端口连接输出端口、输出端口连接输入端口，父级模块和子级模块的端口方向则是输入端口与输入端口相连、输出端口与输出端口相连。注意，进行端口连接时方向必须按这个规则匹配，而且不能存在端口名字、数量、类型不同的情况，这样就省去了大量连线的代码。例如：

```
//MyIO.scala
package chapter03

import chisel3._

class MyIO extends Bundle {
  val in = Input(Vec(2, UInt(32.W)))
  val out = Output(UInt(32.W))
}

class MySubModule extends Module {
  val io = IO(new Bundle {
    val sbuX = new MyIO
  })
  io.sbuX.out := io.sbuX.in(0) + io.sbuX.in(1)
}

class MyModule extends Module {
  val io = IO(new Bundle {
    val x = new MyIO
    val y = Flipped(new MyIO)
    val supX = new MyIO
  })
  io.x <> io.y //相当于io.y.in:=io.x.in;io.x.out:=io.y.out
  val sub = Module(new MySubModule)
  io.supX <> sub.io.sbuX //相当于 sub.io.sbuX.in:=io.supX.in;io.supX.out:=
sub.io.sbuX.out
}
```

io.x 和 io.y 属于同级，必须按其中一个翻转列表方向进行连接，而 io.supX 和 sub.io.sbuX 是父级模块的端口和子级模块的端口，不需要翻转方向。我们可以参考生成的 Verilog 代码理解这个规则：

```
// MyModule.v
module MySubModule(
  input  [31:0] io_sbuX_in_0,
```

```
  input  [31:0] io_sbuX_in_1,
  output [31:0] io_sbuX_out
);
  assign io_sbuX_out = io_sbuX_in_0 + io_sbuX_in_1; // @[MyIO.scala 13:32]
endmodule
module MyModule(
  input         clock,
  input         reset,
  input  [31:0] io_x_in_0,
  input  [31:0] io_x_in_1,
  output [31:0] io_x_out,
  output [31:0] io_y_in_0,
  output [31:0] io_y_in_1,
  input  [31:0] io_y_out,
  input  [31:0] io_supX_in_0,
  input  [31:0] io_supX_in_1,
  output [31:0] io_supX_out
);
  wire [31:0] sub_io_sbuX_in_0; // @[MyIO.scala 22:19]
  wire [31:0] sub_io_sbuX_in_1; // @[MyIO.scala 22:19]
  wire [31:0] sub_io_sbuX_out; // @[MyIO.scala 22:19]
  MySubModule sub ( // @[MyIO.scala 22:19]
    .io_sbuX_in_0(sub_io_sbuX_in_0),
    .io_sbuX_in_1(sub_io_sbuX_in_1),
    .io_sbuX_out(sub_io_sbuX_out)
  );
  assign io_x_out = io_y_out; // @[MyIO.scala 21:8]
  assign io_y_in_0 = io_x_in_0; // @[MyIO.scala 21:8]
  assign io_y_in_1 = io_x_in_1; // @[MyIO.scala 21:8]
  assign io_supX_out = sub_io_sbuX_out; // @[MyIO.scala 23:11]
  assign sub_io_sbuX_in_0 = io_supX_in_0; // @[MyIO.scala 23:11]
  assign sub_io_sbuX_in_1 = io_supX_in_1; // @[MyIO.scala 23:11]
endmodule
```

3.2.4 动态修改端口

方法一：使用可选字段。

Chisel 通过引入 Scala 的 Boolean 参数、可选值及 if 语句创建出可选的端口，在例化该模块时，可以通过控制 Boolean 入参来生成不同的端口。例如：

```
class ModuleWithOptionalIOs(flag: Boolean) extends Module {
  val io = IO(new Bundle {
    val in = Input(UInt(12.W))
    val out = Output(UInt(12.W))
    val out2 = if (flag) Some(Output(UInt(12.W))) else None
```

```
  })

  io.out := io.in
  if (flag) {
    io.out2.get := io.in
  }
}
```

注意，端口应该包装成可选值，这样不需要端口时就能用对象 None 代替，编译出来的 Verilog 就不会生成这个端口。在给可选端口赋值时，应该先用可选值的 get 方法获取这个端口。这里也体现了可选值语法的便利性。

方法二：使用 Zero-Width。

Chisel 允许数据的位宽为 0，位宽为 0 的 IO 不会生成对应的 Verilog 端口，推荐使用这种方法控制是否生成该端口。如下所示：

```
class HalfFullAdder(val hasCarry: Boolean) extends Module {
  val io = IO(new Bundle {
    val a = Input(UInt(1.W))
    val b = Input(UInt(1.W))
    val carryIn = Input(if (hasCarry) UInt(1.W) else UInt(0.W))
    val s = Output(UInt(1.W))
    val carryOut = Output(UInt(1.W))
  })
  val sum = io.a +& io.b +& io.carryIn
  io.s := sum(0)
  io.carryOut := sum(1)
}
```

3.3 模块

3.3.1 模块分类

Chisel 的模块分为 Module、MultiIOModule、RawModule。Module 是 LegacyModule 的类型别名，继承关系是 LegacyModule 继承自 MultiIOModule，MultiIOModule 继承自 RawModule，子类一般比超类实现的内容更多。

RawModule 允许根据需要定义 IO，无抽象成员 io，但不提供隐式时钟和复位，可以自定义时钟和复位信号，在将 Chisel 模块与需要特定时钟或复位命名约定的设计匹配时非常有用。

MultiIOModule 允许根据需要定义 IO（类似 Module），无抽象成员 io，在以编程方式添加 IO 或 IO 通过继承添加时很有用。MultiIOModule 有一个隐式时钟和复位。

Module 有一个隐式时钟（称为 clock）和一个隐式复位（称为 reset），必须实现抽象成员 io。

下面分别用三种模块实现与门，注意端口定义的区别。

```
// ModuleExample.scala
package chapter03
```

```
import chisel3._

class AndRawModule extends RawModule {
  val ioBundle = IO(new Bundle {
    val a = Input(UInt(1.W))
    val b = Input(UInt(1.W))
  })
  val c = IO(Output(UInt(1.W)))
  c := ioBundle.a & ioBundle.b
}

class AndMultiIOModule extends MultiIOModule {
  val io = IO(new Bundle {
    val a = Input(UInt(1.W))
    val c = Output(UInt(1.W))
  })
  val iob = IO(Input(UInt(1.W)))
  io.c := io.a & iob
}

class AndModule extends Module {
  val io = IO(new Bundle {
    val a = Input(UInt(1.W))
    val b = Input(UInt(1.W))
    val c = Output(UInt(1.W))
  })
  io.c := io.a & io.b
}
```

生成的Verilog代码如下：

```
module AndRawModule(
  input   ioBundle_a,
  input   ioBundle_b,
  output  c
);
  assign c = ioBundle_a & ioBundle_b; // @[ModuleExample.scala 11:19]
endmodule

module AndMultiIOModule(
  input   clock,
  input   reset,
  input   io_a,
  output  io_c,
  input   iob
);
```

```
  assign io_c = io_a & iob; // @[ModuleExample.scala 19:16]
endmodule

module AndModule(
  input   clock,
  input   reset,
  input   io_a,
  input   io_b,
  output  io_c
);
  assign io_c = io_a & io_b; // @[ModuleExample.scala 27:16]
endmodule
```

3.3.2 定义模块

在 Chisel 里定义一个模块一般是通过继承 Module 类来实现的，这个类有以下三个特点：（1）继承自 Module 类；（2）包含一个用于接口的抽象字段“io”，该字段必须引用前面所说的端口对象；（3）在类的主构造器里进行内部电路连线。

因为非字段、非方法的内容都属于主构造方法，所以用操作符“:=”进行的赋值、用“<>”进行的连线或一些控制结构等，都属于主构造方法。从 Scala 的层面来讲，这些代码在实例化时表示如何构造一个对象；从 Chisel 的层面来讲，它们就是在声明如何进行模块内部子电路的连接、信号的传递，类似于 Verilog 的 assign 和 always 语句。实际上这些用赋值表示的电路连接在转换成 Verilog 时，在组合逻辑中就是大量的 assign 语句，在时序逻辑中就是 always 语句。

还有一点需要注意，这样定义的模块会继承一个字段“clock”，类型是 Clock，它表示全局时钟，在整个模块内可见。对于组合逻辑，是用不上它的，而时序逻辑虽然需要这个时钟，但也不用显式声明。除 clock 外还会继承一个字段“reset”，类型是 Reset，表示全局复位信号，在整个模块内可见。对于需要复位的时序元件，也可以不用显式声明该字段。如果确实需要用到全局时钟和复位，则可以通过它们的字段名称来使用，但需要注意类型是否匹配，经常需要“reset.asBool”这样的语句把 Reset 类型转换成 Bool 类型用于控制。隐式的全局时钟和复位端口只有在生成 Verilog 代码时才能看到。

编写一个双输入多路选择器，其代码如下所示：

```
// Mux2.scala
package chapter03

import chisel3._

class Mux2 extends Module {
  val io = IO(new Bundle {
    val sel = Input(UInt(1.W))
    val in0 = Input(UInt(1.W))
    val in1 = Input(UInt(1.W))
    val out = Output(UInt(1.W))
```

```
  })

  io.out := (io.sel & io.in1) | (~io.sel & io.in0)
}
```

在这里，“new Bundle { ... }”用来声明一个继承自 Bundle 的匿名类，然后实例化该匿名类。对于短小、简单的端口列表，可以使用这种简便写法。对于较大的公用接口，应该单独写成具名的 Bundle 子类，方便修改。“io.out := ...”其实就是主构造方法的一部分，通过内建操作符和三个输入端口，实现了输出端口的逻辑行为。

3.3.3　例化模块

要例化一个模块，并不是直接用 new 生成一个实例对象就完成了，还需要再把实例对象传递给单例对象 Module 的 apply 方法。这种形式是由 Scala 的语法限制造成的，就像端口需要写成“IO(new Bundle {...})”、无符号数要写成“UInt(n.W)”等一样。例如，下面的代码演示了通过例化双输入多路选择器构建四输入多路选择器：

```
// Mux4.scala
package chapter03

import chisel3._

class Mux4 extends Module {
  val io = IO(new Bundle {
    val in0 = Input(UInt(1.W))
    val in1 = Input(UInt(1.W))
    val in2 = Input(UInt(1.W))
    val in3 = Input(UInt(1.W))
    val sel = Input(UInt(2.W))
    val out = Output(UInt(1.W))
  })
  val m0 = Module(new Mux2)
  m0.io.sel := io.sel(0)
  m0.io.in0 := io.in0
  m0.io.in1 := io.in1
  val m1 = Module(new Mux2)
  m1.io.sel := io.sel(0)
  m1.io.in0 := io.in2
  m1.io.in1 := io.in3
  val m2 = Module(new Mux2)
  m2.io.sel := io.sel(1)
  m2.io.in0 := m0.io.out
  m2.io.in1 := m1.io.out
  io.out := m2.io.out
}
```

3.3.4 例化多个模块

在 3.3.3 节的例子中，模块 Mux2 被例化了三次，实际上只需要一次性例化三个模块就可以了。对于要多次例化的重复模块，可以利用向量的工厂方法 VecInit[T <: Data]。因为该方法接收的参数类型是 Data 的子类，而模块的字段 io 正好是 Bundle 类型，并且实际的电路连线仅仅只需针对模块的端口，所以可以把待例化模块的 io 字段组成一个序列，或者按重复参数的方式作为参数传递。通常建议使用序列作为参数，这样更节省代码。生成序列的一种方法是调用单例对象 Seq 中的方法 fill，该方法的一个重载版本有两个单参数列表，第一个参数接收 Int 类型的对象，表示序列的元素个数，第二个是传名参数，接收序列的元素。

因为 Vec 是一种可索引的序列，所以用这种方式例化的多个模块类似于“模块数组”，用下标索引第 *n* 个模块。另外，因为 Vec 的元素已经是模块的端口字段 io，所以要引用例化模块的某个具体端口时，路径中不用再出现“io”。例如：

```
// Mux4_2.scala
package chapter03

import chisel3._

class Mux4_2 extends Module {
  val io = IO(new Bundle {
    val in0 = Input(UInt(1.W))
    val in1 = Input(UInt(1.W))
    val in2 = Input(UInt(1.W))
    val in3 = Input(UInt(1.W))
    val sel = Input(UInt(2.W))
    val out = Output(UInt(1.W))
  })
  val m = VecInit(Seq.fill(3)(Module(new Mux2).io))
  // 例化了三个Mux2，并且参数是端口字段io
  m(0).sel := io.sel(0) // 模块的端口通过下标索引，并且路径中没有"io"
  m(0).in0 := io.in0
  m(0).in1 := io.in1
  m(1).sel := io.sel(0)
  m(1).in0 := io.in2
  m(1).in1 := io.in3
  m(2).sel := io.sel(1)
  m(2).in0 := m(0).out
  m(2).in1 := m(1).out
  io.out := m(2).out
}
```

3.4 线网

3.4.1 Wire

Chisel 把线网作为电路的节点，通过工厂方法“Wire[T <: Data](t: T)”来定义线网。可

以对线网进行赋值，也可以把线网连接到其他电路节点，线网是组合逻辑的基本硬件类型。例如：

```
class MyModule extends Module {
  val io = IO(new Bundle {
    val in = Input(UInt(8.W))
  })

  val myNode = Wire(UInt(8.W))

  myNode := io.in + 1.U;
}
```

因为 Scala 作为软件语言是顺序执行的，定义具有覆盖性，所以如果对同一个线网多次赋值，则只有最后一次赋值是有效的。例如，下面的代码与上面的例子是等效的：

```
class MyModule extends Module {
  val io = IO(new Bundle {
    val in = Input(UInt(8.W))
  })

  val myNode = Wire(UInt(8.W))
  myNode := 0.U;
  myNode := io.in + 1.U;
}
```

Wire 的一些用例如下[1]（引自 Chisel 3 官方源代码）。如果不提供位宽参数，代码将启用自动推断。

```
val w0 = Wire(UInt()) // width is inferred
val w1 = Wire(UInt(8.W)) // width is set to 8

val w2 = Wire(Vec(4, UInt())) // width is inferred
val w3 = Wire(Vec(4, UInt(8.W))) // width of each element is set to 8

class MyBundle {
  val unknown = UInt()
  val known   = UInt(8.W)
}
val w4 = Wire(new MyBundle)
// Width of w4.unknown is inferred
// Width of w4.known is set to 8
```

3.4.2 WireDefault

WireDefault 用于构建具有默认连接的线网，两种形式的 WireDefault 介绍如下。

单参数形式 WireDefault 使用这个参数来指定线网的数据类型和默认连接。对于具有字面值的 chisel3.Bits 和非 Bits 参数，类型从参数复制；对于无字面值的 chisel3.Bits，连线的宽度会自动推断。详情请参阅以下例子[2]（引自 Chisel 3 官方源代码）：

```
// Literal chisel3.Bits initializer: width will be set to match
val w1 = WireDefault(1.U) // width will be inferred to be 1
val w2 = WireDefault(1.U(8.W)) // width is set to 8

//Non-Literal Element initializer - width will be inferred
val x = Wire(UInt())
val y = Wire(UInt(8.W))
val w1 = WireDefault(x) // width will be inferred
val w2 = WireDefault(y) // width will be inferred

//Aggregate initializer - width will be set to match the aggregate
class MyBundle {
  val unknown = UInt()
  val known = UInt(8.W)
}
val w1 = Wire(new MyBundle)
val w2 = WireDefault(w1)
// Width of w2.unknown is inferred
// Width of w2.known is set to 8
```

双参数形式 WireDefault 可以独立指定 Wire 的数据类型和默认连接。WireDefault 的第一个参数是类型模板，它定义了 Wire 的位宽，其方式与 Wire 的参数完全相同。第二个参数用来指定默认连接，就好像它被定义为:

```
def WireDefault[T <: Data](t: T, init: T): T = {
  val x = Wire(t)
  x := init
  x
}
```

3.4.3 未驱动的线网

Chisel 的 Invalidate API（Application Programming Interface，应用程序接口）支持检测未驱动的输出型 IO 及定义不完整的 Wire，在编译成 Firrtl 时会产生“not fully initialized”错误。换句话说，就是组合逻辑的真值表不完整，不能综合出完整的电路。如果确实需要不被驱动的线网，则可以赋给一个 DontCare 对象，这会告诉 Firrtl 编译器，该线网故意不被驱动。转换成的 Verilog 会赋予该信号全 0 值，甚至把逻辑全部优化掉，所以要谨慎使用。例如：

```
val io = IO(new Bundle {
  val outs = Output(Vec(10, Bool()))
})
io.outs <> DontCare
```

检查机制是由 CompileOptions.explicitInvalidate 控制的，如果把它设置成 true 就是严格模式（执行检查），设置成 false 就是不严格模式（不执行检查）。开关方法有两种，第一种是定义一个抽象的模块类，由抽象类设置，其余模块都继承自这个抽象类。例如：

```
// 严格
abstract class ExplicitInvalidateModule extends Module()(chisel3.
```

```
ExplicitCompileOptions.NotStrict.copy(explicitInvalidate = true))

    // 不严格
    abstract class ImplicitInvalidateModule extends Module()(chisel3.
ExplicitCompileOptions.Strict.copy(explicitInvalidate = false))
```

第二种方法是在每个模块中重写 compileOptions 字段，由该字段设置编译选项。例如：

```
    // 严格
    class MyModule extends Module {
      override val compileOptions = chisel3.ExplicitCompileOptions.
NotStrict.copy(explicitInvalidate = true)
      …
    }

    // 不严格
    class MyModule extends Module {
      override val compileOptions = chisel3.ExplicitCompileOptions.Strict.
copy(explicitInvalidate = false)
      …
    }
```

3.5　寄存器

寄存器是时序逻辑的基本硬件类型，它们默认都是由当前时钟域的时钟上升沿触发的。如果模块中没有多时钟域的语句块，那么寄存器都是由隐式的全局时钟来控制的。对于有复位信号的寄存器，如果不在多时钟域语句块中，则由隐式的全局复位来控制，并且复位信号是高有效的。从 Chisel 3.2.0 开始，Chisel 3 支持同步和异步复位，这意味着它可以实现同步和异步复位寄存器。

Chisel 有 5 种内建的寄存器：Reg、RegNext、RegInit、util 包中的 RegEnable 和 ShiftRegister，下面逐一介绍。

3.5.1　Reg

第 1 种是普通的寄存器 “Reg[T <: Data](t: T)”，它可以在 when 语句中用全局 reset 信号进行同步复位（reset 信号是 Reset 类型，要用 asBool 进行类型转换），也可以进行条件赋值或无条件跟随，参数同样要指定位宽或者自动位宽推断，和 Wire 的构造方式非常类似。下面的例子引自 Chisel 3 官方源代码[3]。

```
    val r0 = Reg(UInt()) // width is inferred
    val r1 = Reg(UInt(8.W)) // width is set to 8

    val r2 = Reg(Vec(4, UInt())) // width is inferred
```

```
val r3 = Reg(Vec(4, UInt(8.W))) // width of each element is set to 8

class MyBundle {
  val unknown = UInt()
  val known   = UInt(8.W)
}
val r4 = Reg(new MyBundle)
// Width of r4.unknown is inferred
// Width of r4.known is set to 8
```

3.5.2 RegNext

第 2 种是“RegNext[T <: Data](next: T)”，返回一个位宽可以自动推断的寄存器，在每个时钟上升沿，它都会采样一次传入的参数，并且没有复位信号。它的另一个版本的 apply 工厂方法是“RegNext[T <: Data](next: T, init: T)”，是由复位信号控制的，当复位信号有效时，复位到指定值，否则就跟随。RegNext 经常用于构造延迟一个周期的信号。

RegNext 的位宽不是基于 Element 类型的 next 或 init 连接设置的。在下面的例子中，不会设置 bar 的宽度，而是由 Firrtl 编译器推断出来的，例子引自 Chisel 3 的官方源代码[4,5,6]。

```
val foo = Reg(UInt(4.W))         // width is 4
val bar = RegNext(foo)           // width is unset
```

如果想要显式的位宽，不应使用 RegNext，而应使用一个带有指定位宽的寄存器，chiselTypeOf(foo)用于获得 foo 的数据类型 UInt(4.W)：

```
val foo = Reg(UInt(4.W))           // width is 4
val bar = Reg(chiselTypeOf(foo)) // width is 4
bar := foo
```

还要注意，由 Bundle 构造的 RegNext 的位宽会设置为 Aggregate 类型的位宽：

```
class MyBundle extends Bundle {
  val x = UInt(4.W)
}
val foo = Wire(new MyBundle)    // the width of foo.x is 4
val bar = RegNext(foo)          // the width of bar.x is 4
```

3.5.3 RegInit

第 3 种是复位到指定值的寄存器 RegInit，也有两种构造方式“RegInit[T <: Data](init: T) 和 RegInit[T <: Data](t: T, init: T)”。如果不声明位宽，则会使用自动推断。可以用内建的 when 语句对它进行条件赋值，另外当隐式复位信号有效时，寄存器会被设置为初始化值。

单参数形式使用参数来指定数据类型和初始化值。对于具有字面值的 chisel3.Bits 和非 Bits 参数，类型将从参数复制；对于无字面值的 chisel3.Bits，连线的宽度将被推断。详情请参阅以下例子[7]（引自 Chisel 3 官方源代码）：

```
//Literal chisel3.Bits initializer: width will be set to match
val r1 = RegInit(1.U) // width will be inferred to be 1
val r2 = RegInit(1.U(8.W)) // width is set to 8
```

```
//Non-Literal Element initializer - width will be inferred
val x = Wire(UInt())
val y = Wire(UInt(8.W))
val r1 = RegInit(x) // width will be inferred
val r2 = RegInit(y) // width will be inferred

//Aggregate initializer - width will be set to match the aggregate
class MyBundle extends Bundle {
  val unknown = UInt()
  val known   = UInt(8.W)
}
val w1 = Reg(new MyBundle)
val w2 = RegInit(w1)
// Width of w2.unknown is inferred
// Width of w2.known is set to 8
```

双参数形式可以独立指定数据类型和默认连接。RegInit 的第一个参数是类型模板，它定义了 Reg 的位宽，其方式与 Wire 的参数完全相同。第二个参数用来指定初始化值，就好像它被定义为：

```
def RegInit[T <: Data](t: T, init: T): T = {
  val x = Reg(t)
  x := init
  x
}
```

3.5.4 RegEnable

第 4 种是 util 包中的带一个使能端的寄存器 RegEnable，也有两个 apply 方法，区别是有无初始化值，源代码和例子引自 Chisel 3 官方源代码[8]。

```
object RegEnable {
  def apply[T <: Data](next: T, enable: Bool): T = {
    val r = Reg(chiselTypeOf(next))
    when (enable) { r := next }
    r
  }

  def apply[T <: Data](next: T, init: T, enable: Bool): T = {
    val r = RegInit(init)
    when (enable) { r := next }
    r
  }
}
```

第一个 apply 方法，不进行复位初始化。例如：

```
val regWithEnable = RegEnable(nextVal, ena)
```

第二个 apply 方法，进行复位初始化。例如：

```
val regWithEnableAndReset = RegEnable(nextVal, 0.U, ena)
```

3.5.5 ShiftRegister

第 5 种是 util 包中的移位寄存器"ShiftRegister[T <: Data](in: T, n: Int, resetData: T, en: Bool)"，其中第 1 个参数 in 是待移位的数据，第 2 个参数 n 是需要延迟的周期数，第 3 个参数 resetData 是指定的复位值，可以省略，第 4 个参数 en 是移位的使能信号，默认为 true.B。也是通过两个 apply 方法实现的，源代码和例子引自 Chisel 3 官方源代码[9]。

```
object ShiftRegister
{
  def apply[T <: Data](in: T, n: Int, en: Bool = true.B): T = {
    // The order of tests reflects the expected use cases.
    if (n != 0) {
      RegEnable(apply(in, n-1, en), en)
    } else {
      in
    }
  }

  def apply[T <: Data](in: T, n: Int, resetData: T, en: Bool): T = {
    // The order of tests reflects the expected use cases.
    if (n != 0) {
      RegEnable(apply(in, n-1, resetData, en), resetData, en)
    } else {
      in
    }
  }
}
```

第一个 apply 方法，不进行复位初始化。例如：

```
val regDelayTwo = ShiftRegister(nextVal, 2, ena)
```

第二个 apply 方法，进行复位初始化。例如：

```
val regDelayTwoReset = ShiftRegister(nextVal, 2, 0.U, ena)
```

3.5.6 寄存器实例

这里将前面介绍的所有寄存器进行实例化，以展示其应用方式，有如下的 Chisel 代码：

```
// Reg Example.scala
package chapter03

import chisel3._
import chisel3.util._

class REG extends Module {
  val io = IO(new Bundle {
```

```
    val a = Input(UInt(8.W))
    val en = Input(Bool())
    val c = Output(UInt(1.W))
  })
  val reg0 = RegNext(io.a)
  val reg1 = RegNext(io.a, 0.U)
  val reg2 = RegInit(0.U(8.W))
  val reg3 = Reg(UInt(8.W))
  val reg4 = Reg(UInt(8.W))
  val reg5 = RegEnable(io.a + 1.U, 0.U, io.en)
  val reg6 = RegEnable(io.a - 1.U, io.en)
  val reg7 = ShiftRegister(io.a, 3, 0.U, io.en)
  val reg8 = ShiftRegister(io.a, 3, io.en)

  reg2 := io.a.andR
  reg3 := io.a.orR
  when(reset.asBool) {
    reg4 := 0.U
  }.otherwise {
    reg4 := 1.U
  }
  io.c := reg0(0) & reg1(0) & reg2(0) & reg3(0) & reg4(0) & reg5(0) & reg6(0)
& reg7(0) & reg8(0)
}
```

对应生成的 Verilog 代码为：

```
// REG.v
module REG(
  input        clock,
  input        reset,
  input  [7:0] io_a,
  input        io_en,
  output       io_c
);
`ifdef RANDOMIZE_REG_INIT
  reg [31:0] _RAND_0;
  reg [31:0] _RAND_1;
  reg [31:0] _RAND_2;
  reg [31:0] _RAND_3;
  reg [31:0] _RAND_4;
  reg [31:0] _RAND_5;
  reg [31:0] _RAND_6;
  reg [31:0] _RAND_7;
  reg [31:0] _RAND_8;
  reg [31:0] _RAND_9;
```

```
  reg [31:0] _RAND_10;
  reg [31:0] _RAND_11;
  reg [31:0] _RAND_12;
`endif // RANDOMIZE_REG_INIT
  reg [7:0] reg0; // @[RegExample.scala 12:21]
  reg [7:0] reg1; // @[RegExample.scala 13:21]
  reg [7:0] reg2; // @[RegExample.scala 14:21]
  reg [7:0] reg3; // @[RegExample.scala 15:17]
  reg [7:0] reg4; // @[RegExample.scala 16:17]
  wire [7:0] _reg5_T_1 = io_a + 8'h1; // @[RegExample.scala 17:29]
  reg [7:0] reg5; // @[Reg.scala 27:20]
  wire [7:0] _reg6_T_1 = io_a - 8'h1; // @[RegExample.scala 18:29]
  reg [7:0] reg6; // @[Reg.scala 15:16]
  reg [7:0] reg7_r; // @[Reg.scala 27:20]
  reg [7:0] reg7_r_1; // @[Reg.scala 27:20]
  reg [7:0] reg7; // @[Reg.scala 27:20]
  reg [7:0] reg8_r; // @[Reg.scala 15:16]
  reg [7:0] reg8_r_1; // @[Reg.scala 15:16]
  reg [7:0] reg8; // @[Reg.scala 15:16]
  wire  _GEN_8 = reset ? 1'h0 : 1'h1; // @[RegExample.scala 24:22
RegExample.scala 25:10 RegExample.scala 27:10]
  assign io_c = reg0[0] & reg1[0] & reg2[0] & reg3[0] & reg4[0] & reg5[0] &
reg6[0] & reg7[0] & reg8[0]; // @[RegExample.scala 29:89]
  always @(posedge clock) begin
    reg0 <= io_a; // @[RegExample.scala 12:21]
    if (reset) begin // @[RegExample.scala 13:21]
      reg1 <= 8'h0; // @[RegExample.scala 13:21]
    end else begin
      reg1 <= io_a; // @[RegExample.scala 13:21]
    end
    if (reset) begin // @[RegExample.scala 14:21]
      reg2 <= 8'h0; // @[RegExample.scala 14:21]
    end else begin
      reg2 <= {{7'd0}, &io_a}; // @[RegExample.scala 22:8]
    end
    reg3 <= {{7'd0}, |io_a}; // @[RegExample.scala 23:16]
    reg4 <= {{7'd0}, _GEN_8}; // @[RegExample.scala 24:22 RegExample.scala
25:10 RegExample.scala 27:10]
    if (reset) begin // @[Reg.scala 27:20]
      reg5 <= 8'h0; // @[Reg.scala 27:20]
    end else if (io_en) begin // @[Reg.scala 28:19]
      reg5 <= _reg5_T_1; // @[Reg.scala 28:23]
    end
    if (io_en) begin // @[Reg.scala 16:19]
```

```
      reg6 <= _reg6_T_1; // @[Reg.scala 16:23]
    end
    if (reset) begin // @[Reg.scala 27:20]
      reg7_r <= 8'h0; // @[Reg.scala 27:20]
    end else if (io_en) begin // @[Reg.scala 28:19]
      reg7_r <= io_a; // @[Reg.scala 28:23]
    end
    if (reset) begin // @[Reg.scala 27:20]
      reg7_r_1 <= 8'h0; // @[Reg.scala 27:20]
    end else if (io_en) begin // @[Reg.scala 28:19]
      reg7_r_1 <= reg7_r; // @[Reg.scala 28:23]
    end
    if (reset) begin // @[Reg.scala 27:20]
      reg7 <= 8'h0; // @[Reg.scala 27:20]
    end else if (io_en) begin // @[Reg.scala 28:19]
      reg7 <= reg7_r_1; // @[Reg.scala 28:23]
    end
    if (io_en) begin // @[Reg.scala 16:19]
      reg8_r <= io_a; // @[Reg.scala 16:23]
    end
    if (io_en) begin // @[Reg.scala 16:19]
      reg8_r_1 <= reg8_r; // @[Reg.scala 16:23]
    end
    if (io_en) begin // @[Reg.scala 16:19]
      reg8 <= reg8_r_1; // @[Reg.scala 16:23]
    end
  end
// Register and memory initialization
`ifdef RANDOMIZE_GARBAGE_ASSIGN
`define RANDOMIZE
`endif
`ifdef RANDOMIZE_INVALID_ASSIGN
`define RANDOMIZE
`endif
`ifdef RANDOMIZE_REG_INIT
`define RANDOMIZE
`endif
`ifdef RANDOMIZE_MEM_INIT
`define RANDOMIZE
`endif
`ifndef RANDOM
`define RANDOM $random
`endif
`ifdef RANDOMIZE_MEM_INIT
```

```
    integer initvar;
  `endif
  `ifndef SYNTHESIS
  `ifdef FIRRTL_BEFORE_INITIAL
  `FIRRTL_BEFORE_INITIAL
  `endif
  initial begin
    `ifdef RANDOMIZE
      `ifdef INIT_RANDOM
        `INIT_RANDOM
      `endif
      `ifndef VERILATOR
        `ifdef RANDOMIZE_DELAY
          #`RANDOMIZE_DELAY begin end
        `else
          #0.002 begin end
        `endif
      `endif
  `ifdef RANDOMIZE_REG_INIT
    _RAND_0 = {1{`RANDOM}};
    reg0 = _RAND_0[7:0];
    _RAND_1 = {1{`RANDOM}};
    reg1 = _RAND_1[7:0];
    _RAND_2 = {1{`RANDOM}};
    reg2 = _RAND_2[7:0];
    _RAND_3 = {1{`RANDOM}};
    reg3 = _RAND_3[7:0];
    _RAND_4 = {1{`RANDOM}};
    reg4 = _RAND_4[7:0];
    _RAND_5 = {1{`RANDOM}};
    reg5 = _RAND_5[7:0];
    _RAND_6 = {1{`RANDOM}};
    reg6 = _RAND_6[7:0];
    _RAND_7 = {1{`RANDOM}};
    reg7_r = _RAND_7[7:0];
    _RAND_8 = {1{`RANDOM}};
    reg7_r_1 = _RAND_8[7:0];
    _RAND_9 = {1{`RANDOM}};
    reg7 = _RAND_9[7:0];
    _RAND_10 = {1{`RANDOM}};
    reg8_r = _RAND_10[7:0];
    _RAND_11 = {1{`RANDOM}};
    reg8_r_1 = _RAND_11[7:0];
    _RAND_12 = {1{`RANDOM}};
```

```
  reg8 = _RAND_12[7:0];
`endif // RANDOMIZE_REG_INIT
  `endif // RANDOMIZE
end // initial
`ifdef FIRRTL_AFTER_INITIAL
`FIRRTL_AFTER_INITIAL
`endif
`endif // SYNTHESIS
endmodule
```

3.5.7　异步寄存器

下面简单介绍一种异步寄存器的实现方式。可以使用 withClockAndReset 来构造异步时钟和异步复位信号，也可以用 withClock 和 withReset 单独控制异步时钟或异步复位信号，有关多时钟域的知识见第 7 章，自定义的异步寄存器的代码如下：

```
// AsyncReg.scala
package chapter03

import chisel3._

class AsyncReg extends Module {
  val io = IO(new Bundle {
    val asyncClk = Input(UInt(1.W))
    val asyncRst = Input(UInt(1.W))
    val out = Output(UInt(8.W))
  })

  val asyncRegInit = withClockAndReset(io.asyncClk.asBool().asClock(),
    io.asyncRst.asBool().asAsyncReset())(RegInit(0.U(8.W)))
  asyncRegInit := asyncRegInit + 1.U
  io.out := asyncRegInit
}
```

可以看出生成的 Verilog 代码使用的是异步时钟和异步复位信号。

```
// AsyncReg.v
module AsyncReg(
  input        clock,
  input        reset,
  input        io_asyncClk,
  input        io_asyncRst,
  output [7:0] io_out
);
`ifdef RANDOMIZE_REG_INIT
  reg [31:0] _RAND_0;
`endif // RANDOMIZE_REG_INIT
```

```
  reg [7:0] asyncRegInit; // @[AsyncReg .scala 13:49]
  assign io_out = asyncRegInit; // @[AsyncReg .scala 15:10]
  always @(posedge io_asyncClk or posedge io_asyncRst) begin
    if (io_asyncRst) begin
      asyncRegInit <= 8'h0;
    end else begin
      asyncRegInit <= asyncRegInit + 8'h1;
    end
  end
// Register and memory initialization
`ifdef RANDOMIZE_GARBAGE_ASSIGN
`define RANDOMIZE
`endif
`ifdef RANDOMIZE_INVALID_ASSIGN
`define RANDOMIZE
`endif
`ifdef RANDOMIZE_REG_INIT
`define RANDOMIZE
`endif
`ifdef RANDOMIZE_MEM_INIT
`define RANDOMIZE
`endif
`ifndef RANDOM
`define RANDOM $random
`endif
`ifdef RANDOMIZE_MEM_INIT
  integer initvar;
`endif
`ifndef SYNTHESIS
`ifdef FIRRTL_BEFORE_INITIAL
`FIRRTL_BEFORE_INITIAL
`endif
initial begin
  `ifdef RANDOMIZE
    `ifdef INIT_RANDOM
      `INIT_RANDOM
    `endif
    `ifndef VERILATOR
      `ifdef RANDOMIZE_DELAY
        #`RANDOMIZE_DELAY begin end
      `else
        #0.002 begin end
      `endif
    `endif
```

```
`ifdef RANDOMIZE_REG_INIT
  _RAND_0 = {1{`RANDOM}};
  asyncRegInit = _RAND_0[7:0];
`endif // RANDOMIZE_REG_INIT
  if (io_asyncRst) begin
    asyncRegInit = 8'h0;
  end
  `endif // RANDOMIZE
end // initial
`ifdef FIRRTL_AFTER_INITIAL
`FIRRTL_AFTER_INITIAL
`endif
`endif // SYNTHESIS
Endmodule
```

3.6 寄存器组

上述构造寄存器的工厂方法，它们的参数可以是任何 Data 的子类型。如果把子类型 Vec[T] 作为参数传递进去，就会生成多个位宽相同、行为相同、名字前缀相同的寄存器。同样，寄存器组在 Chisel 代码中可以通过下标索引。例如：

```
// RegExample2.scala
package chapter03

import chisel3._
import chisel3.util._

class REG2 extends Module {
  val io = IO(new Bundle {
    val a = Input(UInt(8.W))
    val en = Input(Bool())
    val c = Output(UInt(1.W))
  })
  val reg0 = RegNext(VecInit(io.a, io.a))
  val reg1 = RegNext(VecInit(io.a, io.a), VecInit(0.U, 0.U))
  val reg2 = RegInit(VecInit(0.U(8.W), 0.U(8.W)))
  val reg3 = Reg(Vec(2, UInt(8.W)))
  val reg4 = Reg(Vec(2, UInt(8.W)))
  val reg5 = RegEnable(VecInit(io.a + 1.U, io.a + 1.U), VecInit(0.U(8.W),
0.U(8.W)), io.en)
  val reg6 = RegEnable(VecInit(io.a - 1.U, io.a - 1.U), io.en)
  val reg7 = ShiftRegister(VecInit(io.a, io.a), 3, VecInit(0.U(8.W), 0.U(8.W)),
io.en)
  val reg8 = ShiftRegister(VecInit(io.a, io.a), 3, io.en)
```

```
    reg2(0) := io.a.andR
    reg2(1) := io.a.andR
    reg3(0) := io.a.orR
    reg3(1) := io.a.orR
    when(reset.asBool) {
      reg4(0) := 0.U
      reg4(1) := 0.U
    }.otherwise {
      reg4(0) := 1.U
      reg4(1) := 1.U
    }
    io.c := reg0(0)(0) & reg1(0)(0) & reg2(0)(0) & reg3(0)(0) & reg4(0)(0) &
reg5(0)(0) & reg6(0)(0) & reg7(0)(0) & reg8(0)(0) & reg0(1)(0) & reg1(1)(0) &
reg2(1)(0) & reg3(1)(0) & reg4(1)(0) & reg5(1)(0) & reg6(1)(0) & reg7(1)(0) &
reg8(1)(0)
  }
```

限于篇幅，以上 Chisel 代码对应的 Verilog 代码就不再展示，请读者自行做实验对比。

3.7 用 when 给电路赋值

在 Verilog 中，可以使用“if…else if…else”这样的条件选择语句来方便地构建电路的逻辑。由于 Scala 已经占用了“if…else if…else”语法，因此相应的 Chisel 控制结构改成了 when 语句，其语法如下：

```
when (condition 1) { definition 1 }
.elsewhen (condition 2) { definition 2 }
...
.elsewhen (condition N) { definition N }
.otherwise { default behavior }

// Mux2When.scala
package chapter03

import chisel3._

class Mux2 extends Module {
  val io = IO(new Bundle {
    val sel = Input(UInt(1.W))
    val in0 = Input(UInt(1.W))
    val in1 = Input(UInt(1.W))
    val out = Output(UInt(1.W))
  })
```

```
  when(io.sel === 1.U) {
    io.out := io.in1
  }.otherwise {
    io.out := io.in0
  }
}
```

注意：“.elsewhen”和“.otherwise”的开头都有一个英文句号。所有的判断条件都是返回 Bool 类型的传名参数，不要和 Scala 的 Boolean 类型混淆，也不存在 Boolean 和 Bool 之间的相互转换。对于 UInt、SInt 和 Reset 类型，可以用方法 asBool 转换成 Bool 类型作为判断条件。

when 语句不仅可以用于线网赋值，还可以用于寄存器赋值，但是要注意在构建组合逻辑时，所有条件下都要对信号赋值，否则会报错驱动不全，因此一般不能缺失“.otherwise”分支。下面的例子中在 when 之前进行赋值可以不写“.otherwise”分支，但是如果在 when 之后进行直接赋值就会覆盖掉 when 的条件赋值，建议把“.otherwise”写全，避免出错。

例如，在 when 之前赋值：

```
class Mux2 extends Module {
  val io = IO(new Bundle{
    val sel = Input(UInt(1.W))
    val in0 = Input(UInt(1.W))
    val in1 = Input(UInt(1.W))
    val out = Output(UInt(1.W))
  })
  io.out := io.in0
  when(io.sel === 1.U){
    io.out := io.in1
  }
}
```

生成的 Verilog 是多路选择器：

```
module Mux2(
  input  clock,
  input  reset,
  input  io_sel,
  input  io_in0,
  input  io_in1,
  output io_out
);
  assign io_out = io_sel ? io_in1 : io_in0; // @[Mux2.scala 13:23 Mux2.scala 14:12 Mux2.scala 16:12]
endmodule
```

如果在 when 之后赋值，会覆盖掉 when：

```
class Mux2 extends Module {
  val io = IO(new Bundle{
    val sel = Input(UInt(1.W))
    val in0 = Input(UInt(1.W))
```

```
    val in1 = Input(UInt(1.W))
    val out = Output(UInt(1.W))
  })
  when(io.sel === 1.U){
    io.out := io.in1
  }
  io.out := io.in0
}
```

生成的 Verilog：

```
module Mux2(
  input   clock,
  input   reset,
  input   io_sel,
  input   io_in0,
  input   io_in1,
  output  io_out
);
  assign io_out = io_in0; // @[Mux2.scala 15:10]
endmodule
```

通常，when 用于给带使能信号的寄存器更新数据，组合逻辑不常用。对于有复位信号的寄存器，尽量不要在 when 语句中用“reset.asBool”作为复位条件，推荐使用 RegInit 来声明寄存器，这样生成的 Verilog 会自动根据当前的时钟域来同步复位。

除了 when 结构，util 包中还有一个与之对偶的结构“unless”，用法是 unless (condition) { definition }。如果 unless 的判定条件为 false.B，则一直执行，否则不执行。当“unless”已经被标注过时，使用 when(!condition){...}能实现一样的功能。

3.8 总结

本章介绍了硬件类型，最基本的硬件类型是端口（IO）、Wire 和 Reg 三种，还有指明端口方向的 Input、Output 和 Flipped。Module 沿用了 Verilog 用模块构建电路的规则，不仅让熟悉 Verilog HDL/VHDL 的工程师方便理解，也便于将 Chisel 转换成 Verilog 代码。

数据类型必须配合硬件类型才能使用，它不能独立存在，因为编译器只会把硬件类型生成对应的 Verilog 代码。从语法规则上来讲，这两种类型有很大的区别，编译器会对数据类型和硬件类型加以区分。尽管从 Scala 的角度来看，硬件类型对应的工厂方法仅仅是“封装”了一遍作为入参的数据类型，其返回结果没变，比如 Wire 的工厂方法定义为：

```
  def apply[T <: Data](t: T)(implicit sourceInfo: SourceInfo, compileOptions: CompileOptions): T
```

可以看到，入参 t 的类型与返回结果的类型是一样的，但是还有配置编译器的隐式参数，很可能区别就源自这里。

从 Chisel 编译器的角度来看，这两者不一样。换句话说，硬件类型就好像在数据类型上“包裹了一层外衣（英文原文用单词 binding 来形容）”。比如，线网“Wire(UInt(8.W))”就像给数据类型“UInt(8.W)”包上了一个“Wire( )”。所以，在编写 Chisel 时，要注意哪些地方是数据类型，哪些地方是硬件类型。这时，静态语言的优势便体现出来了，因为编译器会帮助程序员检查类型是否匹配。如果在需要数据类型的地方出现了硬件类型，而在需要硬件类型的地方出现了数据类型，那么就会引发错误。程序员只需要按照错误信息去修改相应的代码，而不需要人工逐个检查。

例如，在前面介绍寄存器组的时候，示例代码中的一句是这样的：

```
val reg0 = RegNext(VecInit(io.a, io.a))
```

如果改成下面的形式：

```
val reg0 = RegNext(Vec(2, io.a))
```

那么编译器就会报出如下错误信息：

```
[error] chisel3.package$ExpectedChiselTypeException: vec type 'UInt<8>(IO in unelaborated REG2)' must be a Chisel type, not hardware
```

这是因为方法 Vec 期望第二个参数是数据类型，这样它才能推断出返回的 Vec[T]是数据类型。但实际上“io.a”是经过 Input 封装过的硬件类型，导致 Vec[T]变成了硬件类型，所以发生了类型匹配错误。错误信息中也明确指示了，“Chisel type”指的就是数据类型，“hardware”指的就是硬件类型，而 vec 的类型应该是“Chisel type”，不应该变成硬件类型。

Chisel 提供了一个用户 API——chiselTypeOf[T <: Data](target: T): T，其作用就是把硬件类型的“封皮”去掉，变成纯粹的数据类型。因此，读者可能会期望如下代码成功：

```
val reg0 = RegNext(Vec(2, chiselTypeOf(io.a)))
```

但是编译器仍然报出了错误信息：

```
[error] chisel3.package$ExpectedHardwareException: reg next 'UInt<8>[2]' must be hardware, not a bare Chisel type. Perhaps you forgot to wrap it in Wire(_) or IO(_)?
```

只不过，这次是 RegNext 出错了。chiselTypeOf 确实把硬件类型变成了数据类型，所以 Vec[T]的检查通过了。但 RegNext 是真实的寄存器，它也需要根据入参来推断返回结果的类型，所以传入一个数据类型 Vec[T]就引发了错误。错误信息还额外提示程序员，是否忘记了用 Wire(_)或 IO(_)来包裹裸露的数据类型。带有字面量的数据类型（比如“0.U(8.W)”这样的对象）也可以当作硬件类型作为 VecInit 的入参。

综合考虑这两种错误，只有写成“val reg0 = RegNext(VecInit(io.a, io.a))”才合适，因为 VecInit 专门接收硬件类型的参数来构造硬件向量，给 VecInit 传入数据类型反而会报错，尽管它的返回类型也是 Vec[T]。另外，Reg(_)的参数是数据类型，不是硬件类型，所以示例代码中它的参数是 Vec，而其他参数都是 VecInit。

有了基本的数据类型和硬件类型，就可以编写绝大多数组合逻辑与时序逻辑。第 4 章将介绍 Chisel 库中定义的常用原语，有了这些原语，就能更快速地像搭积木一样构建电路。

3.9　参考文献

[1] Chips Alliance. Chisel 3: A Modern Hardware Design Language[CP/OL].[2020-10-02]. https://github.com/chipsalliance/chisel3/blob/master/core/src/main/scala/chisel3/Data.scala#L759.

[2] Chips Alliance. Chisel 3: A Modern Hardware Design Language[CP/OL].[2020-10-02]. https://github.com/chipsalliance/chisel3/blob/master/core/src/main/scala/chisel3/Data.scala#L781.

[3] Chips Alliance. Chisel 3: A Modern Hardware Design Language[CP/OL].[2020-10-02]. https://github.com/chipsalliance/chisel3/blob/master/core/src/main/scala/chisel3/Reg.scala#L16.

[4] Chips Alliance. Chisel 3: A Modern Hardware Design Language[CP/OL].[2020-10-02]. https://github.com/chipsalliance/chisel3/blob/master/core/src/main/scala/chisel3/Reg.scala#L56.

[5] Chips Alliance. Chisel 3: A Modern Hardware Design Language[CP/OL].[2020-10-02]. https://github.com/chipsalliance/chisel3/blob/master/core/src/main/scala/chisel3/Reg.scala#L62.

[6] Chips Alliance. Chisel 3: A Modern Hardware Design Language[CP/OL].[2020-10-02]. https://github.com/chipsalliance/chisel3/blob/master/core/src/main/scala/chisel3/Reg.scala#L69.

[7] Chips Alliance. Chisel 3: A Modern Hardware Design Language[CP/OL].[2020-10-02]. https://github.com/chipsalliance/chisel3/blob/master/core/src/main/scala/chisel3/Reg.scala#L119.

[8] Chips Alliance. Chisel 3: A Modern Hardware Design Language[CP/OL].[2020-10-02]. https://github.com/chipsalliance/chisel3/blob/master/src/main/scala/chisel3/util/Reg.scala#L7.

[9] Chips Alliance. Chisel 3: A Modern Hardware Design Language[CP/OL].[2020-10-02]. https://github.com/chipsalliance/chisel3/blob/master/src/main/scala/chisel3/util/Reg.scala#L33.

3.10 课后练习

1. 简述 Chisel 变量的定义和赋值方法。
2. 如何进行翻转端口列表的方向并整体连接？
3. 简述模块的分类和继承关系。
4. 如何在模块内部例化其他模块？
5. 如何定义一个不被驱动的线网使编译器不报错？
6. 使用 RegNext 对输入信号实现 1、2、3、4 周期延时。
7. 请在一个 Moudle 内实现一个四选一多路选择器的逻辑。
8. 请使用多个二选一多路选择器实现一个四选一多路选择器的逻辑。
9. 在 Verilog 代码中，若组合逻辑分支不全会综合出锁存器，那么 Chisel 中会如何处理这种情况？请实验以下代码。

```
import chisel3._

class Mux2 extends Module {
  val io = IO(new Bundle {
    val sel = Input(UInt(1.W))
    val in0 = Input(UInt(1.W))
    val in1 = Input(UInt(1.W))
    val out = Output(UInt(1.W))
  })

  when(io.sel === 1.U) {
    io.out := io.in1
  }
}
```

10. 请使用 Reg 实现一个 8bit 计数器的逻辑。

第 4 章　Chisel 常用的硬件原语

利用前面介绍的数据类型和硬件类型，读者已经可以编写基本的小规模电路。至于要如何生成 Verilog，会在后续章节讲解。如果要编写大型电路，当然也可以“一砖一瓦”地搭建，但是费时费力，体现不出软件语言的优势。Chisel 在语言库中定义了很多常用的硬件原语，读者可以直接导入相应的包来使用，进而搭建大型电路。

4.1　多路选择器

多路选择器是一个很常用的电路模块，Chisel 内建了几种多路选择器。

第一种形式是二输入多路选择器“Mux(sel, in1, in2)”，它在 chisel3 包中。sel 是 Bool 类型，in1 和 in2 的类型相同，都是 Data 的任意子类型。当 sel 为 true.B 时，返回 in1，否则返回 in2。

因为 Mux 仅把一个输入返回，所以 Mux 可以内嵌 Mux，构成 *n* 输入多路选择器。类似于嵌套的三元操作符，其形式为“Mux(c1, a, Mux(c2, b, Mux(..., default)))”。

第二种多路选择器是 MuxCase，是针对上述 *n* 输入多路选择器的简便写法，形式为“MuxCase(default, Array(c1 -> a, c2 -> b, ...))”，它的展开与嵌套的 Mux 是一样的。第一个参数是默认情况下返回的结果，第二个参数是一个数组，数组的元素是对偶“(成立条件,被选择的输入)”。MuxCase 在 chisel3.util 包中。

第三种多路选择器是 MuxLookup，是 MuxCase 的变体，它相当于把 MuxCase 的成立条件依次换成从 0 开始的索引值，就好像一个查找表，其形式为“MuxLookup(idx, default, Array(0.U -> a, 1.U -> b, ...))”。它的展开相当于“MuxCase(default, Array((idx === 0.U) -> a, (idx === 1.U) -> b, ...))”。MuxLookup 也在 chisel3.util 包中。

第四种多路选择器是 Mux1H，是 chisel3.util 包中的独热码多路选择器，它的选择信号是一个独热码。如果零个或多个选择信号有效，则行为不确定。它有以下几种常用的定义形式，代码引自 Chisel 3 官方源代码[1]：

```
val hotValue = Mux1H(io.selector,Seq(2.U,4.U,8.U,11.U))
val hotValue = Mux1H(Seq(io.selector(0),io.selector(1),
io.selector(2),io.selector(3)),Seq(2.U,4.U,8.U,11.U))
val hotValue = Mux1H(Seq(
    io.selector(0) -> 2.U,
    io.selector(1) -> 4.U,
    io.selector(2) -> 8.U,
    io.selector(3) -> 11.U
))
```

以上三种 Mux1H 定义形式是等价的，io.selector 是一个 UInt 类型的数据，并且位宽不能小于待选择数据的个数。在第一种形式中，Mux1H 会从低到高依次将 io.selector 的每一位作为一个选择信号，并和提供的被选择数据一一对应。

第五种多路选择器是 chisel3.util 包中的优先级选择器 PriorityMux，当多个选择信号有效时，按照定义时的顺序，返回更靠前的被选数据。有以下三种定义形式，代码引自 Chisel 3 官方源代码[2]：

```
val priorityValue = PriorityMux(io.selector,Seq(2.U,4.U,8.U,11.U))
val priorityValue = PriorityMux(Seq(io.selector(0),io.selector(1),
io.selector(2),io.selector(3)),
Seq(2.U,4.U,8.U,11.U))
val priorityValue = PriorityMux(Seq(
   io.selector(0) -> 2.U,
   io.selector(1) -> 4.U,
   io.selector(2) -> 8.U,
   io.selector(3) -> 11.U,
  ))
```

以上三种定义形式是等价的，io.selector 是一个 Bits 类型的数据，位宽不小于待选择数据的个数。

内建的多路选择器会转换成 Verilog 的三元操作符“? :”，这对于构建组合逻辑而言是完全足够的，而且更推荐这种做法，所以 when 语句常用于给寄存器赋值，而很少用来给线网赋值。Verilog 的读者可能习惯用 always 语句块来编写电路，但这存在一些问题。首先，always 语句既能综合出时序逻辑，又能综合出组合逻辑，导致 reg 变量存在二义性，常常使得新手误解 reg 就是寄存器；其次，“if…else if…else”不能传播控制变量的未知态 x（某些 EDA 工具可以），使得在仿真阶段无法发现一些错误，但是 assign 语句会在控制变量为 x 时也输出 x。工业级的 Verilog 代码大部分是用 assign 语句来构建电路的。时序逻辑也是通过例化触发器模块来完成的，相应的端口都由 assign 来驱动，而且触发器会使用 SystemVerilog 的断言来寻找 always 语句中的 x 和 z。所以，整个设计应该尽量避免使用 always 语句。

4.2　优先编码器

Chisel 内建了两种优先编码器，它的作用是对多个输入信号中优先级最高的一个信号进行编码。

第一种优先编码器是 PriorityEncoder，它有两种定义形式：

```
PriorityEncoder("b1010".U)
PriorityEncoder(Seq(false.B, true.B, false.B, true.B))
```

以上两种形式是等价的，返回值类型都是 UInt，值为 1.U。

第二种优先编码器是 PriorityEncoderOH，它也有两种定义形式：

```
PriorityEncoderOH("b1010".U)
PriorityEncoderOH(Seq(false.B, true.B, true.B, false.B))
```

它和第一种优先编码器的区别在于该编码器会把编码结果转换成独热码。第一种形式返回一个 UInt 的数据 2.U，第二种形式返回一个 Seq：Seq(false.B, true.B, false.B, false.B)。

4.3　仲裁器

Chisel 内建了两种仲裁器：一种是优先仲裁器；另一种是循环仲裁器。优先仲裁器的输入通道的优先级是固定的，每次都是选择多个有效通道中优先级最高的。而循环仲裁器每次都从不同的起点开始仲裁，采用轮询方式查看各个通道是否有请求，优先选择先查到的有效通道。由于起点是依次变化的，因此总体来说每个通道都具有相同的优先级。

第一种优先仲裁器 Arbiter 在 chisel3.util 包中，只定义了 Arbiter 类，没有单例对象，所以每次都需要通过 new 来创建 Arbiter 对象。

Arbiter 使用的是标准的 ready-valid 接口，该类型的端口在单一数据信号的基础上又添加了 ready 和 valid 信号以使用 ready-valid 握手协议。它包含 3 个信号。

（1）ready：高有效时表示数据接收者 consumer 已经准备好接收信号，由 consumer 驱动。

（2）valid：高有效时表示数据生产者 producer 已经准备好待发送的数据了，由 producer 驱动。

（3）bits：是要在 producer 与 consumer 之间传输的数据。

需要注意的是，valid 和 ready 信号之间不能存在组合逻辑关系，valid 信号应该只依赖于此时的源数据是否有效，ready 信号应该只依赖于此时的数据接收者是否准备好接收数据了。当在某个时钟周期 valid 和 ready 信号同时有效时，数据被视为传输。

创建 ready-valid 接口很简单，使用单例对象 Decoupled 即可创建，有以下两种形式：

（1）Decoupled(...)：可以传入任意的数据类型，然后返回一个 ready-valid 接口，此时 ready 是 input 信号，valid 和 bits 都是 output 信号。因此它是属于数据生产者 producer 的端口。

（2）Flipped(Decoupled(...))：Flipped()会将 ready-valid 接口的信号方向进行取反，所以此时 ready 是 output 信号，valid 和 bits 都是 input 信号。因此它是属于数据接收者 consumer 的端口。

数据接收者和发送者都是相对的，要根据具体的情况正确设置信号方向。

创建 Arbiter 对象的方式如下所示：

```
new Arbiter(gen: T, n: Int)
```

需要提供两个参数，gen 是传输数据的类型，n 是待仲裁对象的个数，也即数据发送者 producer 的个数。数据接收者 consumer 的个数默认为 1。

Arbiter 内部使用 ArbiterIO 定义端口，而 ArbiterIO 内部又使用 Decoupled()创建最终所需的 ready-valid 接口，定义如下：

```
class ArbiterIO[T <: Data](private val gen: T, val n: Int) extends Bundle {
  val in = Flipped(Vec(n, Decoupled(gen)))
  val out = Decoupled(gen)
  val chosen = Output(UInt(log2Ceil(n).W))
}
```

可以看出，它会创建 n 个和 producer 连接的 ready-valid 接口、1 个和 consumer 连接的 ready-valid 接口，以及一个表示最终选择了哪个 producer 的 chosen 变量，该变量的值表示被选择的 producer 在所有待仲裁对象中的索引，从 0 开始。

下面定义一个二选一仲裁器 MyArbiter，并在代码中例化了 Arbiter：

```
//Arbiter.scala
package chapter04

import chisel3._
import chisel3.util._
```

```
class MyArbiter extends Module {
  val io = IO(new Bundle {
    val in = Flipped(Vec(2, Decoupled(UInt(8.W))))
    val out = Decoupled(UInt(8.W))
    val chosen = Output(UInt())
  })
  val arbiter = Module(new Arbiter(UInt(8.W), 2)) // 2 to 1 Priority Arbiter
  arbiter.io.in <> io.in
  io.out <> arbiter.io.out
  io.chosen := arbiter.io.chosen
}
```

生成的 Verliog 代码如下：

```
module Arbiter(
  output       io_in_0_ready,
  input        io_in_0_valid,
  input  [7:0] io_in_0_bits,
  output       io_in_1_ready,
  input        io_in_1_valid,
  input  [7:0] io_in_1_bits,
  input        io_out_ready,
  output       io_out_valid,
  output [7:0] io_out_bits,
  output       io_chosen
);
  wire  grant_1 = ~io_in_0_valid; // @[Arbiter.scala 31:78]
  assign io_in_0_ready = io_out_ready; // @[Arbiter.scala 134:19]
  assign io_in_1_ready = grant_1 & io_out_ready; // @[Arbiter.scala 134:19]
  assign io_out_valid = ~grant_1 | io_in_1_valid; // @[Arbiter.scala 135:31]
  assign io_out_bits = io_in_0_valid ? io_in_0_bits : io_in_1_bits; //
@[Arbiter.scala 126:27 Arbiter.scala 128:19 Arbiter.scala 124:15]
  assign io_chosen = io_in_0_valid ? 1'h0 : 1'h1; // @[Arbiter.scala 126:27
Arbiter.scala 127:17 Arbiter.scala 123:13]
endmodule
module MyArbiter(
  input        clock,
  input        reset,
  output       io_in_0_ready,
  input        io_in_0_valid,
  input  [7:0] io_in_0_bits,
  output       io_in_1_ready,
  input        io_in_1_valid,
  input  [7:0] io_in_1_bits,
  input        io_out_ready,
  output       io_out_valid,
  output [7:0] io_out_bits,
```

```
  output       io_chosen
);
  wire  arbiter_io_in_0_ready; // @[Arbiter.scala 12:23]
  wire  arbiter_io_in_0_valid; // @[Arbiter.scala 12:23]
  wire [7:0] arbiter_io_in_0_bits; // @[Arbiter.scala 12:23]
  wire  arbiter_io_in_1_ready; // @[Arbiter.scala 12:23]
  wire  arbiter_io_in_1_valid; // @[Arbiter.scala 12:23]
  wire [7:0] arbiter_io_in_1_bits; // @[Arbiter.scala 12:23]
  wire  arbiter_io_out_ready; // @[Arbiter.scala 12:23]
  wire  arbiter_io_out_valid; // @[Arbiter.scala 12:23]
  wire [7:0] arbiter_io_out_bits; // @[Arbiter.scala 12:23]
  wire  arbiter_io_chosen; // @[Arbiter.scala 12:23]
  Arbiter arbiter ( // @[Arbiter.scala 12:23]
    .io_in_0_ready(arbiter_io_in_0_ready),
    .io_in_0_valid(arbiter_io_in_0_valid),
    .io_in_0_bits(arbiter_io_in_0_bits),
    .io_in_1_ready(arbiter_io_in_1_ready),
    .io_in_1_valid(arbiter_io_in_1_valid),
    .io_in_1_bits(arbiter_io_in_1_bits),
    .io_out_ready(arbiter_io_out_ready),
    .io_out_valid(arbiter_io_out_valid),
    .io_out_bits(arbiter_io_out_bits),
    .io_chosen(arbiter_io_chosen)
  );
  assign io_in_0_ready = arbiter_io_in_0_ready; // @[Arbiter.scala 13:17]
  assign io_in_1_ready = arbiter_io_in_1_ready; // @[Arbiter.scala 13:17]
  assign io_out_valid = arbiter_io_out_valid; // @[Arbiter.scala 14:10]
  assign io_out_bits = arbiter_io_out_bits; // @[Arbiter.scala 14:10]
  assign io_chosen = arbiter_io_chosen; // @[Arbiter.scala 15:13]
  assign arbiter_io_in_0_valid = io_in_0_valid; // @[Arbiter.scala 13:17]
  assign arbiter_io_in_0_bits = io_in_0_bits; // @[Arbiter.scala 13:17]
  assign arbiter_io_in_1_valid = io_in_1_valid; // @[Arbiter.scala 13:17]
  assign arbiter_io_in_1_bits = io_in_1_bits; // @[Arbiter.scala 13:17]
  assign arbiter_io_out_ready = io_out_ready; // @[Arbiter.scala 14:10]
endmodule
```

Verilog 代码中生成了两个 module，第一个 module Arbiter 对应的是例化的优先仲裁器 Arbiter，第二个 module MyArbiter 对应的是顶层模块 MyArbiter。

第二种循环仲裁器 RRArbiter 也在 chisel3.util 包中，并且只定义了 RRArbiter 类，没有单例对象，所以每次都需要通过 new 来创建 RRArbiter 对象。它的创建与调用方式和 Arbiter 是一样的，只是内部实现的仲裁逻辑不同。

4.4 队列

Chisel 内建了队列 Queue，它会创建一个使用 ready-valid 接口的 FIFO，在 chisel3.util 包

中既定义了 Queue 类，也定义了其单例对象，所以有两种创建 Queue 对象的方式。

Queue 内部使用 QueueIO 定义端口，QueueIO 最终仍然使用 Decoupled()创建所需的 ready-valid 接口，定义如下：

```
class QueueIO[T <: Data](private val gen: T, val entries: Int) extends Bundle {
  val enq = Flipped(EnqIO(gen))
  val deq = Flipped(DeqIO(gen))
  val count = Output(UInt(log2Ceil(entries + 1).W))
}

object EnqIO {
  def apply[T <: Data](gen: T): DecoupledIO[T] = Decoupled(gen)
}

object DeqIO {
  def apply[T <: Data](gen: T): DecoupledIO[T] = Flipped(Decoupled(gen))
}
```

enq 是用来写数据的端口，因此它和数据生产者 producer 连接；deq 是用来读数据的端口，因此它和数据接收者 consumer 连接；count 表示此时 Queue 中的数据个数。

可以通过以下两种形式使用 Queue。

（1）new Queue(gen: T,entries: Int)。第一个参数是存储数据的类型，第二个参数是存储数据的深度。该方式返回的是一个 Queue 对象，该对象包含 QueueIO 属性，因此可以在代码中访问 QueueIO 的 enq、deq 和 count 这三种端口信号。

（2）Queue(enq: ReadyValidIO[T],entries: Int = 2)。第一个参数是 ReadyValidIO 类型的端口，第二个参数是存储数据的深度，默认值为 2。该方式返回的是 DecoupledIO[T]类型的读数据端口，也即上述的 deq，因此不能在代码中访问 enq 和 count。

由于以上两种形式返回的对象不一样，因此在使用时也有一些不同，下面通过两个例子分别展示这两种形式的具体使用方法。

第一种形式的使用案例：

```
// Queue.scala
package chapter04

import chisel3._
import chisel3.util._

class MyQueue extends Module {
  val io = IO(new Bundle {
    val in = Flipped(Decoupled(UInt(8.W)))
    val out = Decoupled(UInt(8.W))
    val cnt = Output(UInt(4.W))
  })
  val q = Module(new Queue(UInt(8.W), entries = 16))
  q.io.enq <> io.in
  io.out <> q.io.deq
```

```
  io.cnt := q.io.count
}
```

第二种形式的使用案例：

```
class MyQueue2 extends Module {
  val io = IO(new Bundle {
    val in = Flipped(Decoupled(UInt(8.W)))
    val out = Decoupled(UInt(8.W))
  })
  val q = Queue(io.in, 2)
  io.out <> q
}
```

上述两段代码都调用了 Queue，因此在各自生成的 Verilog 代码中会定义 Queue 对应的 module Queue，该 module 会在顶层 module MyQueue 中被例化。两者生成的 module Queue 的端口定义分别如下：

```
module Queue(
  input        clock,
  input        reset,
  output       io_enq_ready,
  input        io_enq_valid,
  input  [7:0] io_enq_bits,
  input        io_deq_ready,
  output       io_deq_valid,
  output [7:0] io_deq_bits,
  output [4:0] io_count
);

module Queue2(
  input        clock,
  input        reset,
  output       io_enq_ready,
  input        io_enq_valid,
  input  [7:0] io_enq_bits,
  input        io_deq_ready,
  output       io_deq_valid,
  output [7:0] io_deq_bits
);
```

可以看出，module Queue 的端口中都有所需的两对 ready-valid 握手信号，并且这两对信号方向相反，这是因为它们分别是用来写数据和读数据的。

在第二种形式中，是不会有 io_count 端口的，因为无法使用 QueueIO 中的 count。此外，也访问不到 Queue 对象的 empty 和 full 属性，但是由于在 class Queue 中有如下定义：

```
io.deq.valid := !empty
io.enq.ready := !full
```

因此，可以通过 io.deq.valid 和 io.enq.ready 间接地访问 empty 和 full 信号，通过这两个信号来完成和 empty、full 信号有关的一些逻辑。

4.5 ROM

可以通过工厂方法“VecInit[T <: Data](elt0: T, elts: T*)”或“VecInit[T <: Data](elts: Seq[T])”来创建一个只读存储器，参数就是 ROM 中的常量数值，对应的 Verilog 代码就是给读取 ROM 的线网或寄存器赋予常量值。例如：

```
// ROM.scala
package chapter04

import chisel3._

class ROM extends Module {
  val io = IO(new Bundle {
    val sel = Input(UInt(2.W))
    val out = Output(UInt(8.W))
  })

  val rom = VecInit(1.U, 2.U, 3.U, 4.U)

  io.out := rom(io.sel)
}
```

对应的 Verilog 为：

```
// ROM.v
module ROM(
  input        clock,
  input        reset,
  input  [1:0] io_sel,
  output [7:0] io_out
);
  wire [2:0] _GEN_1 = 2'h1 == io_sel ? 3'h2 : 3'h1; // @[ROM.scala 13:10 ROM.scala 13:10]
  wire [2:0] _GEN_2 = 2'h2 == io_sel ? 3'h3 : _GEN_1; // @[ROM.scala 13:10 ROM.scala 13:10]
  wire [2:0] _GEN_3 = 2'h3 == io_sel ? 3'h4 : _GEN_2; // @[ROM.scala 13:10 ROM.scala 13:10]
  assign io_out = {{5'd0}, _GEN_3}; // @[ROM.scala 13:10 ROM.scala 13:10]
endmodule
```

需要注意的是，Vec[T]类的 apply 方法不仅可以接收 Int 类型的索引值，另一个重载版本还能接收 UInt 类型的索引值。所以对于承担地址、计数器等功能的部件，可以直接作为由 Vec[T]

构造的元素的索引参数，比如这个例子中根据 sel 端口的值来选择相应地址的 ROM 值。

4.6　RAM

Chisel 支持两种类型的 RAM。第一种 RAM 是同步（时序）写、异步（组合逻辑）读，通过工厂方法“Mem[T <: Data](size: Int, t: T)”来构建。例如：

```
val asyncMem = Mem(16, UInt(32.W))
```

由于现代的 FPGA 和 ASIC 技术大多已不再支持异步读 RAM，因此这种 RAM 会被综合成寄存器阵列。第二种 RAM 则是同步（时序）读、写，通过工厂方法“SyncReadMem[T <: Data](size: Int, t: T)”来构建，这种 RAM 会被综合成实际的 SRAM。在 Verilog 代码中，这两种 RAM 都是由 reg 类型的变量来表示的，区别在于第二种 RAM 的读地址会被地址寄存器寄存一次。例如：

```
val syncMem = SyncReadMem(16, UInt(32.W))
```

写 RAM 的语法是：

```
when(wr_en) {
  mem.write(address, dataIn)
  out := DontCare
}
```

其中“out := DontCare”表示写入 RAM 时，无须关心读端口的行为。

读 RAM 的语法是：

```
out := mem.read(address, rd_en)
```

读、写使能信号都可以省略。

不使用 write 和 read 方法，而使用赋值语句，也可以实现读和写，如下所示，代码引自 Chisel 3 官方文档[3]：

```
val mem = SyncReadMem(1024, UInt(width.W))
io.dataOut := DontCare
when(io.enable) {
  val rdwrPort = mem(io.addr)
  when(io.write) {
    rdwrPort := io.dataIn
  }
    .otherwise {
      io.dataOut := rdwrPort
    }
}
```

当读和写操作有效的条件互斥时，RAM 会被推断为单端口 RAM，如下所示：

```
val mem = SyncReadMem(1024, UInt(width.W))
io.dataOut := DontCare
when(io.enable) {
  when(io.write) {
    mem.write(io.addr, io.dataIn)
  }
```

```
    .otherwise {
      io.dataOut := mem.read(io.addr)
    }
}
```

反之，如果读和写操作有效的条件不互斥，那么会被推断为双口 RAM，如下所示，代码引自 Chisel 3 官方文档[3]：

```
val mem = SyncReadMem(1024, UInt(width.W))
// Create one write port and one read port
mem.write(io.addr, io.dataIn)
io.dataOut := mem.read(io.addr2, io.enable)
```

要综合出实际的 SRAM，读者最好了解自己的综合器是如何推断的，按照综合器的推断规则来编写模块的端口定义、时钟域划分、读/写使能的行为等，否则就可能综合出寄存器阵列而不是 SRAM。以 Xilinx 公司的 Vivado 2018.3 为例，下面的单端口 SRAM 代码经过综合后会映射到 FPGA 上实际的 BRAM 资源，而不是寄存器：

```
// RAM.scala
package chapter04

import chisel3._

class SinglePortRAM extends Module {
  val io = IO(new Bundle {
    val addr = Input(UInt(10.W))
    val dataIn = Input(UInt(32.W))
    val en = Input(Bool())
    val we = Input(Bool())
    val dataOut = Output(UInt(32.W))
  })
  val syncRAM = SyncReadMem(1024, UInt(32.W))
  when(io.en) {
    when(io.we.asBool()) {
      syncRAM.write(io.addr, io.dataIn)
      io.dataOut := DontCare
    }.otherwise {
      io.dataOut := syncRAM.read(io.addr)
    }
  }.otherwise {
    io.dataOut := DontCare
  }
}
```

如图 4-1 所示为 Vivado 综合后的部分截图，可以看到变成了实际的单端口 BRAM。

Vivado 的 BRAM 最多支持真双端口，先按照对应的 Verilog 模板逆向编写 Chisel，然后用编译器把 Chisel 转换成 Verilog。但此时编译器生成的 Verilog 代码并不能被 Vivado 的综合器识别出来。原因在于 SyncReadMem 生成的 Verilog 代码是先用一级寄存器保存输入的读地址，然后用读地址寄存器去异步读取 RAM 的数据，而 Vivado 的综合器识别不出这种模式的 RAM。读者必须将其手动修改成用一级寄存器保存异步读取的数据而不是读地址，并把读数据寄存器的内容用 assign 语句赋值给读数据端口，这样才能被识别成真双端口 BRAM。如果读者确实需要自定义的、对综合器友好的 Verilog 代码，可以使用黑盒功能替代，或者给 Firrtl 编译器传入参数，改用自定义脚本来编译 Chisel。

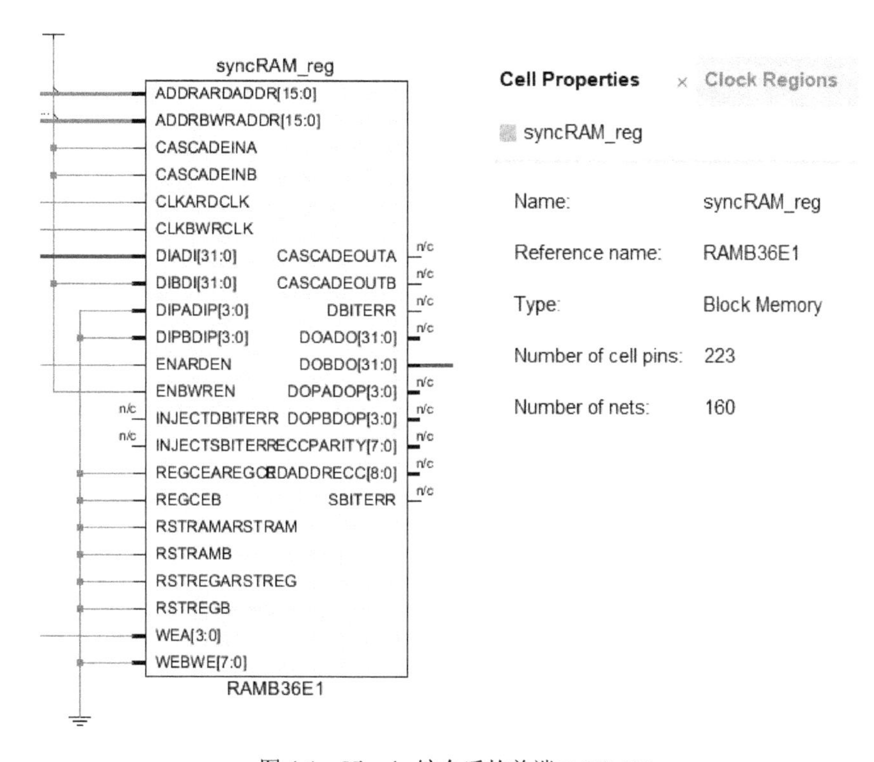

图 4-1　Vivado 综合后的单端口 BRAM

4.7　带写掩码的 RAM

RAM 通常都具备按字节写入的功能，比如数据写入端口的位宽是 32bit，那么就应该有 4bit 的写掩码信号，只有当写掩码的比特位有效时，对应的字节才会被写入。Chisel 也具备构建带写掩码的 RAM 的功能。

当构建 RAM 的数据类型为 Vec[T]时，就会推断出该 RAM 具有写掩码。此时，需要定义一个 Seq[Bool]类型的写掩码信号，序列的元素个数为数据写入端口的位宽除以字节宽度。而 write 方法有一个重载版本，即第三个参数是接收写掩码信号的。当下标为 0 的写掩码比特是 true.B 时，最低的那一字节会被写入，以此类推。下面是一个带写掩码的单端口 RAM：

```
// MaskRam.scala
package chapter04

import chisel3._
import chisel3.util._
```

```
class MaskRAM extends Module {
  val io = IO(new Bundle {
    val addr = Input(UInt(10.W))
    val dataIn = Input(UInt(32.W))
    val en = Input(Bool())
    val we = Input(Bool())
    val mask = Input(Vec(4, Bool()))
    val dataOut = Output(UInt(32.W))
  })
  val dataIn_temp = Wire(Vec(4, UInt(8.W)))
  val dataOut_temp = Wire(Vec(4, UInt(8.W)))
  val syncRAM = SyncReadMem(1024, Vec(4, UInt(8.W)))
  dataOut_temp := DontCare
  when(io.en) {
    when(io.we) {
      syncRAM.write(io.addr, dataIn_temp, io.mask)
    }.otherwise {
      dataOut_temp := syncRAM.read(io.addr)
    }
  }
  for (i <- 0 until 4) {
    dataIn_temp(i) := io.dataIn(8 * i + 7, 8 * i)
    io.dataOut  := Cat(dataOut_temp(3), dataOut_temp(2), dataOut_temp(1),
dataOut_temp(0))
  }
}
```

读端口、写端口和写掩码可以不用定义成一个 UInt，也可以是 Vec[UInt]，这样定义只是为了让模块对外只有一个读端口、一个写端口和一个写掩码端口。注意，编译器会把 Vec[T] 的元素逐个展开，而不是合并成压缩数组的形式。也正是如此，上述代码对应的 Verilog 中，把 RAM 主体定义成了“reg [7:0] syncRAM_0 [0:1023]”“reg [7:0] syncRAM_1 [0:1023]”“reg [7:0] syncRAM_2 [0:1023]”“reg [7:0] syncRAM_3 [0:1023]”，而不是一个“reg [31:0] syncRAM [0:1023]”。这样，Vivado 综合出来的电路是四小块 BRAM，而不是一大块 BRAM。

4.8　从文件读取数据到 RAM

方式一：

在 experimental 包中有一个单例对象 loadMemoryFromFile，它的 apply 方法可以在 Chisel 层面上从.txt 文件读取数据到 RAM 中。其定义如下所示：

```
def apply[T <: Data](memory: MemBase[T], fileName: String, hexOrBinary:
FileType = MemoryLoadFileType.Hex): Unit
```

第一个参数是 MemBase[T]类型的，也就是 Mem[T]和 SyncReadMem[T]的超类，该参数接收一个自定义的 RAM 对象。第二个参数是文件的名字及路径，用字符串表示。第三个参数表示读取的方式为十六进制或二进制，默认是 MemoryLoadFileType.Hex，也可以改成

MemoryLoadFileType.Binary。注意，没有十进制和八进制。

该方法其实就是调用 Verilog 的系统函数“$readmemh”和“$readmemb”，所以要注意文件路径的书写和数据的格式都要按照 Verilog 的要求，比如下面这种格式：

```
//mem.txt
0
7
d
15
```

举例：

```
// LoadMem.scala
package chapter04

import chisel3._
import chisel3.util.experimental.{loadMemoryFromFile, loadMemoryFromFileInline}

class LoadMem extends Module {
  val io = IO(new Bundle {
    val address = Input(UInt(3.W))
    val value = Output(UInt(8.W))
  })
  val memory = Mem(8, UInt(8.W))
  io.value := memory.read(io.address)
  loadMemoryFromFile(memory, "/home/xjtu-chisel/chisel-template/src/main/resources/mem.txt")
}
```

上述代码会生成两个 Verilog 文件：

```
// LoadMem.v
module LoadMem(
  input        clock,
  input        reset,
  input  [2:0] io_address,
  output [7:0] io_value
);
`ifdef RANDOMIZE_MEM_INIT
  reg [31:0] _RAND_0;
`endif // RANDOMIZE_MEM_INIT
  reg [7:0] memory [0:7]; // @[LoadMem.scala 12:19]
  wire [7:0] memory_io_value_MPORT_data; // @[LoadMem.scala 12:19]
  wire [2:0] memory_io_value_MPORT_addr; // @[LoadMem.scala 12:19]
  assign memory_io_value_MPORT_addr = io_address;
  assign memory_io_value_MPORT_data = memory[memory_io_value_MPORT_addr]; // @[LoadMem.scala 12:19]
  assign io_value = memory_io_value_MPORT_data; // @[LoadMem.scala 13:12]
```

```
// Register and memory initialization
`ifdef RANDOMIZE_GARBAGE_ASSIGN
`define RANDOMIZE
`endif
`ifdef RANDOMIZE_INVALID_ASSIGN
`define RANDOMIZE
`endif
`ifdef RANDOMIZE_REG_INIT
`define RANDOMIZE
`endif
`ifdef RANDOMIZE_MEM_INIT
`define RANDOMIZE
`endif
`ifndef RANDOM
`define RANDOM $random
`endif
`ifdef RANDOMIZE_MEM_INIT
  integer initvar;
`endif
`ifndef SYNTHESIS
`ifdef FIRRTL_BEFORE_INITIAL
`FIRRTL_BEFORE_INITIAL
`endif
initial begin
  `ifdef RANDOMIZE
    `ifdef INIT_RANDOM
      `INIT_RANDOM
    `endif
    `ifndef VERILATOR
      `ifdef RANDOMIZE_DELAY
        #`RANDOMIZE_DELAY begin end
      `else
        #0.002 begin end
      `endif
    `endif
`ifdef RANDOMIZE_MEM_INIT
  _RAND_0 = {1{`RANDOM}};
  for (initvar = 0; initvar < 8; initvar = initvar+1)
    memory[initvar] = _RAND_0[7:0];
`endif // RANDOMIZE_MEM_INIT
  `endif // RANDOMIZE
end // initial
`ifdef FIRRTL_AFTER_INITIAL
`FIRRTL_AFTER_INITIAL
```

```
`endif
`endif // SYNTHESIS
endmodule

// LoadMem.LoadMem.memory.v
module BindsTo_0_LoadMem(
  input        clock,
  input        reset,
  input  [2:0] io_address,
  output [7:0] io_value
);
initial begin
  $readmemh("/home/xjtu-chisel/chisel-template/src/main/resources/mem.txt",
LoadMem.memory);
end
endmodule

bind LoadMem BindsTo_0_LoadMem BindsTo_0_LoadMem_Inst(.*);
```

在用 Verilator 仿真时，它会从文件中读取数据。

方式二：

Chisel 3.4.3 版本还引入了一个单例对象 loadMemoryFromFileInline，它的使用方法和 loadMemoryFromFile 一样，只是不再单独生成一个用来读取文件数据到 mem 的 BindsTo_0_LoadMem 模块，而是将读取文件数据的代码直接嵌入 LoadMem 模块中，如下所示：

```
// LoadMem2.v
module LoadMem2(
  input        clock,
  input        reset,
  input  [2:0] io_address,
  output [7:0] io_value
);
  reg [7:0] memory [0:7]; // @[LoadMem.scala 22:19]
  wire [7:0] memory_io_value_MPORT_data; // @[LoadMem.scala 22:19]
  wire [2:0] memory_io_value_MPORT_addr; // @[LoadMem.scala 22:19]
  assign memory_io_value_MPORT_addr = io_address;
  assign memory_io_value_MPORT_data = memory[memory_io_value_MPORT_addr]; //
@[LoadMem.scala 22:19]
  assign io_value = memory_io_value_MPORT_data; // @[LoadMem.scala 23:12]
// Register and memory initialization
`ifdef RANDOMIZE_GARBAGE_ASSIGN
`define RANDOMIZE
`endif
`ifdef RANDOMIZE_INVALID_ASSIGN
`define RANDOMIZE
```

```
`endif
`ifdef RANDOMIZE_REG_INIT
`define RANDOMIZE
`endif
`ifdef RANDOMIZE_MEM_INIT
`define RANDOMIZE
`endif
`ifndef RANDOM
`define RANDOM $random
`endif
  integer initvar;
`ifndef SYNTHESIS
`ifdef FIRRTL_BEFORE_INITIAL
`FIRRTL_BEFORE_INITIAL
`endif
initial begin
  `ifdef RANDOMIZE
    `ifdef INIT_RANDOM
      `INIT_RANDOM
    `endif
    `ifndef VERILATOR
      `ifdef RANDOMIZE_DELAY
        #`RANDOMIZE_DELAY begin end
      `else
        #0.002 begin end
      `endif
    `endif
  `endif // RANDOMIZE
  $readmemh("/home/xjtu-chisel/chisel-template/src/main/resources/mem.txt",
memory);
end // initial
`ifdef FIRRTL_AFTER_INITIAL
`FIRRTL_AFTER_INITIAL
`endif
`endif // SYNTHESIS
endmodule
```

4.9 计数器

计数器也是一种常用的硬件电路。在 Chisel.util 包中定义了一个自增计数器原语 Counter，它的 apply 方法是：apply(cond: Bool, n: Int): (UInt, Bool)，接收两个参数。第一个参数 cond 是 Bool 类型的使能信号，为 true.B 时计数器从 0 开始每个时钟上升沿加 1 自增，为 false.B 时则计数器保持不变；第二个参数 n 是一个 Int 类型的具体正数，当计数到 n 时归零。该方法返回一个二元组：其第一个元素是计数器当前的计数值，类型为 UInt；第二个元素是判断当前计数值是否等于 n 的结果，类型为 Bool。

apply 方法还有两个重载版本。

```
def apply(r: Range, enable: Bool = true.B, reset: Bool = false.B): (UInt, Bool)
```

该版本的返回值和上述一样，仅入参有所不同：r 是一个 scala.collection.immutable.Range 类型的参数，用来提供一个计数的范围。enable 有效时表示该 clk 使计数器开始计数。reset 有效时表示该 clk 使计数器复位到初始值，这里的初始值是提供的计数范围的起始值。如果不提供，那么默认跟随隐式复位信号；如果提供，那么有多个复位信号。

另一个重载版本是 apply(n: Int): Counter。和上述两个方法不同，该方法返回的是一个 Counter 对象，有如下的属性和方法可以使用：

```
def inc(): Bool
```

随时钟使计数器+1，返回值表示计数器是否在下一个时钟周期结束。

```
def n: Int
```

无参函数，返回计数器的计数最大值 n。

```
def range: Range
```

无参函数，返回计数器的计数范围，类型为 Range。

```
def reset(): Unit
```

使计数器复位到初始值 0。

```
val value: UInt
```

表示计数器此时的计数值，因为是 val 类型，所以只能读取。

返回一个对象之后，就需要根据所需逻辑，手动地使能、复位计数，或者获取此时的计数器状态。

假设想从 0 计数到 233，分别使用上述三种版本的 apply 方法的写法如下。

写法一：apply(cond: Bool, n: Int): (UInt, Bool)。

```
// MyCounter.scala
package chapter04

import chisel3._
import chisel3.util._

class MyCounter extends Module {
  val io = IO(new Bundle {
    val en = Input(Bool())
    val out = Output(UInt(8.W))
    val valid = Output(Bool())
  })

  val (a, b) = Counter(io.en, 233)
  io.out := a
  io.valid := b
}
```

写法二：def apply(r: Range, enable: Bool = true.B, reset: Bool = false.B): (UInt, Bool)。

```
// MyCounter2.scala
```

```
package chapter04

import chisel3._
import chisel3.util._
import scala.collection.immutable.Range

class MyCounter extends Module {
  val io = IO(new Bundle {
    val en = Input(Bool())
    val out = Output(UInt(8.W))
    val valid = Output(Bool())
  })

  val (a, b) = Counter(Range(0, 233), io.en)
  io.out := a
  io.valid := b
}
```

写法三：apply(n: Int): Counter。

```
// MyCounter.scala
package chapter04

import chisel3._
import chisel3.util._

class MyCounter3 extends Module {
  val io = IO(new Bundle {
    val en = Input(Bool())
    val out = Output(UInt(8.W))
    val valid = Output(Bool())
  })
  val cnt = Counter(233)

  when(io.en) {
    cnt.inc()
  }

  val a = cnt.value
  val b = cnt.value === cnt.n.U

  io.out := a
  io.valid := b
}
```

三种写法生成的 Verilog 代码十分接近，只是中间信号的名称稍有区别，所以下面只展示第一种写法生成的 Verilog 代码：

```
// MyCounter.v
module MyCounter(
  input        clock,
  input        reset,
  input        io_en,
  output [7:0] io_out,
  output       io_valid
);
`ifdef RANDOMIZE_REG_INIT
  reg [31:0] _RAND_0;
`endif // RANDOMIZE_REG_INIT
  reg [7:0] a; // @[Counter.scala 60:40]
  wire  wrap_wrap = a == 8'he8; // @[Counter.scala 72:24]
  wire [7:0] _wrap_value_T_1 = a + 8'h1; // @[Counter.scala 76:24]
  assign io_out = a; // @[MyCounter.scala 14:10]
  assign io_valid = io_en & wrap_wrap; // @[Counter.scala 118:17 Counter.scala
118:24]
  always @(posedge clock) begin
    if (reset) begin // @[Counter.scala 60:40]
      a <= 8'h0; // @[Counter.scala 60:40]
    end else if (io_en) begin // @[Counter.scala 118:17]
      if (wrap_wrap) begin // @[Counter.scala 86:20]
        a <= 8'h0; // @[Counter.scala 86:28]
      end else begin
        a <= _wrap_value_T_1; // @[Counter.scala 76:15]
      end
    end
  end
// Register and memory initialization
`ifdef RANDOMIZE_GARBAGE_ASSIGN
`define RANDOMIZE
`endif
`ifdef RANDOMIZE_INVALID_ASSIGN
`define RANDOMIZE
`endif
`ifdef RANDOMIZE_REG_INIT
`define RANDOMIZE
`endif
`ifdef RANDOMIZE_MEM_INIT
`define RANDOMIZE
`endif
`ifndef RANDOM
`define RANDOM $random
`endif
```

```
`ifdef RANDOMIZE_MEM_INIT
  integer initvar;
`endif
`ifndef SYNTHESIS
`ifdef FIRRTL_BEFORE_INITIAL
`FIRRTL_BEFORE_INITIAL
`endif
initial begin
  `ifdef RANDOMIZE
    `ifdef INIT_RANDOM
      `INIT_RANDOM
    `endif
    `ifndef VERILATOR
      `ifdef RANDOMIZE_DELAY
        #`RANDOMIZE_DELAY begin end
      `else
        #0.002 begin end
      `endif
    `endif
`ifdef RANDOMIZE_REG_INIT
  _RAND_0 = {1{`RANDOM}};
  a = _RAND_0[7:0];
`endif // RANDOMIZE_REG_INIT
  `endif // RANDOMIZE
end // initial
`ifdef FIRRTL_AFTER_INITIAL
`FIRRTL_AFTER_INITIAL
`endif
`endif // SYNTHESIS
endmodule
```

4.10 线性反馈移位寄存器

如果要产生伪随机数，可以使用 chisel3.util.random 包中的线性反馈移位寄存器 LFSR（Linear Feedback Shift Register）原语：

```
def apply(width: Int, increment: Bool = true.B, seed: Option[BigInt] = Some(1)): UInt
```

第一个参数 width 是移位寄存器的位宽。第二个参数 increment 是一个 Bool 类型的使能信号，用于控制寄存器是否移位，默认值为 true.B。第三个参数 seed 是一个随机种子，是可选值类型。它返回一个 UInt(width.W)类型的结果。例如：

```
// LSFR.scala
package chapter04
```

```
import chisel3._
import chisel3.util.random.LFSR

class LFSR4 extends Module {
  val io = IO(new Bundle {
    val en = Input(Bool())
    val out = Output(UInt(4.W))
  })

  io.out := LFSR(4, io.en, Some(1))
}
```

它生成的 Verilog 代码如下：

```
//LFSR4.v
module MaxPeriodFibonacciLFSR(
  input   clock,
  input   reset,
  input   io_increment,
  output  io_out_0,
  output  io_out_1,
  output  io_out_2,
  output  io_out_3
);
`ifdef RANDOMIZE_REG_INIT
  reg [31:0] _RAND_0;
  reg [31:0] _RAND_1;
  reg [31:0] _RAND_2;
  reg [31:0] _RAND_3;
`endif // RANDOMIZE_REG_INIT
  reg  state_0; // @[PRNG.scala 47:50]
  reg  state_1; // @[PRNG.scala 47:50]
  reg  state_2; // @[PRNG.scala 47:50]
  reg  state_3; // @[PRNG.scala 47:50]
  wire  _T = state_3 ^ state_2; // @[LFSR.scala 15:41]
  wire  _GEN_0 = io_increment ? _T : state_0; // @[PRNG.scala 61:23 PRNG.scala
62:11 PRNG.scala 47:50]
  assign io_out_0 = state_0; // @[PRNG.scala 69:10]
  assign io_out_1 = state_1; // @[PRNG.scala 69:10]
  assign io_out_2 = state_2; // @[PRNG.scala 69:10]
  assign io_out_3 = state_3; // @[PRNG.scala 69:10]
  always @(posedge clock) begin
    state_0 <= reset | _GEN_0; // @[PRNG.scala 47:50 PRNG.scala 47:50]
    if (reset) begin // @[PRNG.scala 47:50]
      state_1 <= 1'h0; // @[PRNG.scala 47:50]
    end else if (io_increment) begin // @[PRNG.scala 61:23]
```

```
      state_1 <= state_0; // @[PRNG.scala 62:11]
    end
    if (reset) begin // @[PRNG.scala 47:50]
      state_2 <= 1'h0; // @[PRNG.scala 47:50]
    end else if (io_increment) begin // @[PRNG.scala 61:23]
      state_2 <= state_1; // @[PRNG.scala 62:11]
    end
    if (reset) begin // @[PRNG.scala 47:50]
      state_3 <= 1'h0; // @[PRNG.scala 47:50]
    end else if (io_increment) begin // @[PRNG.scala 61:23]
      state_3 <= state_2; // @[PRNG.scala 62:11]
    end
  end
// Register and memory initialization
`ifdef RANDOMIZE_GARBAGE_ASSIGN
`define RANDOMIZE
`endif
`ifdef RANDOMIZE_INVALID_ASSIGN
`define RANDOMIZE
`endif
`ifdef RANDOMIZE_REG_INIT
`define RANDOMIZE
`endif
`ifdef RANDOMIZE_MEM_INIT
`define RANDOMIZE
`endif
`ifndef RANDOM
`define RANDOM $random
`endif
`ifdef RANDOMIZE_MEM_INIT
  integer initvar;
`endif
`ifndef SYNTHESIS
`ifdef FIRRTL_BEFORE_INITIAL
`FIRRTL_BEFORE_INITIAL
`endif
initial begin
  `ifdef RANDOMIZE
    `ifdef INIT_RANDOM
      `INIT_RANDOM
    `endif
    `ifndef VERILATOR
      `ifdef RANDOMIZE_DELAY
        #`RANDOMIZE_DELAY begin end
```

```
      `else
        #0.002 begin end
      `endif
    `endif
  `ifdef RANDOMIZE_REG_INIT
    _RAND_0 = {1{`RANDOM}};
    state_0 = _RAND_0[0:0];
    _RAND_1 = {1{`RANDOM}};
    state_1 = _RAND_1[0:0];
    _RAND_2 = {1{`RANDOM}};
    state_2 = _RAND_2[0:0];
    _RAND_3 = {1{`RANDOM}};
    state_3 = _RAND_3[0:0];
  `endif // RANDOMIZE_REG_INIT
    `endif // RANDOMIZE
  end // initial
  `ifdef FIRRTL_AFTER_INITIAL
  `FIRRTL_AFTER_INITIAL
  `endif
  `endif // SYNTHESIS
  endmodule
  module LFSR4(
    input        clock,
    input        reset,
    input        io_en,
    output [3:0] io_out
  );
    wire  io_out_prng_clock; // @[PRNG.scala 82:22]
    wire  io_out_prng_reset; // @[PRNG.scala 82:22]
    wire  io_out_prng_io_increment; // @[PRNG.scala 82:22]
    wire  io_out_prng_io_out_0; // @[PRNG.scala 82:22]
    wire  io_out_prng_io_out_1; // @[PRNG.scala 82:22]
    wire  io_out_prng_io_out_2; // @[PRNG.scala 82:22]
    wire  io_out_prng_io_out_3; // @[PRNG.scala 82:22]
    wire  [1:0]  io_out_lo  =  {io_out_prng_io_out_1,io_out_prng_io_out_0};  //
@[PRNG.scala 86:17]
    wire  [1:0]  io_out_hi  =  {io_out_prng_io_out_3,io_out_prng_io_out_2};  //
@[PRNG.scala 86:17]
    MaxPeriodFibonacciLFSR io_out_prng ( // @[PRNG.scala 82:22]
      .clock(io_out_prng_clock),
      .reset(io_out_prng_reset),
      .io_increment(io_out_prng_io_increment),
      .io_out_0(io_out_prng_io_out_0),
      .io_out_1(io_out_prng_io_out_1),
```

```
    .io_out_2(io_out_prng_io_out_2),
    .io_out_3(io_out_prng_io_out_3)
  );
  assign io_out = {io_out_hi,io_out_lo}; // @[PRNG.scala 86:17]
  assign io_out_prng_clock = clock;
  assign io_out_prng_reset = reset;
  assign io_out_prng_io_increment = io_en; // @[PRNG.scala 85:23]
endmodule
```

4.11 状态机

状态机也是常用电路，但是 Chisel 没有直接构建状态机的原语。不过，util 包中定义了一个 Enum 特质及其伴生对象。伴生对象中的 apply 方法定义如下：

```
def apply(n: Int): List[UInt]
```

它会根据参数 n 返回对应元素数的 List[UInt]，每个元素都是不同的，所以可以作为枚举值来使用。最好把枚举状态的变量名也组成一个列表，再用列表的模式匹配来进行赋值。有了枚举值后，可以通过“switch…is…is”语句来使用。其中，switch 中是相应的状态寄存器，而每个 is 分支的后面则是枚举值及相应的定义。例如，要检测持续时间超过两个时钟周期的高电平，以下引自 Chisel 3 官方源代码[4]：

```
// FSM.scala
package chapter04

import chisel3._
import chisel3.util._

class DetectTwoOnes extends Module {
  val io = IO(new Bundle {
    val in = Input(Bool())
    val out = Output(Bool())
  })

  val sNone :: sOne1 :: sTwo1s :: Nil = Enum(3)
  val state = RegInit(sNone)

  io.out := (state === sTwo1s)

  switch(state) {
    is(sNone) {
      when(io.in) {
        state := sOne1
      }
    }
    is(sOne1) {
```

```
      when(io.in) {
        state := sTwo1s
      }.otherwise {
        state := sNone
      }
    }
    is(sTwo1s) {
      when(!io.in) {
        state := sNone
      }
    }
  }
}
```

注意，枚举状态名的首字母要小写，这样 Scala 的编译器才能识别成变量模式匹配。以上生成的 Verilog 如下：

```
// DetectTwoOnes.v
module DetectTwoOnes(
  input   clock,
  input   reset,
  input   io_in,
  output  io_out
);
`ifdef RANDOMIZE_REG_INIT
  reg [31:0] _RAND_0;
`endif // RANDOMIZE_REG_INIT
  reg [1:0] state; // @[FSM.scala 13:22]
  wire  _T = 2'h0 == state; // @[Conditional.scala 37:30]
  wire  _T_1 = 2'h1 == state; // @[Conditional.scala 37:30]
  wire  _T_2 = 2'h2 == state; // @[Conditional.scala 37:30]
  wire [1:0] _GEN_2 = ~io_in ? 2'h0 : state; // @[FSM.scala 31:21 FSM.scala
32:15 FSM.scala 13:22]
  assign io_out = state == 2'h2; // @[FSM.scala 15:20]
  always @(posedge clock) begin
    if (reset) begin // @[FSM.scala 13:22]
      state <= 2'h0; // @[FSM.scala 13:22]
    end else if (_T) begin // @[Conditional.scala 40:58]
      if (io_in) begin // @[FSM.scala 19:20]
        state <= 2'h1; // @[FSM.scala 20:15]
      end
    end else if (_T_1) begin // @[Conditional.scala 39:67]
      if (io_in) begin // @[FSM.scala 24:20]
        state <= 2'h2; // @[FSM.scala 25:15]
      end else begin
        state <= 2'h0; // @[FSM.scala 27:15]
```

```
      end
    end else if (_T_2) begin // @[Conditional.scala 39:67]
      state <= _GEN_2;
    end
  end
// Register and memory initialization
`ifdef RANDOMIZE_GARBAGE_ASSIGN
`define RANDOMIZE
`endif
`ifdef RANDOMIZE_INVALID_ASSIGN
`define RANDOMIZE
`endif
`ifdef RANDOMIZE_REG_INIT
`define RANDOMIZE
`endif
`ifdef RANDOMIZE_MEM_INIT
`define RANDOMIZE
`endif
`ifndef RANDOM
`define RANDOM $random
`endif
`ifdef RANDOMIZE_MEM_INIT
  integer initvar;
`endif
`ifndef SYNTHESIS
`ifdef FIRRTL_BEFORE_INITIAL
`FIRRTL_BEFORE_INITIAL
`endif
initial begin
  `ifdef RANDOMIZE
    `ifdef INIT_RANDOM
      `INIT_RANDOM
    `endif
    `ifndef VERILATOR
      `ifdef RANDOMIZE_DELAY
        #`RANDOMIZE_DELAY begin end
      `else
        #0.002 begin end
      `endif
    `endif
`ifdef RANDOMIZE_REG_INIT
  _RAND_0 = {1{`RANDOM}};
  state = _RAND_0[1:0];
`endif // RANDOMIZE_REG_INIT
  `endif // RANDOMIZE
end // initial
```

```
`ifdef FIRRTL_AFTER_INITIAL
`FIRRTL_AFTER_INITIAL
`endif
`endif // SYNTHESIS
endmodule
```

4.12 总结

本章介绍了 Chisel 内建的常用原语，还有更多原语可以使用，比如 Bundle 衍生的几种端口类，读者可以通过查询 API 或源代码来进一步了解。原语主要是靠函数实现的，自己也可以写相应的函数，打包好导入就可以使用了，具体方式请参考第 8 章函数的应用。

4.13 参考文献

[1] Chips Alliance.Chisel 3: A Modern Hardware Design Language[CP/OL].[2020-10-02]. https://github.com/chipsalliance/chisel3/blob/master/src/main/scala/chisel3/util/Mux.scala#L14.

[2] Chips Alliance. Chisel 3: A Modern Hardware Design Language[CP/OL].[2020-10-02]. https://github.com/chipsalliance/chisel3/blob/master/src/main/scala/chisel3/util/Mux.scala#L37.

[3] Chips Alliance. Chisel 3: A Modern Hardware Design Language[CP/OL].[2020-10-02]. https://github.com/chipsalliance/chisel3/blob/master/docs/src/explanations/memories.md.

[4] Chips Alliance. Chisel 3: A Modern Hardware Design Language[CP/OL].[2020-10-02]. https://github.com/chipsalliance/chisel3/blob/master/src/test/scala/cookbook/FSM.scala#L15.

4.14 课后练习

1．Chisel 原语中的多路选择器有哪几种类型？分别实现什么功能？

2．Chisel 原语中的优先编码器有哪几种类型？分别实现什么功能？

3．Chisel 原语中的仲裁器有哪几种类型？分别实现什么功能？

4．简述 Chisel 原语中队列的功能和两种创建方式。

5．从文件读取数据到 RAM 的方法有哪些？

6．如何使用硬件原语产生伪随机数？

7．请使用 Chisel 标准库中的 Counter 搭建一个 4 分频电路。

8．自动售货机能够输入的钱数只有 0.5 元和 1 元，当输入的钱数刚好等于 2.5 元（只卖一种水，水的价格为 2.5 元）时，输出水。如果输入的钱数为 3 元，则在输出水的同时，找回 0.5 元。请使用 Chisel 中的 switch 实现上述过程。

9．请使用 Chisel 标准库中的 ROM 实现查表法计算 sin(x)函数，x∈[0, 360]。

10．请使用 Chisel 标准库中的 RAM 实现一个带有空、满标志的 8bit 同步 FIFO 模块。

第 5 章　生成 Verilog HDL 代码与基本测试

经过前面的内容，读者已经了解了如何使用 Chisel 构建一个基本的模块。本章将介绍如何把一个 Chisel 模块编译成 Verilog HDL 代码，并进一步使用 Verilator 做一些简单的测试。本章所述例子均在 chisel-template 工程下。

5.1　生成 Verilog HDL 代码

由于 Scala 程序的入口是主函数，因此生成 Verilog 的程序自然是主函数中例化待编译的模块，然后运行这个主函数。例化待编译模块需要特殊的方法调用。有两个函数可以将 Chisel 代码生成 Verilog HDL 代码（以下简称 Verilog 代码），分别是 execute()和 emitVerilog()，其中 execute()的功能更强大。emitVerilog()本身是通过调用 execute()函数来生成 Verilog 代码的，可以把 emitVerilog()理解成 execute()的简化参数版。在 Chisel 3.4.3 版本中，它们是在 chisel3.stage 包中的 ChiselStage 类内定义的。

5.1.1　execute

chisel3.stage 包中有一个 ChiselStage 类，它包含 execute()方法，它的定义如下：

```
final def execute(args: Array[String], annotations: AnnotationSeq): AnnotationSeq
```

该方法接收两个参数：第一个参数是命令行传入的实参，即字符串数组 args（变量名必须是 args，因为 args 是 App 特质中的一个字段），也可以通过字符串数组写到 Scala 代码中；第二个参数是 annotations，类型为 AnnotationSeq，返回值类型也是 AnnotationSeq。运行这个 execute 方法，就能得到 Verilog 代码。

假设在 src/main/scala 文件夹下有一个全加器的 Chisel 设计代码，如下所示：

```
// FullAdder.scala
package chapter05

import chisel3._

//定义全加器的输入/输出端口
class FullAdder extends Module {
  val io = IO(new Bundle {
    val a = Input(UInt(1.W))
    val b = Input(UInt(1.W))
    val cin = Input(UInt(1.W))
    val s = Output(UInt(1.W))
    val cout = Output(UInt(1.W))
```

```
  })

  //根据输入 a、b、cin 得到本位和 s
  io.s := io.a ^ io.b ^ io.cin
  //根据输入 a、b、cin 得到高位进位输出 cout
  io.cout := (io.a & io.b) | ((io.a | io.b) & io.cin)
}
```

接着，需要在 src/test/scala 文件夹下编写对应的主函数文件，如下所示：

```
// FullAdderGen.scala
package chapter05

import chisel3.stage.ChiselGeneratorAnnotation

object FullAdderGen extends App {
  new (chisel3.stage.ChiselStage).execute(Array("--target-dir", "./generated/chapter05/FullAdderGen"), Seq(ChiselGeneratorAnnotation(() => new FullAdder)))
}
```

在这个主函数中，只有一个 execute 函数的调用。第一个参数是“args”，这里直接在 scala 代码内传入了字符串数组，这样做的好处是不需要每次在命令行中都输入参数。“--target-dir”是设置生成的文件目录，这里设置的是“generated/chapter05/FullAdderGen”，运行这个主程序会把生成的文件放到这个路径。第二个参数是序列，ChiselGeneratorAnnotation 接收一个无参的函数字面量“() => new FullAdder”。因为 Chisel 的模块本质上还是 Scala 的 class，所以只需用 new 构造一个对象作为返回结果即可。在这里，将序列通过隐式转换，调用隐式方法 seqToAnnoSeq (xs: Seq[Annotation]) = AnnotationSeq(xs)，使其转换为 AnnotationSeq 期望的类型并传入形参 annotations。主函数可以包括多个 execute 函数，也可以包含其他代码。还有需要注意的一点是，建议把设计文件和主函数放在一个包中，比如这里的“package chapter05”，这样省去了编写路径的麻烦。

要运行这个主函数，如果使用 IDEA 软件，则直接单击代码旁边的绿色箭头运行即可；如果使用 sbt 命令行运行，则需要先在 build.sbt 文件所在的路径下打开终端，然后执行命令：

```
xjtu-chisel@ubuntu:~/chisel-template$ sbt "test:runMain chapter05.FullAdderGen"
```

注意，sbt 后面有空格，后面的内容都是被单引号对或双引号对括起来的。其中，test:runMain 是让 sbt 执行主函数的命令，而 chapter05.FullAdderGen 就是要执行的那个主函数。如果在 IDEA 的 sbt shell 窗口，或者在终端启动 sbt 后，则只需要输入引号内的内容（不包括引号）即可。

如果设计文件没有错误，那么最后就会看到“[success] Total time: 13 s, completed 2021-8-17 13:49:25”这样的信息。此时，终端的路径下就会生成三个文件：FullAdder.anno.json、FullAdder.fir 和 FullAdder.v。第一个文件用于记录传递给 Firrtl 编译器的 Scala 注解；第二个后缀为“.fir”的文件就是对应的 Firrtl 代码；第三个自然是对应的 Verilog 文件。

首先查看生成的 Verilog 文件，内容如下：

```
// FullAdder.v
```

```
module FullAdder(
  input   clock,
  input   reset,
  input   io_a,
  input   io_b,
  input   io_cin,
  output  io_s,
  output  io_cout
);
  assign io_s = io_a ^ io_b ^ io_cin; // @[FullAdder.scala 17:23]
  assign io_cout = io_a & io_b | (io_a | io_b) & io_cin; // @[FullAdder.scala 19:28]
endmodule
```

可以看到，代码逻辑与想要表达的意思完全一致，并且对应的代码都用注释标明了来自 Chisel 源文件的哪里。

然后看 Firrtl 代码，内容如下：

```
// FullAdder.fir
;buildInfoPackage: chisel3, version: 3.4.3, scalaVersion: 2.12.12, sbtVersion: 1.3.10
circuit FullAdder :
  module FullAdder :
    input clock : Clock
    input reset : UInt<1>
    output io : {flip a : UInt<1>, flip b : UInt<1>, flip cin : UInt<1>, s : UInt<1>, cout : UInt<1>}

    node _io_s_T = xor(io.a, io.b) @[FullAdder.scala 17:16]
    node _io_s_T_1 = xor(_io_s_T, io.cin) @[FullAdder.scala 17:23]
    io.s <= _io_s_T_1 @[FullAdder.scala 17:8]
    node _io_cout_T = and(io.a, io.b) @[FullAdder.scala 19:20]
    node _io_cout_T_1 = or(io.a, io.b) @[FullAdder.scala 19:37]
    node _io_cout_T_2 = and(_io_cout_T_1, io.cin) @[FullAdder.scala 19:45]
    node _io_cout_T_3 = or(_io_cout_T, _io_cout_T_2) @[FullAdder.scala 19:28]
    io.cout <= _io_cout_T_3 @[FullAdder.scala 19:11]
```

可以看到，Firrtl 代码生成中间节点变量来计算两个变量的逻辑运算，这种代码虽然不方便人工阅读，但是适合语法分析脚本使用。

5.1.2 emitVerilog

emitVerilog 的参数列表比 execute 简单，第一个参数接收一个函数，该函数无输入参数且返回结果的类型为 RawMoudle，通常写法是“new 电路类名”。第二个参数和 execute 的第一个参数类似，也可以定义一个 Array 指定路径，例如：

```
//FullAdderGen.scala
package chapter05
```

```
import chisel3.stage.ChiselGeneratorAnnotation

object FullAdderGen extends App {
  (new chisel3.stage.ChiselStage).emitVerilog(new FullAdder, Array
("--target-dir", "./generated/chapter05/FullAdderGen1"))
}
```

运行之后会在 generated/chapter05/FullAdderGen1 目录下生成三个文件，生成的 Verilog 文件和使用 execute 生成的一样，注意 emitVerilog 的返回值是 String，String 的内容是生成的 Verilog，所以可以把 String 打印到终端直接显示出来，例如：

```
//FullAdderGen.scala
package chapter05

import chisel3.stage.ChiselGeneratorAnnotation

object FullAdderGen extends App {
  //将生成的字符串形式的 Verilog 代码赋值给变量
  val verilogString = (new chisel3.stage.ChiselStage).emitVerilog(new
FullAdder, Array("--target-dir", "./generated/chapter05/FullAdderGen2"))
  //终端打印输出 Verilog 文件
  println(verilogString)
}
```

注意这种方式在 generated/chapter05/FullAdderGen2 目录下也是会生成文件的。

5.2 增加参数的方法

5.2.1 Firrtl 传递参数

在运行主函数时，可以在上节介绍的命令后面继续增加可选的参数。例如，增加参数“--help”，可以查看帮助菜单，运行主程序：

```
// FullAdderGen.scala
package chapter05

import chisel3.stage.ChiselGeneratorAnnotation

object FullAdderGen extends App {
  //添加参数"--help"用于得到帮助菜单
  new (chisel3.stage.ChiselStage).execute(Array("--target-dir", "./generated/
chapter05/FullAdderGen","--help"),Seq(ChiselGeneratorAnnotation(() => new
FullAdder)))
}
```

此时不会生成 Verilog 代码，可以得到如下的帮助信息：

```
Shell Options
```

```
  <arg>...                 optional unbounded args
  -td, --target-dir <directory>
                           Work directory (default: '.')
...
```

例如，常用的是参数“-td”，可以在后面指定一个文件夹，这样之前生成的三个文件就在该文件夹中，而不在默认路径下。其格式如下：

```
xjtu-chisel@ubuntu:~/chisel-template$ sbt 'test:runMain chapter05.
FullAdderGen -td ./generated/chapter05/FullAdderGen'
```

如果使用这种传参方式，则在 Scala 代码中主函数应该写成：

```
object FullAdderGen extends App {
  new (chisel3.stage.ChiselStage).execute(args, Seq
(ChiselGeneratorAnnotation(() => new FullAdder)))
}
```

如果同时使用在 Scala 代码中传参和在命令行中传参这两种方式，则以 Scala 代码中指定的路径为准，命令行指定的路径无效。

5.2.2 给主函数传递参数

Scala 的类可以接收参数，所以 Chisel 的模块也可以接收参数。假设要构建一个 n 位的加法器，具体位宽不确定，根据需要而定，那么，就可以把端口位宽参数化，例化时传入想要的参数即可。例如：

```
// NBitsAdder.scala
package chapter05

import chisel3._

class NBitsAdder(n: Int) extends Module {
  val io = IO(new Bundle {
    val a = Input(UInt(n.W))
    val b = Input(UInt(n.W))
    val s = Output(UInt(n.W))
    val cout = Output(UInt(1.W))
  })

  //根据输入 a、b 得到 n 位位宽和 s
  io.s := (io.a +& io.b)(n-1, 0)
  //使用+&实现拓展 1 位加法，最高位为进位输出
  io.cout := (io.a +& io.b)(n)
}
```

传参方式也有两种，可以在 Scala 代码中或者在命令行输入，注意命令行接收的是字符串，所以需要进行类型转换。

1）在 Scala 代码中直接写

```
// NBitsAdderGen.scala
```

```
package chapter05

import chisel3.stage.ChiselGeneratorAnnotation

object NBitsAdderGen extends App {
  new (chisel3.stage.ChiselStage).execute(Array("--target-dir", "./generated/
chapter05/NBitsAdderGen"),
    Seq(ChiselGeneratorAnnotation(() => new NBitsAdder(8))))
}
```

2）使用命令行传参

```
object NbitsAdderGen2 extends App {
  new (chisel3.stage.ChiselStage).execute(Array("--target-dir", "./generated/
chapter05/NBitsAdderGen1"), Seq(ChiselGeneratorAnnotation(() => new NbitsAdder
(args(0).toInt))))
}
```

在终端运行：sbt " test:runMain chapter05.NBitsAdderGen2 8 "。

在这里，模块 NBitsAdder 的主构造方法接收一个 Int 类型的参数 n，然后用 n 去定义端口位宽。主函数在例化这个模块时，就要给出相应的参数。5.2.1 节的帮助菜单中显示，在运行 sbt 命令时，可以传入若干独立的参数。和运行 Scala 的主函数一样，这些命令行的参数也可以由字符串数组 args 通过下标来索引。从要运行的主函数后面开始，其内容都是按空格划分、从下标 0 开始的 args 的元素。比如例子中的主函数期望第一个参数（即 args(0)）是一个数字字符串，这样就能通过方法 toInt 转换成 NBitsAdder 所需的参数。

执行如下命令：

```
xjtu-chisel@ubuntu:~/chisel-template$  sbt " test:runMain chapter05.
NbitsAdderGen2 8 "
```

可以在相应的文件夹下得到如下的 Verilog 代码，其中位宽确实是 8 位的：

```
// NBitsAdder.v
module NBitsAdder(
  input        clock,
  input        reset,
  input  [7:0] io_a,
  input  [7:0] io_b,
  output [7:0] io_s,
  output       io_cout
);
  wire [8:0] _io_s_T = io_a + io_b; // @[NBitsAdder.scala 14:17]
  assign io_s = _io_s_T[7:0]; // @[NBitsAdder.scala 14:25]
  assign io_cout = _io_s_T[8]; // @[NBitsAdder.scala 16:28]
endmodule
```

5.3　编写 chisel-iotesters 测试

Chisel 的测试有两种，第一种是利用 Scala 的测试来验证 Chisel 级别的代码逻辑有没有错误。这部分内容比较复杂，可由读者自行选择。第二种是利用 Chisel 库中的 peek 和 poke 函数，给模块的端口加激励、查看信号值，并交由下游的 Verilator 来仿真产生波形。这种方式比较简单，类似于 Verilog 的 testbench，适合小型电路的验证。对于超大型的系统级电路，建议生成 Verilog，交由成熟的 EDA 工具，用 UVM 进行验证。

要编写一个简单的 testbench，需要在 build.sbt 文件内的库依赖中添加一句“edu.berkeley.cs" %% "chisel-iotesters" % "1.5.2”，改完后如果使用 IDEA，则需要重启项目。

```
libraryDependencies ++= Seq(
  "edu.berkeley.cs" %% "chisel3" % "3.4.3",
  "edu.berkeley.cs" %% "chiseltest" % "0.3.3" % "test",
  //使用 chisel-iotesters 需要添加下面的库依赖
  "edu.berkeley.cs" %% "chisel-iotesters" % "1.5.2"
)
```

首先，定义一个类，这个类的主构造方法接收一个参数，参数类型就是待测模块的类名。因为模块也是一个类，从 Scala 的角度来看，定义一个类就是定义了一种类型。其次，这个类继承自 PeekPokeTester 类，并且把接收的待测模块也传递给此超类。最后，测试类内部有 4 种方法可用：①“poke(端口,激励值)”方法给相应的端口添加想要的激励值，激励值是 Int 类型的；②“peek(端口)”方法返回相应端口的当前值；③“expect(端口,期望值)”方法会先对第一个参数（端口）使用 peek 方法，然后与 Int 类型的期望值进行对比，如果两者不相等，则出错；④“step(n)”方法则让仿真前进 n 个时钟周期。

因为测试模块只用于仿真，无须转成 Verilog，所以类似 for、do…while、to、until、map 等 Scala 高级语法都可以使用，可使测试代码更加简洁有效。

下面是为前一例中的 8 位加法器写的 testbench：

```
//NbitsAdderTest.scala
package chapter05

import scala.util._
import chisel3.iotesters._

class NBitsAdderTest(c: NBitsAdder) extends PeekPokeTester(c) {
  //生成伪随机数
  val randNum = new Random
  //设置循环测试次数
  for(i <- 0 until 10) {
    //a，b 为 0-255 的 8 位随机数
    val a = randNum.nextInt(256)
    val b = randNum.nextInt(256)
    //给输入端口加激励
    poke(c.io.a, a)
    poke(c.io.b, b)
    //时间推进一个周期
    step(1)
    //输出结果与正确值对比
    expect(c.io.s, (a + b) & 0xff)
```

```
    expect(c.io.cout, ((a + b) & 0x100) >> 8)
  }
}
```

其中，第一个包 scala.util 包含 Scala 生成伪随机数的类 Random，第二个包 chisel3.iotesters 包含测试类 PeekPokeTester。

5.4　运行 chisel-iotesters 测试

下面介绍如何使用 iotesters 包中的 execute 方法。该方法与前面生成 Verilog 的方法类似，仅多了一个参数列表。多出的第二个参数列表接收一个返回测试类的对象的函数。由于 Verilator 需要用到 g++，如果没有安装 g++，则需要执行 apt-get install g++安装。

```
//NbitsAdderTest.scala
object NBitsAdderTestMain extends App {
  //指定后端使用 Verilator 仿真
  chisel3.iotesters.Driver.execute(Array("--target-dir",
"./generated/chapter05/NBitsAdderTest",    "--backend-name", "verilator"),  ()
=> new NBitsAdder(8))(c => new NBitsAdderTest(c))
}
```

运行以上主函数，执行成功后，就能在相应文件夹中看到一个新生成的文件夹，里面是仿真生成的文件。其中，“NBitsAdder.vcd”文件就是波形文件，使用 GTKWave 软件查看，将相应的端口拖拽到右侧就能显示波形，如图 5-1 所示。

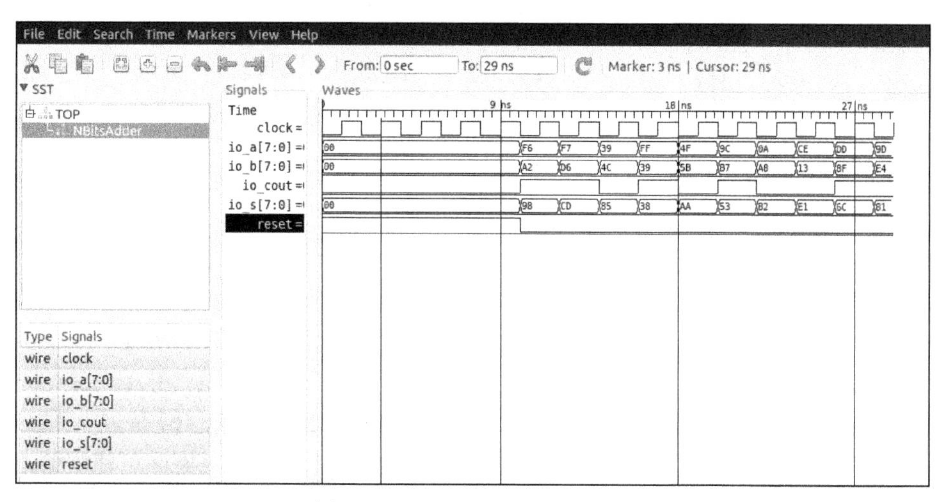

图 5-1　NBitsAdder 测试波形图

如果只想在终端查看仿真运行的信息，则执行以下主函数：

```
object NBitsAdderTestMain extends App {
  chisel3.iotesters.Driver.execute(Array("--target-dir",
"./generated/chapter05/NBitsAdderTest",     " --is-verbose"),      () => new
NBitsAdder(8))(c => new NBitsAdderTest(c))
}
```

那么终端就会显示如下信息：

```
[info] running chapter05.NBitsAdderTestMain
Elaborating design...
Done elaborating.
[info] [0.000] SEED 1629272109113
[info] [0.003]  POKE io_a <- 114
[info] [0.004]  POKE io_b <- 59
[info] [0.004] STEP 0 -> 1
[info] [0.006] EXPECT AT 1  io_s got 173 expected 173 PASS
[info] [0.006] EXPECT AT 1  io_cout got 0 expected 0 PASS
[info] [0.007]  POKE io_a <- 196
[info] [0.007]  POKE io_b <- 99
[info] [0.007] STEP 1 -> 2
[info] [0.008] EXPECT AT 2  io_s got 39 expected 39 PASS
[info] [0.008] EXPECT AT 2  io_cout got 1 expected 1 PASS
[info] [0.009]  POKE io_a <- 197
[info] [0.009]  POKE io_b <- 105
[info] [0.010] STEP 2 -> 3
[info] [0.010] EXPECT AT 3  io_s got 46 expected 46 PASS
[info] [0.010] EXPECT AT 3  io_cout got 1 expected 1 PASS
[info] [0.011]  POKE io_a <- 183
[info] [0.011]  POKE io_b <- 81
...
test NBitsAdder Success: 20 tests passed in 15 cycles in 0.033180 seconds 452.08 Hz
[info] [0.022] RAN 10 CYCLES PASSED
[success] Total time: 4 s, completed 2021-8-18 15:35:11
```

5.5 使用 chiseltest 进行测试

chiseltest 是基于 Chisel RTL 设计的测试工具，chiseltest 主要强调轻量级（最小化样板代码）、易于读/写（可理解性）和可复用（更好地重用测试代码）的测试。

chiseltest 与 chisel-iotesters 类似，其核心原语相当于不可综合的 Verilog。chiseltest 的核心功能（poke、expect、step）也类似 chisel-iotesters，但语法不同：在 chisel-iotesters 的 tester.poke(wire, value) 中，使用的是 Scala 数据类型的字面值，但是在 chiseltest 的 wire.poke(value)中，使用的是 Chisel 数据类型的字面值。此外，chiseltest 可使用 fork 和 join 实现线程并发。

目前，其支持 chisel-testers 中的所有功能，并提供一些附加功能。该项目旨在取代 chisel-testers。

用 chisel-testers 编写的测试用例不能直接用在 chiseltest 中，因为语法明显不同。下面来看具体使用方法。

在 src/test/scala 路径下创建一个新文件，如 BasicTest.scala，并在这个文件中依次进行如下操作。

（1）添加必要的导入：

```
import org.scalatest._
import chiseltest._
import chisel3._
```

（2）创建一个测试类：

```
class BasicTest extends FlatSpec with ChiselScalatestTester with Matchers {
  behavior of "MyModule"
  // test class body here
}
```

FlatSpec 是单元测试推荐的 ScalaTest 样式。ChiselScalatestTester 在 ScalaTest 环境中提供测试驱动程序功能（如信号值断言）。Matchers 为编写 ScalaTest 测试提供额外的语法选项，是可选项。

（3）在测试类中，定义一个测试用例：

```
it should "do something" in {
  // test case body here
}
```

每个测试类都可以有多个测试用例，建议每个被测试的模块都定义一个测试类，每次单独地测试一个测试用例。

（4）在测试用例中，定义被测试的模块：

```
test(new MyModule) { c =>
  // test body here
}
```

test 自动运行默认模拟器，并且运行在块中的测试激励。在本例中，测试激励块的参数 c 是被测模块。

（5）在测试体中，使用 poke、step 和 expect 操作来编写测试，例如：

```
c.in.poke(0.U)
c.out.expect(0.U)
c.in.poke(42.U)
c.out.expect(42.U)
```

测试用例完成后，读者可以通过调用 ScalaTest 来运行项目中的所有测试用例。如果读者使用的是 sbt，则可以在命令行中运行 sbt test 或 test(sbt 控制台)，使用 IDEA 时其输出信息会有些许不同，但不影响测试结果。testOnly 也可用于运行特定测试，以上内容参考自 Chisel 官网。

下面编写一个测试实例，测试之前写的 n 位加法器：

```
//NbitsAdderChiselTest.scala
package chapter05

import org.scalatest._
import chiseltest._
import chisel3._
import scala.util._

class NBitsAdderChiselTest extends FlatSpec with ChiselScalatestTester with
```

```
Matchers {
    behavior of "NBitsAdder"
    // test class body here
    it should "Add two numbers" in {
      // test case body here
      test(new NBitsAdder(8)) { c =>
        // test body here
        val randNum = new Random
        for (i <- 0 until 10) {
          val a = randNum.nextInt(256)
          val b = randNum.nextInt(256)
          //注意加激励方式和 iotesters 的区别
          c.io.a.poke(a.U)
          c.io.b.poke(b.U)
          c.clock.step(1)
          c.io.s.expect(((a + b) & 0xff).U)
          c.io.cout.expect((((a + b) & 0x100) >> 8).U)
        }
      }
    }
  }
```

在终端中运行 sbt "test:testOnly chapter05.NbitsAdderChiselTest"，生成的文件会在 test_run_dir 的子文件夹 NBitsAdder_should_Add_two_numbers 中，注意并没有生成.v 文件，生成.v 文件的方法见 5.1 节。

运行的测试结果如下：

```
Elaborating design...
Done elaborating.
test NBitsAdder Success: 0 tests passed in 12 cycles in 0.043126 seconds 278.25 Hz
[info] NBitsAdderChiselTest:
[info] NBitsAdder
[info] - should Add two numbers
[info] ScalaTest
[info] Run completed in 2 seconds, 21 milliseconds.
[info] Total number of tests run: 1
[info] Suites: completed 1, aborted 0
[info] Tests: succeeded 1, failed 0, canceled 0, ignored 0, pending 0
[info] All tests passed.
[info] Passed: Total 1, Failed 0, Errors 0, Passed 1
[success] Total time: 4 s, completed 2021-8-18 16:07:07
```

如果想输出.vcd 波形文件，则在终端运行：

```
sbt "test:testOnly chapter05.NbitsAdderChiselTest -- -DwriteVcd=1"
```

在 test_run_dir/NBitsAdder_should_Add_two_numbers 路径下会生成 NBitsAdder.vcd 文件，比使用 chisel-iotesters 生成的文件目录简洁得多，所以推荐使用 chiseltest。

5.6 总结

本章介绍了从 Chisel 转换成 Verilog 并测试电路设计的基本方法。Chisel 还在更新中，chisel-iotesters 是从 Chisel 2 中保留下来的，而 chiseltest（chisel-testers2）是目前新版的测试包，所以本书推荐使用 chiseltest 进行测试。

5.7 课后练习

1．如何使用 Chisel 生成 Verilog 代码？
2．execute 和 emitVerilog 方法的作用分别是什么？有什么区别？
3．给主函数传递参数的方法是什么？
4．简述 chisel-iotesters 如何使用。常用的 4 个测试函数是什么？
5．如何使用 chisel-iotesters 仿真生成波形？
6．简述 chiseltest 如何使用。与 chisel-iotesters 有什么区别？
7．如何使用 chiseltest 仿真生成波形？
8．使用 chiseltest 对本章所述的 8 位全加器实例进行遍历输入验证。
9．对二分频电路的测试波形进行观察并分析。

第6章　黑盒

目前，Chisel的功能相对Verilog来说还不十分完善，所以在当前版本下无法实现的功能就需要用Verilog来实现。在这种情况下，可以使用Chisel的BlackBox功能，它的作用是向Chisel代码提供用Verilog设计的电路接口，使得Chisel层面的代码可以与Verilog设计的电路进行交互。

6.1　例化黑盒

如果读者尝试在Chisel的模块中例化另一个模块，并生成Verilog代码，就会发现端口名字中多了“io_”这样的字眼。这是因为Chisel要求Module的端口都是由字段“io”来引用的，语法分析脚本在生成Verilog代码时会保留这个端口名前缀。

假设有一个外部的Verilog模块，它的端口列表声明如下：

```
module Dut ( input [31: 0] a, input clk, input reset, output [3: 0] b );
```

按照Verilog的语法，它的例化代码应该是这样的：

```
Dut u0 ( .a(u0_a), .clk(u0_clk), .reset(u0_reset), .b(u0_b) );
```

其中，例化时的名字和连接的线网名是可以任意的，但是模块名“Dut”和端口名“.a”“.clk”“.reset”“.b”是固定的。

倘若把这个Verilog模块先声明成普通的Chisel模块，然后直接例化使用，那么例化的Verilog代码就会变成：

```
Dut u0 ( .io_a(io_u0_a), .io_clk(io_u0_clk), .io_reset(io_u0_reset), .io_b(io_u0_b) );
```

也就是说，本来应该是“.a”，变成了“.io_a”。这样做首先在Chisel层面上就不会成功，因为Chisel的编译器不允许模块内部连线为空，不能是只有端口声明而没有内部连线的模块。

如果定义Dut类时，不是继承自Module，而是继承自BlackBox，则允许只有端口定义。此外，在别的模块中例化黑盒时，编译器不会给黑盒的端口名加上“io_”，连接的线网名变成引用黑盒的变量名与黑盒端口名的组合。例如：

```
// BlackBox.scala
package chapter06

import chisel3._
import chisel3.stage.ChiselGeneratorAnnotation

class Dut extends BlackBox {
  val io = IO(new Bundle {
    val a = Input(UInt(32.W))
    val clk = Input(Clock())
    val reset = Input(Bool())
```

```
    val b = Output(UInt(4.W))
  })
}

class UseDut extends Module {
  val io = IO(new Bundle {
    val toDut_a = Input(UInt(32.W))
    val toDut_b = Output(UInt(4.W))
  })

  val u0 = Module(new Dut)

  u0.io.a := io.toDut_a
  u0.io.clk := clock
  u0.io.reset := reset
  io.toDut_b := u0.io.b
}

object UseDutGen extends App {
  new (chisel3.stage.ChiselStage).execute(Array("--target-dir", "./generated/
chapter06/UseDutGen"),
    Seq(ChiselGeneratorAnnotation(() => new UseDut)))
}
```

它对应生成的 Verilog 代码为：

```
// UseDut.v
module UseDut(
  input        clock,
  input        reset,
  input  [31:0] io_toDut_a,
  output [3:0]  io_toDut_b
);
  wire [31:0] u0_a; // @[BlackBox.scala 21:18]
  wire  u0_clk; // @[BlackBox.scala 21:18]
  wire  u0_reset; // @[BlackBox.scala 21:18]
  wire [3:0] u0_b; // @[BlackBox.scala 21:18]
  Dut u0 ( // @[BlackBox.scala 21:18]
    .a(u0_a),
    .clk(u0_clk),
    .reset(u0_reset),
    .b(u0_b)
  );
  assign io_toDut_b = u0_b; // @[BlackBox.scala 26:14]
  assign u0_a = io_toDut_a; // @[BlackBox.scala 23:11]
  assign u0_clk = clock; // @[BlackBox.scala 24:13]
```

```
  assign u0_reset = reset; // @[BlackBox.scala 25:15]
endmodule
```

可以看到，例化黑盒生成的 Verilog 代码完全符合 Verilog 例化模块的语法规则。通过黑盒导入 Verilog 模块的端口列表给 Chisel 模块使用，并把 Chisel 代码转换成 Verilog，把它与导入的 Verilog 一同传递给 EDA 工具。

BlackBox 的构造方法可以接收一个 Map[String, Param]类型的参数，这会使得例化外部的 Verilog 模块时具有配置模块的“#(参数配置)”。映射的键固定是字符串类型，它对应 Verilog 中声明的参数名；映射的值对应传入的配置参数，可以是字符串，也可以是整数和浮点数。虽然值的类型是 Param，这是一个 Chisel 的密封类，但是单例对象 chisel3.experimental 中定义了相应的隐式转换，可以把 BigInt、Int、Long、Double 和 String 转换成对应的 Param 类型。例如把上例修改成：

```
...
import chisel3.experimental._

//使用 Map 实现 Verilog 的"#(参数配置)"功能
class Dut extends BlackBox(Map("DATA_WIDTH" -> 32,
                               "MODE" -> "Sequential",
                               "RESET" -> "Asynchronous")) {
  val io = IO(new Bundle {
    val a = Input(UInt(32.W))
    val clk = Input(Clock())
    val reset = Input(Bool())
    val b = Output(UInt(4.W))
  })
}
...
```

对应的 Verilog 就变成了：

```
...
  Dut #(.DATA_WIDTH(32), .MODE("Sequential"), .RESET("Asynchronous")) u0 ( //
@[blackbox.scala 23:18]
    .a(u0_a),
    .clk(u0_clk),
    .reset(u0_reset),
    .b(u0_b)
  );
...
```

通过这种方式，借助 Verilog 把 Chisel 的功能暂时补齐了。

6.2 复制 Verilog 文件

因为在前面所述的黑盒中只存在端口的声明，所以还需要将 Verilog 的源文件复制到工程内。复制 Verilog 文件有两种方式。

方式一：

chisel3.util 包中有一个特质 HasBlackBoxResource，如果在黑盒类中混入这个特质，并且在 src/main/resources 文件夹中有对应的 Verilog 源文件，那么在将 Chisel 转换成 Verilog 时，就会把 Verilog 文件一起复制到目标文件夹。例如：

```
…
import chisel3.util._
//混入 HasBlackBoxResource 特质，定义输入/输出端口
class Dut extends BlackBox with HasBlackBoxResource {
  val io = IO(new Bundle {
    val a = Input(UInt(32.W))
    val clk = Input(Clock())
    val reset = Input(Bool())
    val b = Output(UInt(4.W))
  })

  addResource("/dut.v")     //设置路径，注意路径写成"./dut.v"是不对的
}
…
```

注意，相比一般的黑盒，除了端口列表的声明，还多了一个特质中的 addResource 方法的调用。方法的入参是 Verilog 文件的相对地址，即相对 src/main/resources 的地址。

方式二：

chisel3.util 包中还有一个特质 HasBlackBoxPath，如果在黑盒类中混入这个特质，并且在任意文件夹(也即此时 Verilog 文件不再必须放入 src/main/resources 路径下)中有对应的 Verilog 源文件，那么在 Chisel 转换成 Verilog 时，就会把 Verilog 文件一起复制到目标文件夹。注意此时的路径是相对于 chisel-template 这个工程文件夹的路径，需要提供相对路径或者全路径。例如：

```
…
import chisel3.util._

//混入 HasBlackBoxPath 特质，定义输入/输出端口
class Dut extends BlackBox with HasBlackBoxPath{
  val io = IO(new Bundle {
    val a = Input(UInt(32.W))
    val clk = Input(Clock())
    val reset = Input(Bool())
    val b = Output(UInt(4.W))
  })

  addPath("./src/main/scala/dut.v")

}
…
```

6.3 内联 Verilog 文件

chisel3.util 包中还有一个特质 HasBlackBoxInline，混入该特质的黑盒类可以把 Verilog 代码直接内嵌进去。内嵌的方式是调用特质中的方法“setInline(blackBoxName: String, blackBoxInline: String)”，类似于 setResource 的用法。这样，目标文件夹中就会生成一个单独的 Verilog 文件，复制内嵌的代码。该方法适用于小型 Verilog 设计。例如：

```
...
import chisel3.util._

//混入特质 HasBlackBoxInline，定义输入/输出端口
class Dut extends BlackBox with HasBlackBoxInline {
  val io = IO(new Bundle {
    val a = Input(UInt(32.W))
    val clk = Input(Clock())
    val reset = Input(Bool())
    val b = Output(UInt(4.W))
  })

  setInline("dut.v",
          """
          |module dut(input [31:0] a,
          |           input clk,
          |           input reset,
          |           output [3:0] b);
          |
          |  reg [3:0] b_temp;
          |
          |  always @ (posedge clk, negedge reset)
          |    if(!reset)
          |      b_temp <= 'b0;
          |    else if(a == 'b0)
          |      b_temp <= b_temp + 1'b1
          |
          |  assign b = b_temp;
          |endmodule
          """.stripMargin)
}
...
```

字符串中的“|”表示文件的边界，比如 Scala 的解释器在换行后的开头就是一根竖线，方法 stripMargin 用于消除竖线左侧的空格。

调用这个黑盒的模块在转换成 Verilog 后，目标文件夹中会生成一个“dut.v”文件，内容就是内嵌的 Verilog 代码。

6.4　inout 端口

Chisel 目前只支持在黑盒中引入 Verilog 的 inout 端口。Bundle 中使用“Analog(位宽)”声明 Analog 类型的端口，经过编译后变成 Verilog 的 inout 端口。模块中的端口可以声明成 Analog 类型，但只能用于与黑盒连接，不能在 Chisel 代码中进行读/写。因为是双向端口，所以不需要用 Input 或 Output 指明方向，但是可以用 Flipped 来翻转，也不会影响整个 Bundle 的翻转。使用前，要先用“chisel3.experimental._”进行导入。

例如：

```
// Inout.scala
package chapter06

import chisel3._
import chisel3.util._
import chisel3.experimental._
import chisel3.stage.ChiselGeneratorAnnotation

//定义输入/输出端口
class InoutIO extends Bundle {
  val a = Analog(16.W)
  val b = Input(UInt(16.W))
  val sel = Input(Bool())
  val c = Output(UInt(16.W))
}

//混入 HasBlackBoxInline 特质
class InoutPort extends BlackBox with HasBlackBoxInline {
  val io = IO(new InoutIO)

  setInline("InoutPort.v",
    """
      |module InoutPort( inout [15:0] a,
      |                  input [15:0] b,
      |                  input        sel,
      |                  output [15:0] c);
      |  assign a = sel ? 'bz : b;
      |  assign c = sel ? a : 'bz;
      |endmodule
    """.stripMargin)
}

class MakeInout extends Module {
  val io = IO(new InoutIO)
```

```
  val m = Module(new InoutPort)

  m.io <> io
}

object InoutGen extends App {
  new (chisel3.stage.ChiselStage).execute(Array("--target-dir", "./generated/
chapter06/InoutGen"),
    Seq(ChiselGeneratorAnnotation(() => new MakeInout)))
}
```

对应的 Verilog 为：

```
// MakeInout.v
module MakeInout(
  input         clock,
  input         reset,
  inout  [15:0] io_a,
  input  [15:0] io_b,
  input         io_sel,
  output [15:0] io_c
);
  wire [15:0] m_b; // @[Inout.scala 33:17]
  wire  m_sel; // @[Inout.scala 33:17]
  wire [15:0] m_c; // @[Inout.scala 33:17]
  InoutPort m ( // @[Inout.scala 33:17]
    .a(io_a),
    .b(m_b),
    .sel(m_sel),
    .c(m_c)
  );
  assign io_c = m_c; // @[Inout.scala 35:8]
  assign m_b = io_b; // @[Inout.scala 35:8]
  assign m_sel = io_sel; // @[Inout.scala 35:8]
endmodule
```

6.5 总结

本章介绍了三种黑盒的用法，其目的在于通过外部的 Verilog 文件来补充 Chisel 还不具备的功能。目前还没有 EDA 工具直接支持 Chisel，所以在开发 FPGA 项目时，想要例化 Xilinx 或 Intel 的 IP，就需要用到黑盒。

6.6 课后练习

1. 黑盒是什么？有什么作用？

2．例化黑盒的时候端口列表应该怎么写？

3．如何例化外部的 Verilog 模块使其具有配置模块的“#(参数配置)”？

4．两种复制 Verilog 文件的方法中，各自的路径如何配置？

5．如何在黑盒中使用内嵌 Verilog 文件？

6．黑盒中可以存在 inout 端口，在 Chisel 代码的 Bundle 中应定义成什么？可以在 Chisel 代码中对其读/写吗？

7．使用黑盒将 Xilinx 的一个 IP 例化到自己的 Chisel 项目中。

第 7 章　多时钟域设计

在数字电路中经常会用到多时钟域设计，尤其是设计异步 FIFO 这样的同步元件。在 Verilog 中，多时钟域的设计只需声明多个时钟端口，不同的 always 语句块根据需要选择不同的时钟作为敏感变量即可。在 Chisel 中相对复杂一些，因为时序元件在编译时都会自动地隐式跟随当前的时钟域，而且还和 Scala 的变量作用域相关。本章将介绍多时钟域设计的语法。

7.1　没有隐式端口的模块

继承自 Module 的模块类会获得隐式的全局时钟与同步复位信号。读者还可以选择继承自 RawModule，这样在转换成 Verilog 时就没有隐式端口。它在 chisel3 包中，也是 UserModule 类的别名。

此类模块一般用于纯组合逻辑，并且在类内顶层不能出现使用时钟的相关操作（这里之所以说顶层，是因为还会存在自定义时钟域和复位域），比如定义寄存器（因为寄存器是时序元件，需要用到时钟和复位信号），否则会报错，提示没有隐式端口。例如：

```
// MyModule.scala
package chapter07

import chisel3._

class MyModule extends RawModule {
  val io = IO(new Bundle {
    val a = Input(UInt(4.W))
    val b = Input(UInt(4.W))
    val c = Output(UInt(4.W))
  })

  io.c := io.a & io.b
}
```

它生成的 Verilog 代码为：

```
// MyModule.v
module MyModule(
  input  [3:0] io_a,
  input  [3:0] io_b,
  output [3:0] io_c
);
  assign io_c = io_a & io_b; // @[MyModule.scala 12:16]
endmodule
```

RawModule 也可以包含时序逻辑，但要使用多时钟域语法。

7.2　定义一个时钟域和复位域

7.2.1　withClockAndReset

chisel3 包中有一个单例对象 withClockAndReset，其 apply 方法的定义如下：

```
def apply[T](clock: Clock, reset: Reset)(block: ⇒ T): T
```

该方法的作用就是创建一个新的时钟和复位域，作用范围仅限于它的传名参数的内部。新的时钟和复位信号就是第一个参数列表的两个参数。例如（代码引自 Chisel 3 官方文档[1]）：

```
class MultiClockModule extends Module {
  val io = IO(new Bundle {
    val clockB = Input(Clock())
    val resetB = Input(Bool())
    val stuff = Input(Bool())
  })
  // 这个寄存器跟随当前模块的隐式全局时钟 clock
  val regClock1 = RegNext(io.stuff)

  withClockAndReset(io.clockB, io.resetB) {
    // 在该花括号内，所有时序元件都跟随时钟 io.clockB
    // 所有寄存器的复位信号都是 io.resetB

    // 这个寄存器跟随 io.clockB
    val regClockB = RegNext(io.stuff)
    // 还可以例化其他模块
    val m = Module(new ChildModule)
  }

  // 这个寄存器跟随当前模块的隐式全局时钟 clock
  val regClock2 = RegNext(io.stuff)
}
```

注意不要忘记在 IO 中定义自定义的时钟域和复位域要用的时钟与复位信号的端口。使用隐式的时钟和复位域时不用定义，这是因为隐式的时钟和复位信号的端口会被自动添加。

因为第二个参数列表只有一个传名参数，所以可以把圆括号写成花括号，这样还有自动的分号推断。再加上传名参数的特性，尽管需要一个无参函数，但是可以省略书写“() =>”。

```
withClockAndReset(io.clockB, io.resetB) {
  sentence1
  sentence2
  …
  sentenceN
}
```

实际上相当于：

```
withClockAndReset(io.clockB, io.resetB)( () => (sentence1; sentence2; ...;
sentenceN) )
```

这结合了 Scala 的柯里化、传名参数和单参数列表的语法特性，让 DSL 语言的自定义方法看上去就跟内建的 while、for、if 等结构一样自然，所以 Scala 很适合构建 DSL 语言。

读者通过仔细查看其 apply 方法的定义，可以发现它的第二个参数是一个函数，该函数的返回结果是整个 apply 方法的返回结果。也就是说，在独立时钟域的定义中，最后一个表达式的结果会被当作函数的返回结果。于是可以用一个变量来引用这个返回结果，这样在独立时钟域的定义外也能使用它。例如，引用最后返回的模块[1]。

```
class MultiClockModule extends Module {
  val io = IO(new Bundle {
    val clockB = Input(Clock())
    val resetB = Input(Bool())
    val stuff = Input(Bool())
  })

  val clockB_child = withClockAndReset(io.clockB, io.resetB) {
    Module(new ChildModule)
  }

  clockB_child.io.in := io.stuff
}
```

如果传名参数全都是定义，最后没有表达式用于返回，那么 apply 的返回结果类型就是 Unit。此时，外部不能访问独立时钟域中的任何内容。例如把上个例子改成如下代码：

```
class MultiClockModule extends Module {
  val io = IO(new Bundle {
    val clockB = Input(Clock())
    val resetB = Input(Bool())
    val stuff = Input(Bool())
  })

  val clockB_child = withClockAndReset(io.clockB, io.resetB) {
    val m = Module(new ChildModule)
  }

  clockB_child.m.io.in := io.stuff
}
```

现在，被例化的模块不是作为返回结果，而是变成了变量 m 的引用对象，故而传名参数是只有定义、没有有用的返回值的空函数。如果编译这个模块，就会得到“没有相关成员”的错误信息。如果独立时钟域有多个变量要与外部交互，则应该在模块内部的顶层定义全局的线网，让所有时钟域都能访问。

7.2.2 withClock 和 withReset

除了单例对象 withClockAndReset，还有单例对象 withClock 和 withReset，分别用于构建只有独立时钟和只有独立复位信号的作用域，三者的语法是一样的。下面通过一个例子说明

withClock 和 withReset 的用法，并引出一些多时钟域设计的细节。

```
//MultiClockTester.scala
package chapter07

import chisel3._

class ChildModule extends Module {
  val io = IO(new Bundle {
    val in = Input(Bool())
    val clockChild = Input(Clock())
    val out = Output(Bool())
  })
  withClock(io.clockChild) {
    //该寄存器跟随时钟 io.clockChild，隐式复位信号 reset
    val regclock = RegNext(io.in, 0.U)
    io.out := regclock
  }
}

class MultiClockTester extends Module {
  val io = IO(new Bundle {
    //注意不要忘记定义自定义的时钟和复位信号端口
    //以前不定义，是因为隐式的时钟和复位信号会自动添加这两个端口
    val clockA = Input(Clock())
    val resetA = Input(Bool())
    val clockChild = Input(Clock())
    val resetB = Input(Bool())
    val stuff_in = Input(Bool())
    val stuff_out = Output(Bool())
    val outregClock = Output(Bool())
    val outregClockA = Output(Bool())
    val outregClockB = Output(Bool())
  })
  // 这个寄存器跟随当前模块的隐式全局时钟 clock
  val regClock = RegNext(io.stuff_in, 0.U)

  val clockA_child = withClockAndReset(io.clockA, io.resetA.asAsyncReset()) {
    // 在该花括号内，所有时序元件都跟随时钟 io.clockA
    // 所有寄存器的复位信号都是 io.resetA

    // 这个寄存器跟随 io.clockA
    val regClockA = RegNext(io.stuff_in, 0.U)

    regClock := regClockA
```

```
    io.outregClockA := regClockA

    Module(new ChildModule)
  }
  clockA_child.io.clockChild := io.clockChild
  clockA_child.io.in := io.stuff_in
  io.stuff_out := clockA_child.io.out

  withReset(io.resetB) {
    // 在该花括号内，所有时序元件都跟随时钟隐式时钟 clock
    // 所有寄存器的复位信号都是 io.resetB

    // 这个寄存器跟随 clock
    val regClockB = RegNext(io.stuff_in, 0.U)
    io.outregClock := regClock
    io.outregClockB := regClockB
  }
}
```

生成的 Verilog 代码如下：

```
// MultiClockTester.v
module ChildModule(
  input   reset,
  input   io_in,
  input   io_clockChild,
  output  io_out
);
`ifdef RANDOMIZE_REG_INIT
  reg [31:0] _RAND_0;
`endif // RANDOMIZE_REG_INIT
  reg  regclock; // @[MultiClockTester.scala 13:27]
  assign io_out = regclock; // @[MultiClockTester.scala 14:12]
  always @(posedge io_clockChild or posedge reset) begin
    if (reset) begin
      regclock <= 1'h0;
    end else begin
      regclock <= io_in;
    end
  end
// Register and memory initialization
`ifdef RANDOMIZE_GARBAGE_ASSIGN
`define RANDOMIZE
`endif
```

```
`ifdef RANDOMIZE_INVALID_ASSIGN
`define RANDOMIZE
`endif
`ifdef RANDOMIZE_REG_INIT
`define RANDOMIZE
`endif
`ifdef RANDOMIZE_MEM_INIT
`define RANDOMIZE
`endif
`ifndef RANDOM
`define RANDOM $random
`endif
`ifdef RANDOMIZE_MEM_INIT
 integer initvar;
`endif
`ifndef SYNTHESIS
`ifdef FIRRTL_BEFORE_INITIAL
`FIRRTL_BEFORE_INITIAL
`endif
initial begin
  `ifdef RANDOMIZE
    `ifdef INIT_RANDOM
      `INIT_RANDOM
    `endif
    `ifndef VERILATOR
      `ifdef RANDOMIZE_DELAY
        #`RANDOMIZE_DELAY begin end
      `else
        #0.002 begin end
      `endif
    `endif
`ifdef RANDOMIZE_REG_INIT
  _RAND_0 = {1{`RANDOM}};
  regclock = _RAND_0[0:0];
`endif // RANDOMIZE_REG_INIT
  if (reset) begin
    regclock = 1'h0;
  end
  `endif // RANDOMIZE
end // initial
`ifdef FIRRTL_AFTER_INITIAL
`FIRRTL_AFTER_INITIAL
`endif
`endif // SYNTHESIS
```

```
endmodule
module MultiClockTester(
  input   clock,
  input   reset,
  input   io_clockA,
  input   io_resetA,
  input   io_clockChild,
  input   io_resetB,
  input   io_stuff_in,
  output  io_stuff_out,
  output  io_outregClock,
  output  io_outregClockA,
  output  io_outregClockB
);
`ifdef RANDOMIZE_REG_INIT
  reg [31:0] _RAND_0;
  reg [31:0] _RAND_1;
  reg [31:0] _RAND_2;
`endif // RANDOMIZE_REG_INIT
  wire  clockA_child_reset; // @[MultiClockTester.scala 45:11]
  wire  clockA_child_io_in; // @[MultiClockTester.scala 45:11]
  wire  clockA_child_io_clockChild; // @[MultiClockTester.scala 45:11]
  wire  clockA_child_io_out; // @[MultiClockTester.scala 45:11]
  reg  regClock; // @[MultiClockTester.scala 33:25]
  reg  regClockA; // @[MultiClockTester.scala 40:28]
  reg  regClockB; // @[MultiClockTester.scala 56:28]
  ChildModule clockA_child ( // @[MultiClockTester.scala 45:11]
    .reset(clockA_child_reset),
    .io_in(clockA_child_io_in),
    .io_clockChild(clockA_child_io_clockChild),
    .io_out(clockA_child_io_out)
  );
  assign io_stuff_out = clockA_child_io_out; // @[MultiClockTester.scala
49:16]
  assign io_outregClock = regClock; // @[MultiClockTester.scala 57:20]
  assign io_outregClockA = regClockA; // @[MultiClockTester.scala 43:21]
  assign io_outregClockB = regClockB; // @[MultiClockTester.scala 58:21]
  assign clockA_child_reset = io_resetA; // @[MultiClockTester.scala 35:72]
  assign clockA_child_io_in = io_stuff_in; // @[MultiClockTester.scala 48:22]
  assign    clockA_child_io_clockChild    =    io_clockChild;    //
@[MultiClockTester.scala 47:30]
  always @(posedge clock) begin
    if (reset) begin // @[MultiClockTester.scala 33:25]
      regClock <= 1'h0; // @[MultiClockTester.scala 33:25]
```

```
    end else begin
      regClock <= regClockA; // @[MultiClockTester.scala 42:14]
    end
    if (io_resetB) begin // @[MultiClockTester.scala 56:28]
      regClockB <= 1'h0; // @[MultiClockTester.scala 56:28]
    end else begin
      regClockB <= io_stuff_in; // @[MultiClockTester.scala 56:28]
    end
  end
  always @(posedge io_clockA or posedge io_resetA) begin
    if (io_resetA) begin
      regClockA <= 1'h0;
    end else begin
      regClockA <= io_stuff_in;
    end
  end
// Register and memory initialization
`ifdef RANDOMIZE_GARBAGE_ASSIGN
`define RANDOMIZE
`endif
`ifdef RANDOMIZE_INVALID_ASSIGN
`define RANDOMIZE
`endif
`ifdef RANDOMIZE_REG_INIT
`define RANDOMIZE
`endif
`ifdef RANDOMIZE_MEM_INIT
`define RANDOMIZE
`endif
`ifndef RANDOM
`define RANDOM $random
`endif
`ifdef RANDOMIZE_MEM_INIT
  integer initvar;
`endif
`ifndef SYNTHESIS
`ifdef FIRRTL_BEFORE_INITIAL
`FIRRTL_BEFORE_INITIAL
`endif
initial begin
  `ifdef RANDOMIZE
    `ifdef INIT_RANDOM
      `INIT_RANDOM
    `endif
```

```
    `ifndef VERILATOR
      `ifdef RANDOMIZE_DELAY
        #`RANDOMIZE_DELAY begin end
      `else
        #0.002 begin end
      `endif
    `endif
  `ifdef RANDOMIZE_REG_INIT
    _RAND_0 = {1{`RANDOM}};
    regClock = _RAND_0[0:0];
    _RAND_1 = {1{`RANDOM}};
    regClockA = _RAND_1[0:0];
    _RAND_2 = {1{`RANDOM}};
    regClockB = _RAND_2[0:0];
  `endif // RANDOMIZE_REG_INIT
    if (io_resetA) begin
      regClockA = 1'h0;
    end
    `endif // RANDOMIZE
  end // initial
  `ifdef FIRRTL_AFTER_INITIAL
  `FIRRTL_AFTER_INITIAL
  `endif
  `endif // SYNTHESIS
  endmodule
```

从上面的例子中可以得出以下结论。

（1）regClock 在顶层定义，在时钟域 A 中被赋值，然而 Verilog 代码中 regClock 还是跟随隐式的 clock 时钟。一个寄存器只和它定义时所处的时钟域有关，即使在其他时钟域被赋值，它也跟随自己的时钟。

（2）不同的时钟域会生成不同的 always 块，它们的敏感变量不一样，都是自己时钟域的时钟信号。但是不同的复位域不会产生不同的 always 块，因为复位信号属于哪一个 always 块取决于它跟随哪一个时钟信号。如上例中的 io_resetB，它就在 always @(posedge clock)块中。

（3）always 块中使用的时钟信号默认上升沿有效，复位信号默认高电平有效。

（4）时钟域是可以嵌套的，当前的时钟域会覆盖上一层的时钟域。隐式的时钟域属于最顶层的时钟域，在自定义时钟域时，自定义的时钟域就会覆盖顶层隐式的时钟域。同理，还可以在自定义时钟域中再定义子时钟域。

（5）当使用 withClock 时，时序元件只跟随显式提供的时钟信号，复位信号仍然使用默认的；同理使用 withReset 时，时序元件只跟随显式提供的复位信号，时钟信号仍然使用默认的。这里的默认指的不一定是顶层的隐式时钟和复位信号，更准确地说，是上一层时钟域的时钟信号或者复位信号。

（6）还可以在时钟域中例化其他模块，如 ChildModule，该模块默认使用的是自己顶层的隐式时钟。但它也可以像顶层模块 MultiClockTester 一样，定义自己的时钟域，具体使用哪个时钟信号和复位信号就可以由顶层模块显式提供。

7.2.3 复位信号的三种类型

此外，在上例中还使用了 io.resetA.asAsyncReset()，它的作用是将 resetA 转换为异步复位信号。复位信号有三种类型，分别是 Bool、AsyncReset 和 Reset。

Bool 类型的复位信号是同步复位的；AsyncReset 类型的复位信号是异步复位的；Reset 是抽象类型，具体是同步复位还是异步复位，需要根据上下文推断，就是说既可以同步，又可以异步。

具有隐式复位信号的 Module 和 MultiIOModule 的隐式 reset 是抽象的 Reset 类型，并且默认推断为 Bool 类型，也就是同步信号。不过可以在定义模块时通过混入以下特质，覆盖自动推断的模式，将 reset 的类型设置成想要的类型，如下所示。

混入 RequireSyncReset 特质可以将模块的隐式 reset 设置成同步复位信号。

```
class SyncResetModule extends MultiIOModule with RequireSyncReset {
  val SyncResetReg = RegInit(false.B) // reset is of type Bool
}
```

混入 RequireAsyncReset 特质可以将模块的隐式 reset 设置成异步复位信号。

```
class AsyncResetModule extends MultiIOModule with RequireAsyncReset {
  val AsyncResetReg = RegInit(false.B) // reset is of type AsyncReset
}
```

为了方便修改任何复位信号的类型，还可以进行强制类型转换。使用 reset.asBool()可以将复位信号从其他两种类型转换成 Bool 类型，使用 reset.asAsyncReset()可以将复位信号从其他两种类型转换成 AsyncReset 类型。

7.3 使用时钟负沿和低有效的复位信号

默认情况下，声明的时序元件都是以时钟的正沿和高有效的复位信号作为敏感变量的，但是在多时钟域的语法中，其行为是可以改变的。复位信号比较简单，只需要加上取反符号或逻辑非符号。时钟信号稍复杂，需要先用 asUInt 方法把 Clock 类型转换成 UInt 类型，再用 asBool 转换成 Bool 类型，此时可以加上取反符号或逻辑非符号，最后用 asClock 变回 Clock 类型。例如：

```
// NegativeClkRst.scala
package chapter07

import chisel3._
import chisel3.experimental._

class NegativeClkRst extends RawModule {
  val io = IO(new Bundle {
    val in = Input(UInt(4.W))
    val myClk = Input(Clock())
    val myRst = Input(Bool())
```

```
    val out = Output(UInt(4.W))
  })

  withClockAndReset((~io.myClk.asUInt.asBool).asClock, ~io.myRst) {
    val temp = RegInit(0.U(4.W))
    temp := io.in
    io.out := temp
  }
}
```

它生成的 Verilog 为：

```
// NegativeClkRst.v
module NegativeClkRst(
  input  [3:0] io_in,
  input        io_myClk,
  input        io_myRst,
  output [3:0] io_out
);
`ifdef RANDOMIZE_REG_INIT
  reg [31:0] _RAND_0;
`endif // RANDOMIZE_REG_INIT
  wire  _T_3 = ~io_myClk; // @[NegativeClkRst.scala 13:56]
  wire  _T_4 = ~io_myRst; // @[NegativeClkRst.scala 13:60]
  reg [3:0] temp; // @[NegativeClkRst.scala 14:23]
  assign io_out = temp; // @[NegativeClkRst.scala 16:12]
  always @(posedge _T_3) begin
    if (_T_4) begin // @[NegativeClkRst.scala 14:23]
      temp <= 4'h0; // @[NegativeClkRst.scala 14:23]
    end else begin
      temp <= io_in; // @[NegativeClkRst.scala 15:10]
    end
  end
// Register and memory initialization
`ifdef RANDOMIZE_GARBAGE_ASSIGN
`define RANDOMIZE
`endif
`ifdef RANDOMIZE_INVALID_ASSIGN
`define RANDOMIZE
`endif
`ifdef RANDOMIZE_REG_INIT
`define RANDOMIZE
`endif
`ifdef RANDOMIZE_MEM_INIT
`define RANDOMIZE
`endif
```

```
`ifndef RANDOM
`define RANDOM $random
`endif
`ifdef RANDOMIZE_MEM_INIT
  integer initvar;
`endif
`ifndef SYNTHESIS
`ifdef FIRRTL_BEFORE_INITIAL
`FIRRTL_BEFORE_INITIAL
`endif
initial begin
  `ifdef RANDOMIZE
    `ifdef INIT_RANDOM
      `INIT_RANDOM
    `endif
    `ifndef VERILATOR
      `ifdef RANDOMIZE_DELAY
        #`RANDOMIZE_DELAY begin end
      `else
        #0.002 begin end
      `endif
    `endif
`ifdef RANDOMIZE_REG_INIT
  _RAND_0 = {1{`RANDOM}};
  temp = _RAND_0[3:0];
`endif // RANDOMIZE_REG_INIT
  `endif // RANDOMIZE
end // initial
`ifdef FIRRTL_AFTER_INITIAL
`FIRRTL_AFTER_INITIAL
`endif
`endif // SYNTHESIS
endmodule
```

7.4　示例：异步 FIFO

在跨时钟域设计中，经常需要使用异步 FIFO 来同步不同时钟域的数据传输。下面是编写的一个异步 FIFO 的例子，数据位宽和深度都是参数化的。

读/写地址指针的跨时钟域交互采用格雷码和两级寄存器采样，以便改善亚稳态。采用格雷码后，在判断读空时，需要读时钟域的格雷码和被同步到读时钟域的写指针的每一位完全相同；在判断写满时，需要写时钟域的格雷码和被同步到写时钟域的读指针的高两位不相同，其余各位完全相同。其电路示意图如图 7-1 所示。

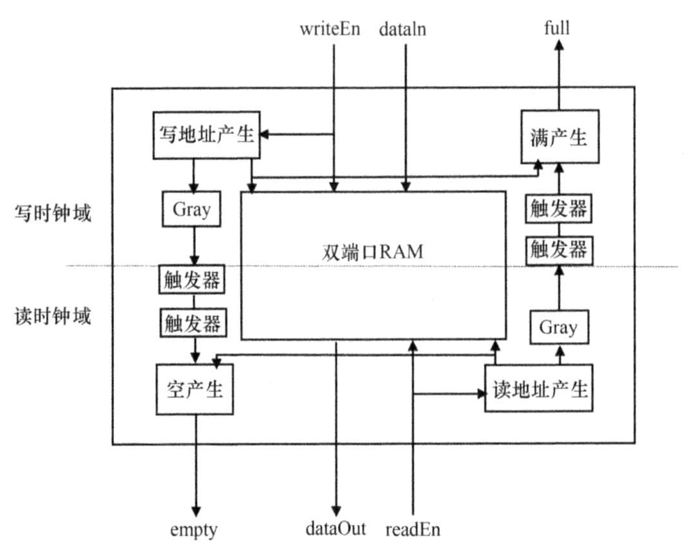

图 7-1 异步 FIFO 电路示意图

该模块通过 Vivado 2018.3 综合后，可以得到以 BRAM 为存储器的 FIFO。

```
// FIFO.scala
package chapter07

import chisel3._
import chisel3.util._
import chisel3.stage.ChiselGeneratorAnnotation

class FIFO(width: Int, depth: Int) extends RawModule {
  val io = IO(new Bundle {
    // 写端口
    val dataIn = Input(UInt(width.W))
    val writeEn = Input(Bool())
    val writeClk = Input(Clock())
    val full = Output(Bool())
    // 读端口
    val dataOut = Output(UInt(width.W))
    val readEn = Input(Bool())
    val readClk = Input(Clock())
    val empty = Output(Bool())
    // 复位
    val systemRst = Input(Bool())
  })
  val ram = SyncReadMem(1 << depth, UInt(width.W))   // 2^depth
  val writeToReadPtr = Wire(UInt((depth + 1).W))  // to read clock domain
  val readToWritePtr = Wire(UInt((depth + 1).W))  // to write clock domain
  // 写时钟域
  withClockAndReset(io.writeClk, io.systemRst) {
```

```
    val binaryWritePtr = RegInit(0.U((depth + 1).W))
    val binaryWritePtrNext = Wire(UInt((depth + 1).W))
    val grayWritePtr = RegInit(0.U((depth + 1).W))
    val grayWritePtrNext = Wire(UInt((depth + 1).W))
    val isFull = RegInit(false.B)
    val fullValue = Wire(Bool())
    val grayReadPtrDelay0 = RegNext(readToWritePtr)
    val grayReadPtrDelay1 = RegNext(grayReadPtrDelay0)
    binaryWritePtrNext := binaryWritePtr + (io.writeEn && !isFull).asUInt
    binaryWritePtr := binaryWritePtrNext
    //二进制转换格雷码
    grayWritePtrNext := (binaryWritePtrNext >> 1) ^ binaryWritePtrNext
    grayWritePtr := grayWritePtrNext
    writeToReadPtr := grayWritePtr
    //写满判断
    fullValue := (grayWritePtrNext === Cat(~grayReadPtrDelay1(depth, depth -
1), grayReadPtrDelay1(depth - 2, 0)))
    isFull := fullValue
    when(io.writeEn && !isFull) {
      ram.write(binaryWritePtr(depth - 1, 0), io.dataIn)
    }
    io.full := isFull
  }
    // 读时钟域
  withClockAndReset(io.readClk, io.systemRst) {
    val binaryReadPtr = RegInit(0.U((depth + 1).W))
    val binaryReadPtrNext = Wire(UInt((depth + 1).W))
    val grayReadPtr = RegInit(0.U((depth + 1).W))
    val grayReadPtrNext = Wire(UInt((depth + 1).W))
    val isEmpty = RegInit(true.B)
    val emptyValue = Wire(Bool())
    val grayWritePtrDelay0 = RegNext(writeToReadPtr)
    val grayWritePtrDelay1 = RegNext(grayWritePtrDelay0)
    binaryReadPtrNext := binaryReadPtr + (io.readEn && !isEmpty).asUInt
    binaryReadPtr := binaryReadPtrNext
    //二进制转换格雷码
    grayReadPtrNext := (binaryReadPtrNext >> 1) ^ binaryReadPtrNext
    grayReadPtr := grayReadPtrNext
    readToWritePtr := grayReadPtr
    //空判断
    emptyValue := (grayReadPtrNext === grayWritePtrDelay1)
    isEmpty := emptyValue
    io.dataOut := ram.read(binaryReadPtr(depth - 1, 0), io.readEn && !isEmpty)
    io.empty := isEmpty
```

```
    }
  }
  object FIFOGen extends App {
    new (chisel3.stage.ChiselStage).execute(Array("--target-dir", "./generated/
chapter07/ FIFOGen "),
      Seq(ChiselGeneratorAnnotation(() => new FIFO (args(0).toInt, args(1).
toInt))))
  }
```

7.5 总结

本章介绍了如何用 Chisel 设计多时钟域电路，重点是学会 apply 方法的使用，以及对第二个参数列表的理解。要注意独立时钟域中只有最后的表达式能被作为返回值给变量引用，并被外部访问，其他定义都是对外不可见的。此外还介绍了复位信号的三种类型及三者之间的转换，这将有助于我们更灵活地使用同步复位逻辑或异步复位逻辑。

7.6 参考文献

[1] Chips Alliance. Chisel 3: A Modern Hardware Design Language[CP/OL].[2020-10-02]. https://github.com/chipsalliance/chisel3/blob/master/docs/src/explanations/multi-clock.md.

7.7 课后练习

1．简述什么是多时钟域设计。
2．Verilog 是如何实现多时钟域设计的？
3．如何定义一个没有隐式的全局时钟与同步复位信号的模块？
4．如何定义一个时钟域和复位域？
5．简述复位信号的三种类型。
6．如何使用时钟负沿和低有效的复位信号？

第 8 章　函数的应用

函数是编程语言的常用语法。对于 Chisel，函数的使用更加方便，也能节省更多代码量。不管是使用用户自己写的函数、Chisel 语言库中的函数，还是 Scala 标准库中的函数，都能帮助用户缩短构建电路的时间。

8.1　用函数抽象组合逻辑

在 Chisel 中，对于频繁使用的组合逻辑电路，可以定义成 Scala 的函数形式，然后通过函数调用的方式来使用它。这些函数既可以定义在某个单例对象中，供多个模块重复使用，又可以直接定义在电路模块中。例如：

```
// Function.scala
package chapter08

import chisel3._
import chisel3.stage.ChiselGeneratorAnnotation

class UseFunc extends Module {
  val io = IO(new Bundle {
    val in = Input(UInt(4.W))
    val out1 = Output(Bool())
    val out2 = Output(Bool())
  })
  def clb(a: UInt, b: UInt, c: UInt, d: UInt): UInt =
    (a & b) | (~c & d)//直接在电路模块中定义函数
  io.out1 := clb(io.in(0), io.in(1), io.in(2), io.in(3))
  io.out2 := and(and(io.in(0), io.in(1)),and(io.in(2), io.in(3)))
}

object and {
  def apply(a:UInt,b:UInt): UInt = a & b//将函数定义在单例对象中
}

object UseFuncGen extends App {
  new (chisel3.stage.ChiselStage).execute(Array("--target-dir",
"./generated/chapter08/UseFuncGen"),
    Seq(ChiselGeneratorAnnotation(() => new UseFunc)))
}
```

生成的 Verilog 代码如下：

```
//UseFunc.v
module UseFunc(
  input        clock,
  input        reset,
  input  [3:0] io_in,
  output       io_out1,
  output       io_out2
);
  wire  _io_out1_T_4 = io_in[0] & io_in[1]; // @[Function.scala 13:8]
  assign io_out1 = io_in[0] & io_in[1] | ~io_in[2] & io_in[3]; // @[Function.
scala 13:13]
  assign io_out2 = _io_out1_T_4 & (io_in[2] & io_in[3]); // @[Function.scala
19:38]
endmodule
```

可见生成 Verilog 代码的时候并没有生成 Verilog 函数，而是直接把函数内容写出来了，并没有保证 Verilog 代码的简洁性，而且会生成许多中间信号名，关于如何更好地命名以提高 Verilog 代码可读性，可详见第 9 章。

8.2　用工厂方法简化模块的例化

在 Scala 中，往往在类的伴生对象中定义一个工厂方法，来简化类的实例化。同样，Chisel 的模块也是 Scala 的类，也可以在其伴生对象中定义工厂方法来简化例化、连线模块。例如，用双输入多路选择器构建四输入多路选择器（以下代码引自 Chisel 3 的官方文档[1]）：

```
// Mux4.scala
package chapter08

import chisel3._
import chisel3.stage.ChiselGeneratorAnnotation

class Mux2 extends Module {
  val io = IO(new Bundle {
    val sel = Input(UInt(1.W))
    val in0 = Input(UInt(1.W))
    val in1 = Input(UInt(1.W))
    val out = Output(UInt(1.W))
  })
  io.out := (io.sel & io.in1) | (~io.sel & io.in0)
}
object Mux2 {
//在伴生对象中定义工厂方法
  def apply(sel: UInt, in0: UInt, in1: UInt) = {
    val m = Module(new Mux2)
    m.io.in0 := in0
```

```
    m.io.in1 := in1
    m.io.sel := sel
    m.io.out
  }
}
class Mux4 extends Module {
  val io = IO(new Bundle {
    val sel = Input(UInt(2.W))
    val in0 = Input(UInt(1.W))
    val in1 = Input(UInt(1.W))
    val in2 = Input(UInt(1.W))
    val in3 = Input(UInt(1.W))
    val out = Output(UInt(1.W))
  })
  io.out := Mux2(io.sel(1),
    Mux2(io.sel(0), io.in0, io.in1),
    Mux2(io.sel(0), io.in2, io.in3))
//直接调用工厂方法例化模块
}

object Mux4Gen extends App {
  new (chisel3.stage.ChiselStage).execute(Array("--target-dir", "./generated/
chapter08/Mux4Gen"),
    Seq(ChiselGeneratorAnnotation(() => new Mux4)))
}
```

生成的 Verilog 代码如下，格式是先定义子模块 Mux2，然后在 Mux4 中例化 3 个 Mux2 完成一系列连线，由于中间信号名较多，因此可读性很差。

```
//Mux4.v
module Mux2(
  input  io_sel,
  input  io_in0,
  input  io_in1,
  output io_out
);
  assign io_out = io_sel & io_in1 | ~io_sel & io_in0; // @[Mux4.scala 13:31]
endmodule
module Mux4(
  input        clock,
  input        reset,
  input  [1:0] io_sel,
  input        io_in0,
  input        io_in1,
  input        io_in2,
  input        io_in3,
```

```
  output      io_out
);
  wire  io_out_m_io_sel; // @[Mux4.scala 17:19]
  wire  io_out_m_io_in0; // @[Mux4.scala 17:19]
  wire  io_out_m_io_in1; // @[Mux4.scala 17:19]
  wire  io_out_m_io_out; // @[Mux4.scala 17:19]
  wire  io_out_m_1_io_sel; // @[Mux4.scala 17:19]
  wire  io_out_m_1_io_in0; // @[Mux4.scala 17:19]
  wire  io_out_m_1_io_in1; // @[Mux4.scala 17:19]
  wire  io_out_m_1_io_out; // @[Mux4.scala 17:19]
  wire  io_out_m_2_io_sel; // @[Mux4.scala 17:19]
  wire  io_out_m_2_io_in0; // @[Mux4.scala 17:19]
  wire  io_out_m_2_io_in1; // @[Mux4.scala 17:19]
  wire  io_out_m_2_io_out; // @[Mux4.scala 17:19]
  Mux2 io_out_m ( // @[Mux4.scala 17:19]
    .io_sel(io_out_m_io_sel),
    .io_in0(io_out_m_io_in0),
    .io_in1(io_out_m_io_in1),
    .io_out(io_out_m_io_out)
  );
  Mux2 io_out_m_1 ( // @[Mux4.scala 17:19]
    .io_sel(io_out_m_1_io_sel),
    .io_in0(io_out_m_1_io_in0),
    .io_in1(io_out_m_1_io_in1),
    .io_out(io_out_m_1_io_out)
  );
  Mux2 io_out_m_2 ( // @[Mux4.scala 17:19]
    .io_sel(io_out_m_2_io_sel),
    .io_in0(io_out_m_2_io_in0),
    .io_in1(io_out_m_2_io_in1),
    .io_out(io_out_m_2_io_out)
  );
  assign io_out = io_out_m_2_io_out; // @[Mux4.scala 33:10]
  assign io_out_m_io_sel = io_sel[0]; // @[Mux4.scala 34:16]
  assign io_out_m_io_in0 = io_in0; // @[Mux4.scala 18:14]
  assign io_out_m_io_in1 = io_in1; // @[Mux4.scala 19:14]
  assign io_out_m_1_io_sel = io_sel[0]; // @[Mux4.scala 35:16]
  assign io_out_m_1_io_in0 = io_in2; // @[Mux4.scala 18:14]
  assign io_out_m_1_io_in1 = io_in3; // @[Mux4.scala 19:14]
  assign io_out_m_2_io_sel = io_sel[1]; // @[Mux4.scala 33:24]
  assign io_out_m_2_io_in0 = io_out_m_io_out; // @[Mux4.scala 18:14]
  assign io_out_m_2_io_in1 = io_out_m_1_io_out; // @[Mux4.scala 19:14]
endmodule
```

8.3　用 Scala 的函数简化代码

只要能通过 Firrtl 编译器的检查，Scala 的函数就能在 Chisel 中使用。比如在生成长的序列时，利用 Scala 的函数就能减少大量的代码。假设要构建一个 n-2^n 译码器，在 Verilog 中需要写 2^n 条 case 语句，当 n 很大时就会使代码显得冗长而枯燥。利用 Scala 的 for、yield 组合可以产生相应的判断条件与输出结果的序列，再用 zip 函数将两个序列组成一个对偶序列，再把对偶序列作为 MuxCase 的参数，就能用几行代码构造出任意位数的译码器。例如：

```
// Decoder.scala
package chapter08

import chisel3._
import chisel3.util._
import chisel3.experimental._
import chisel3.stage.ChiselGeneratorAnnotation

class Decoder(n: Int) extends RawModule {
  val io = IO(new Bundle {
    val sel = Input(UInt(n.W))
    val out = Output(UInt((1 << n).W))
  })

  val x = for(i <- 0 until (1 << n)) yield io.sel === i.U
  val y = for(i <- 0 until (1 << n)) yield 1.U << i
  io.out := MuxCase(0.U, x zip y)
}

object DecoderGen extends App {
  new          (chisel3.stage.ChiselStage).execute(Array("--target-dir",
"./generated/chapter08/DecoderGen"),
    Seq(ChiselGeneratorAnnotation(() => new Decoder(3))))
}
```

只需要输入参数 n，就能立即生成对应的 n 位译码器，生成 3 位译码器的 Verilog 代码如下：

```
module Decoder(
  input  [2:0] io_sel,
  output [7:0] io_out
);
  wire  x_0 = io_sel == 3'h0; // @[Decoder.scala 14:51]
  wire  x_1 = io_sel == 3'h1; // @[Decoder.scala 14:51]
  wire  x_2 = io_sel == 3'h2; // @[Decoder.scala 14:51]
  wire  x_3 = io_sel == 3'h3; // @[Decoder.scala 14:51]
  wire  x_4 = io_sel == 3'h4; // @[Decoder.scala 14:51]
  wire  x_5 = io_sel == 3'h5; // @[Decoder.scala 14:51]
```

```
  wire  x_6 = io_sel == 3'h6; // @[Decoder.scala 14:51]
  wire  x_7 = io_sel == 3'h7; // @[Decoder.scala 14:51]
  wire [7:0] _io_out_T = x_7 ? 8'h80 : 8'h0; // @[Mux.scala 98:16]
  wire [7:0] _io_out_T_1 = x_6 ? 8'h40 : _io_out_T; // @[Mux.scala 98:16]
  wire [7:0] _io_out_T_2 = x_5 ? 8'h20 : _io_out_T_1; // @[Mux.scala 98:16]
  wire [7:0] _io_out_T_3 = x_4 ? 8'h10 : _io_out_T_2; // @[Mux.scala 98:16]
  wire [7:0] _io_out_T_4 = x_3 ? 8'h8 : _io_out_T_3; // @[Mux.scala 98:16]
  wire [7:0] _io_out_T_5 = x_2 ? 8'h4 : _io_out_T_4; // @[Mux.scala 98:16]
  wire [7:0] _io_out_T_6 = x_1 ? 8'h2 : _io_out_T_5; // @[Mux.scala 98:16]
  assign io_out = x_0 ? 8'h1 : _io_out_T_6; // @[Mux.scala 98:16]
endmodule
```

8.4 Chisel 的打印函数

Chisel 提供了一个 printf 函数来打印信息，用于电路调试。它有 Scala 和 C 两种风格。每个时钟周期都会在屏幕上显示一次，在 when 语句块中只有条件成立时才运行。隐式的全局复位信号也不会触发。

printf 函数只能在 Chisel 的模块中使用，并且只在运行测试时才有效，其会转换成 Verilog 的系统函数“$fwrite”，包含在宏定义块“`ifndef SYNTHESIS...`endif”中。通过 Verilog 的宏定义，可以取消这部分不可综合的代码。使用 printf 函数还必须要有时钟和复位信号，因为在其生成的 Verilog 代码中，“$fwrite”函数是受时钟和复位信号控制的。因此如果使用了 RawModule，那么需要自定义时钟和复位域。

由于后导入的 chisel3 包覆盖了 Scala 的标准包，因此 Scala 中的 printf 函数要写成“Predef.printf”的完整路径形式。Scala 的打印函数如果写在 Module 中，那么只在 Elaborating design 阶段有效，并且无论是测试还是生成 verilog 时都有效，因为它们都有 Elaborating design 阶段。

8.4.1 Scala 风格

该风格类似于 Scala 的字符串插值器。Chisel 自定义了一个 p 插值器，该插值器可以对字符串内的一些自定义表达式进行求值、将 Chisel 类型转换成字符串类型等（8.4 节例子均引自 Chisel 3 官方文档[2]）。

1. 简单格式

```
val myUInt = 33.U
// 显示 Chisel 自定义的类型的数据
printf(p"myUInt = $myUInt") // myUInt = 33
// 显示成十六进制数
printf(p"myUInt = 0x${Hexadecimal(myUInt)}") // myUInt = 0x21
// 显示成二进制数
printf(p"myUInt = ${Binary(myUInt)}") // myUInt = 100001
// 显示成字符(ASCII 码)
```

```
printf(p"myUInt = ${Character(myUInt)}") // myUInt = !
```

2. 聚合数据类型[2]

```
val myVec = Vec(5.U, 10.U, 13.U)
printf(p"myVec = $myVec") // myVec = Vec(5, 10, 13)

val myBundle = Wire(new Bundle {
  val foo = UInt()
  val bar = UInt()
})
myBundle.a := 3.U
myBundle.b := 11.U
printf(p"myBundle = $myBundle") // myBundle = Bundle(a -> 3, b -> 11)
```

3. 自定义打印信息

对于自定义的 Bundle 类型，可以重写 toPrintable 方法来定制打印内容。在自定义的 Bundle 配合其他硬件类型（如 Wire）构成具体的硬件并且被赋值后，可以用 p 插值器来求值该硬件，此时就会调用重写的 toPrintable 方法。例如[2]：

```
class Message extends Bundle {
  val valid = Bool()
  val addr = UInt(32.W)
  val length = UInt(4.W)
  val data = UInt(64.W)

  override def toPrintable: Printable = {
    val char = Mux(valid, 'v'.U, '-'.U)
    p"Message:\n" +
      p"  valid  : ${Character(char)}\n" +
      p"  addr   : 0x${Hexadecimal(addr)}\n" +
      p"  length : $length\n" +
      p"  data   : 0x${Hexadecimal(data)}\n"
  }
}

val myMessage = Wire(new Message)
myMessage.valid := true.B
myMessage.addr := "h1234".U
myMessage.length := 10.U
myMessage.data := "hdeadbeef".U

printf(p"$myMessage")
```

注意，重写的 toPrintable 方法的返回类型固定是 Printable，这是因为 p 插值器的返回类型就是 Printable，并且 Printable 类中定义了一个方法“+”用于将多个字符串拼接起来。在最后一个语句中，p 插值器会求值 myMessage，这就会调用 Message 类的 toPrintable 方法。因此，最终的打印信息如下[2]：

```
Message:
    valid  : v
    addr   : 0x00001234
    length : 10
    data   : 0x00000000deadbeef
```

8.4.2 C 风格

Chisel 的 printf 函数也支持 C 语言的部分格式控制符和转义字符，如表 8-1 所示，与 C 语言中的用法类似，如下所示[2]：

```
val myUInt = 32.U
printf("myUInt = %d", myUInt) // myUInt = 32
```

表 8-1 Chisel 支持的格式控制符和转义字符

格式控制符	含　义	转 义 字 符	含　义
%d	十进制数	\n	换行
%x	十六进制数	\t	制表符
%b	二进制数	\"	双引号
%c	8 位 ASCII 字符	\'	单引号
%%	百分号	\\	斜杠

8.5 使用打印函数实例

使用打印函数测试第 5 章中的 n 位加法器，首先在电路设计中插入 printf 函数：

```
//NbitsAdder.scala
package chapter08

import chisel3._

class NBitsAdder(n: Int) extends Module {
  val io = IO(new Bundle {
    val a = Input(UInt(n.W))
    val b = Input(UInt(n.W))
    val s = Output(UInt(n.W))
    val cout = Output(UInt(1.W))
  })
//插入 printf 函数
  printf(p"Chisel printf: num1 = ${io.a}\n")
  printf(p"Chisel printf: num2 = ${io.b}\n")
  printf("Chisel printf C style %n = %d\n", io.s, io.s)
  printf(p"Chisel printf: cout = ${Binary(io.cout)}\n")
```

```
  io.s := (io.a +& io.b)(n-1, 0)
  io.cout := (io.a +& io.b)(n)
}
```

编写 chisel-iotesters 测试：

```
//NbitsAdderTest
package chapter08

import scala.util._
import chisel3.iotesters._

class NBitsAdderTest(c: NBitsAdder) extends PeekPokeTester(c) {
  val randNum = new Random
  for(i <- 0 until 3) {
    val a = randNum.nextInt(256)
    val b = randNum.nextInt(256)
    poke(c.io.a, a)
    poke(c.io.b, b)
    step(1)
    expect(c.io.s, (a + b) & 0xff)
    expect(c.io.cout, ((a + b) & 0x100) >> 8)
  }
}

object NBitsAdderTestMain extends App {
  chisel3.iotesters.Driver.execute(Array("--target-dir",
"./generated/chapter08/NBitsAdderTest"),() => new NBitsAdder(8))(c => new
NBitsAdderTest(c))
}
```

运行 NBitsAdderTestMain 终端会打印出：

```
Elaborating design...
Done elaborating.
[info] [0.001] SEED 1626860037542
Chisel printf: num1 =  198
Chisel printf: num2 =   77
Chisel printf C style s =   19
Chisel printf: cout = 1
Chisel printf: num1 =  252
Chisel printf: num2 =  206
Chisel printf C style s =  202
Chisel printf: cout = 1
Chisel printf: num1 =   87
Chisel printf: num2 =   18
Chisel printf C style s =  105
Chisel printf: cout = 0
```

```
test NBitsAdder Success: 6 tests passed in 8 cycles in 0.016700 seconds 479.04 Hz
[info] [0.005] RAN 3 CYCLES PASSED
```

编写 chiseltest 测试：

```
// NbitsAdderChiselTest.scala
package chapter08

import chisel3._
import chiseltest._
import org.scalatest._

import scala.util._

class NBitsAdderChiselTest extends FlatSpec with ChiselScalatestTester with
Matchers {
  behavior of "NBitsAdder"
  // test class body here
  it should "Add two numbers and print num1 num2 sum" in {
    // test case body here
    test(new NBitsAdder(8)) { c =>
      // test body here
      Predef.printf("Scala printf\n")
      val randNum = new Random
      for(i <- 0 until 3) {
        val a = randNum.nextInt(256)
        val b = randNum.nextInt(256)
        c.io.a.poke(a.U)
        c.io.b.poke(b.U)
        c.clock.step(1)
        c.io.s.expect(((a + b) & 0xff).U)
        c.io.cout.expect((((a + b) & 0x100) >> 8).U)
      }
    }
  }
}
```

运行后终端会显示：

```
Elaborating design...
Done elaborating.
Scala printf
Chisel printf: num1 =  153
Chisel printf: num2 =  224
Chisel printf C style s =  121
Chisel printf: cout = 1
Chisel printf: num1 =    4
Chisel printf: num2 =  201
```

```
Chisel printf C style s =  205
Chisel printf: cout = 0
Chisel printf: num1 =  116
Chisel printf: num2 =    6
Chisel printf C style s =  122
Chisel printf: cout = 0
Chisel printf: num1 =    0
Chisel printf: num2 =    0
Chisel printf C style s =    0
Chisel printf: cout = 0
test NBitsAdder Success: 0 tests passed in 5 cycles in 0.034147 seconds 146.42 Hz
```

8.6　Chisel 的对数函数

在二进制数的运算中，求以 2 为底的对数是常用的运算。chisel3.util 包中有一个单例对象 Log2，它的一个 apply 方法接收一个 Bits 类型的参数，计算并返回该参数值以 2 为底的幂次。返回类型是 UInt 类型，并且是向下截断的。另一个 apply 的重载版本可以接收第二个 Int 类型的参数，用于指定返回结果的位宽。例如（以下例子引自 Chisel 3 官方代码[3]）：

```
Log2(8.U)  // 等于 3.U
Log2(13.U)  // 等于 3.U(向下截断)
Log2(myUIntWire)  // 动态求值
```

chisel3.util 包中还有 4 个单例对象：log2Ceil、log2Floor、log2Up 和 log2Down，它们的 apply 方法的参数都是 Int 和 BigInt 类型，返回结果都是 Int 类型。log2Ceil 把结果向上舍入，log2Floor 则向下舍入。log2Up 和 log2Down 不仅分别把结果向上、向下舍入，而且结果最小为 1。

单例对象 isPow2 的 apply 方法接收 Int 和 BigInt 类型的参数，判断该整数是不是 2 的 n 次幂，返回 Boolean 类型的结果。

8.7　与硬件相关的函数

1. 位旋转

chisel3.util 包中还有一些常用的操作硬件的函数，比如单例对象 Reverse 的 apply 方法可以把一个 UInt 类型的对象进行旋转，返回一个对应的 UInt 值。在转换成 Verilog 时，通过拼接完成组合逻辑。例如（以下例子引自 Chisel 3 官方代码[4]）：

```
Reverse("b1101".U)  // 等于"b1011".U
Reverse("b1101".U(8.W))  // 等于"b10110000".U
Reverse(myUIntWire)  // 动态旋转
```

2. 位拼接

单例对象 Cat 有两个 apply 方法，分别接收一个 Bits 类型的序列和 Bits 类型的重复参数，将它们拼接成一个 UInt 数，前面的参数在高位。例如（以下例子引自 Chisel 3 官方代码[5]）：

```
Cat("b101".U, "b11".U)  // 等于"b10111".U
```

```
Cat(myUIntWire0, myUIntWire1)  // 动态拼接
Cat(Seq("b101".U, "b11".U))  // 等于"b10111".U
Cat(mySeqOfBits)  // 动态拼接
```

3. “1”计数器

单例对象 PopCount 有两个 apply 方法，分别接收一个 Bits 类型的参数和 Bool 类型的序列，计算参数中“1”或“true.B”的个数，返回对应的 UInt 值。例如[4]：

```
PopCount(Seq(true.B, false.B, true.B, true.B))  // 等于 3.U
PopCount(Seq(false.B, false.B, true.B, false.B))  // 等于 1.U
PopCount("b1011".U)  // 等于 3.U
PopCount("b0010".U)  // 等于 1.U
PopCount(myUIntWire)  // 动态计数
```

4. 独热码转换器

单例对象 OHToUInt 的 apply 方法可以接收一个 Bits 类型或 Bool 序列类型的独热码参数，计算独热码中的“1”在第几位（从 0 开始），返回对应的 UInt 值。如果不是独热码，则行为不确定。例如：

```
OHToUInt("b1000".U)  // 等于 3.U
OHToUInt("b1000_0000".U)  // 等于 7.U
```

还有一个行为相反的单例对象 UIntToOH，它的 apply 方法是根据输入的 UInt 类型参数，返回对应位置的独热码，独热码也是 UInt 类型。例如：

```
UIntToOH(3.U)  // 等于"b1000".U
UIntToOH(7.U)  // 等于"b1000_0000".U
```

5. 无关位

Verilog 中可以用问号表示无关位，那么用 case 语句进行比较时就不会关心这些位。Chisel 中有对应的 BitPat 类，可以指定无关位。在其伴生对象中，一个 apply 方法可以接收一个字符串来构造 BitPat 对象，字符串中用问号表示无关位。例如（以下例子引自 Chisel 3 官方代码[6]）：

```
"b10101".U === BitPat("b101??") // 等于 true.B
"b10111".U === BitPat("b101??") // 等于 true.B
"b10001".U === BitPat("b101??") // 等于 false.B
```

另一个 apply 方法则用 UInt 类型的参数来构造 BitPat 对象，UInt 参数必须是字面量。这允许把 UInt 类型用在期望 BitPat 的地方，当用 BitPat 定义接口又并非所有情况要用到无关位时，该方法就很有用。

另外，bitPatToUInt 方法可以把一个 BitPat 对象转换成 UInt 对象，但是 BitPat 对象不能包含无关位。

dontCare 方法接收一个 Int 类型的参数，构造等值位宽的全部无关位。例如：

```
val myDontCare = BitPat.dontCare(4)  // 等于 BitPat("b????")
```

6. 查找表

BitPat 通常配合两种查找表使用。

第一种是单例对象 Lookup，其 apply 方法定义为：

```
def apply[T <: Bits](addr: UInt, default: T, mapping: Seq[(BitPat, T)]): T
```

参数 addr 会与每个 BitPat 都进行比较，如果相等，则返回对应的值，否则返回 default（以下例子引自 Chisel 3 官方代码[7]）。

```
Lookup(2.U, // address for comparison
      10.U, // default
 Array(BitPat(2.U) -> 20.U,
            BitPat(3.U) -> 30.U)
) //返回20.U
```

第二种是单例对象 ListLookup，它的 apply 方法与上面的类似，区别在于返回结果是一个 T 类型的列表[7]：

```
defapply[T <: Data](addr: UInt, default: List[T], mapping: Array[(BitPat, List[T])]): List[T]
ListLookup(2.U,  // address for comparison
          List(10.U, 11.U, 12.U),   // default
          Array(BitPat(2.U) -> List(20.U, 21.U, 22.U),
               BitPat(3.U) -> List(30.U, 31.U, 32.U))
) // 返回 List(20.U, 21.U, 22.U)
```

这两种查找表的常用场景是构造 CPU 的控制器，因为 CPU 指令中有很多无关位，所以根据输入的指令（即 addr）与预先定义好的带无关位的指令进行匹配，就能得到相应的控制信号。

7. 数据重复和位重复

单例对象 Fill 是对输入的数据进行重复，它的 apply 方法是：

```
def apply(n: Int, x: UInt): UInt
```

第一个参数是重复次数，第二个是被重复的数据，返回的是 UInt 类型的数据，如下所示[4]：

```
Fill(2, "b1000".U)   // 等于 "b1000 1000".U
Fill(2, "b1001".U)   // 等于 "b1001 1001".U
Fill(2, myUIntWire) // 动态重复
```

还有一个单例对象 FillInterleaved，它对输入数据的每一位都进行重复，它有两个 apply 方法。

第一个是：

```
def apply(n: Int, in: Seq[Bool]): UInt
```

n 表示位重复的次数，in 是被重复的数据，它是由 Bool 类型元素组成的序列，返回的是 UInt 类型的数据，如下所示[4]：

```
FillInterleaved(2, Seq(true.B, false.B, false.B, false.B))  // 等于 "b11 00 00 00".U
FillInterleaved(2, Seq(true.B, false.B, false.B, true.B))  // 等于 "b11 00 00 11".U
```

第二个是[4]：

```
def apply(n: Int, in: Seq[Bool]): UInt
```

n 表示位重复的次数，in 是被重复的 UInt 类型的数据，返回的是 UInt 类型的数据，如下所示：

```
FillInterleaved(2, "b1 0 0 0".U)  // 等于 "b11 00 00 00".U
FillInterleaved(2, "b1 0 0 1".U)  // 等于 "b11 00 00 11".U
FillInterleaved(2, myUIntWire)    // 动态位重复
```

8.8 隐式类的应用

可以通过一些隐式类来定义隐式转换，例如，给 Bits 类增加方法“Abs”。实际上 Bits 类并不存在方法“Abs”，但是隐式转换把 Bits 对象转换成一个 AbsBits 类的对象，转换后的对象有一个 Abs 的方法通过 Mux(in.head(1).asBool、(~in).asUInt + 1.U、in.asUInt())返回 Bits 类的绝对值，因为 Uint 和 Sint 都是 Bits 的子类，所以入参可以是 Uint 或 Sint。例如：

```
//Abs.scala
package chapter08

import chisel3._
//在单例对象中构造隐式类
object myAbs {
  implicit class AbsBits[T <: Bits](in: T) {
  def Abs = {
    Mux(in.head(1).asBool, (~in).asUInt + 1.U, in.asUInt())
   }
 }
}

class BitsAbs(n: Int) extends Module {
  val io = IO(new Bundle {
    val in = Input(SInt(n.W))
    val out = Output(UInt(n.W))
    val in2 = Input(UInt(n.W))
    val out2 = Output(UInt(n.W))
  })
  import myAbs._
  io.out := io.in.Abs
  io.out2 := io.in2.Abs
  printf(p"Chisel printf: in = ${io.in} out = ${io.out} in2 = ${io.in2} out2
= ${io.out2}\n")
}
```

编写测试代码：

```
//AbsTest.scala
package chapter08

import chisel3._
import chiseltest._
import org.scalatest._

import scala.util._

class AbsTest extends FlatSpec with ChiselScalatestTester with Matchers {
```

```
  behavior of "BitsAbs"
  it should "Return the absolute value of a UInt or SInt" in {
    test(new BitsAbs(8)) { c =>
      val randNum = new Random
      for(i <- 0 until 3) {
        val a = randNum.nextInt(256)-128
        val b = randNum.nextInt(128)
        c.io.in.poke(a.S)
        c.io.in2.poke(b.U)
        c.clock.step(1)
        c.io.out.expect(a.abs.U)
        c.io.out2.expect(b.abs.U)
      }
    }
  }
}
```

注意如果输入是 UInt 类型，最高位也会被当作符号位处理，所以 b 的范围选择的是 0～127，运行测试得到如下输出：

```
Elaborating design...
Done elaborating.
Chisel printf: in =  -69 out =   69 in2 =   46 out2 =   46
Chisel printf: in = -127 out =  127 in2 =   26 out2 =   26
Chisel printf: in =   78 out =   78 in2 =   74 out2 =   74
Chisel printf: in =    0 out =    0 in2 =    0 out2 =    0
test BitsAbs Success: 0 tests passed in 5 cycles in 0.032779 seconds 152.54 Hz
```

8.9 递归函数的应用

Chisel 提倡使用递归函数进行电路设计，下面通过递归函数实现对信号进行 n 周期延时，并通过隐式转换，利用信号名.delay(n)得到延迟之后的信号，代码如下：

```
//Delay.scala
package chapter08

import chisel3._
import chisel3.stage.ChiselGeneratorAnnotation
//在 MyUtil 中定义两个隐式类
object MyUtil {
  implicit class DelayBits[T <: Bits](in: T) {
    def delay(n: Int): T = {
      assert(n > 0,"delay clock must > 0")
      if (n==1) RegNext(in)
      else RegNext(delay(n-1))
    }
  }
```

```
  implicit class AbsBits[T <: Bits](in: T) {
    def Abs: UInt = {
      Mux(in.head(1).asBool, (~in).asUInt + 1.U, in.asUInt())
    }
  }
}

class BitsDelay(n: Int) extends Module {
  val io = IO(new Bundle {
    val in = Input(UInt(n.W))
    val out = Output(UInt(n.W))
    val in2 = Input(SInt(n.W))
    val out2 = Output(SInt(n.W))
    val out3 = Output(UInt(n.W))
  })
  import chapter08.MyUtil._
  io.out := io.in.delay(1)
  io.out2 := io.in2.delay(2)
  io.out3 := io.in2.Abs
}

object BitsDelayGen extends App {
  new        (chisel3.stage.ChiselStage).execute(Array("--target-dir",
"./generated/chapter08/BitsDelayGen"),
    Seq(ChiselGeneratorAnnotation(() => new BitsDelay(8))))
}
```

生成的 Verilog 代码如下：

```
// BitsDelay.v
module BitsDelay(
  input        clock,
  input        reset,
  input  [7:0] io_in,
  output [7:0] io_out,
  input  [7:0] io_in2,
  output [7:0] io_out2,
  output [7:0] io_out3
);
  reg [7:0] io_out_REG; // @[Delay.scala 10:24]
  reg [7:0] io_out2_REG; // @[Delay.scala 10:24]
  reg [7:0] io_out2_REG_1; // @[Delay.scala 11:19]
  wire [7:0] _io_out3_T_4 = ~io_in2; // @[Delay.scala 16:36]
  wire [7:0] _io_out3_T_6 = _io_out3_T_4 + 8'h1; // @[Delay.scala 16:43]
  assign io_out = io_out_REG; // @[Delay.scala 30:10]
  assign io_out2 = io_out2_REG_1; // @[Delay.scala 31:11]
  assign io_out3 = io_in2[7] ? _io_out3_T_6 : io_in2; // @[Delay.scala 16:10]
```

```
  always @(posedge clock) begin
    io_out_REG <= io_in; // @[Delay.scala 10:24]
    io_out2_REG <= io_in2; // @[Delay.scala 10:24]
    io_out2_REG_1 <= io_out2_REG; // @[Delay.scala 11:19]
  end
```

8.10 总结

在编写 Chisel 代码时，虽然是构造硬件，但是 Scala 的语言特性和编译器允许读者灵活使用高级函数。想要做到熟练，应该多阅读、多动手练习。

8.11 参考文献

[1] Chips Alliance. Chisel 3: A Modern Hardware Design Language[CP/OL].[2020-10-02]. https://github.com/chipsalliance/chisel3/blob/master/docs/src/explanations/functional-module-creation.md.

[2] Chips Alliance. Chisel 3: A Modern Hardware Design Language[CP/OL].[2020-10-02]. https://github.com/chipsalliance/chisel3/blob/master/docs/src/explanations/printing.md.

[3] Chips Alliance. Chisel 3: A Modern Hardware Design Language[CP/OL].[2020-10-02]. https://github.com/chipsalliance/chisel3/blob/master/src/main/scala/chisel3/util/CircuitMath.scala.

[4] Chips Alliance. Chisel 3: A Modern Hardware Design Language[CP/OL].[2020-10-02]. https://github.com/chipsalliance/chisel3/blob/master/src/main/scala/chisel3/util/Bitwise.scala.

[5] Chips Alliance. Chisel 3: A Modern Hardware Design Language[CP/OL].[2020-10-02]. https://github.com/chipsalliance/chisel3/blob/master/src/main/scala/chisel3/util/Cat.scala.

[6] Chips Alliance. Chisel 3: A Modern Hardware Design Language[CP/OL].[2020-10-02]. https://github.com/chipsalliance/chisel3/blob/master/src/main/scala/chisel3/util/BitPat.scala.

[7] Chips Alliance. Chisel 3: A Modern Hardware Design Language[CP/OL].[2020-10-02]. https://github.com/chipsalliance/chisel3/blob/master/src/main/scala/chisel3/util/Lookup.scala.

8.12 课后练习

1．简述使用函数的好处是什么。

2．简述如何使用工厂方法简化模块的例化。

3．Scala 的函数可以用在 Chisel 中吗？

4．Chisel 的打印函数有哪几种风格？

5．Chisel 的对数函数的使用方法是什么？

6．Chisel 位拼接函数的功能是什么？

7．Chisel 查找表的种类和作用是什么？

8．如何使用隐式转换？

9．用 Chisel 递归函数设计一个统计输入信号中“0”比特数量的模块。

10．用 Chisel 递归函数设计一个位宽可配置、逐位重复次数可配置的模块，如 4 位宽输入信号 1001，要求逐位重复 3 次，则输出应为 111000000111。

第 9 章　其他议题

本章将介绍编写 Chisel 程序时的其他常见问题，包括重命名模块的名称、命名规则、重命名模块内信号名称、参数化的 Bundle、FixedPoint、assert 等。

9.1　重命名模块名称

Chisel 可以动态定义模块的名字，即转换成 Verilog 时的模块名不使用定义的类名，而是使用重写的 desiredName 方法的返回字符串，这在模块和黑盒都适用。例如（以下代码引自 Chisel 3 官方文档[1]）：

```
class Coffee extends BlackBox {
  val io = IO(new Bundle {
    val I = Input(UInt(32.W))
    val O = Output(UInt(32.W))
  })

  //使用重写的 desiredName 方法将 Coffee 改为 Tea
  override def desiredName = "Tea"
}

class Salt extends Module {
  val io = IO(new Bundle {})
  val drink = Module(new Coffee)

  //使用重写的 desiredName 方法将 Salt 改为 SodiumMonochloride
  override def desiredName = "SodiumMonochloride"
}
```

对应的 Verilog 代码为：

```
module SodiumMonochloride(
    input  clock,
    input  reset
);
    wire [31:0] drink_O;
    wire [31:0] drink_I;
    Tea drink (
       .O(drink_O),
       .I(drink_I)
    );
    assign drink_I = 32'h0;
endmodule
```

9.2　命名规则

Chisel 难以可靠地捕获信号名称是一个历史性问题，造成这种情况的原因主要是 Chisel 依靠反射来查找名称。Chisel 3.4 引入了一个自定义的 Scala 编译器插件，它可以在声明信号名称时实现可靠和自动捕获。此外，此版本还大量使用了新的前缀 API，这种 API 可以更稳定地命名由函数调用方式生成的信号。

想使用该插件应该在 build.sbt 中加上 addCompilerPlugin("edu.berkeley.cs" % "chisel3-plugin" % "3.4.3" cross CrossVersion.full)，chisel-template 中的 build.sbt 已经自带了。下面看一个例子：

```
// MyName.scala
package chapter09

import chisel3._
import chisel3.stage.ChiselGeneratorAnnotation

class MyName extends Module {
  val io = IO(new Bundle {
    val a = Input(Bool())
    val in = Input(UInt(4.W))
    val in2 = Input(UInt(4.W))
    val in3 = Input(UInt(4.W))
    val out = Output(UInt(4.W))
    val out2 = Output(UInt(4.W))
    val out3 = Output(UInt(4.W))
    val out4 = Output(UInt(4.W))
    val out5 = Output(UInt(8.W))
  })
  val outerAdd = io.in + io.in + io.in
  io.out := outerAdd
  val outerAddReg = RegInit(io.in2 + io.in2 + io.in2)
  io.out2 := outerAddReg;
  when (io.a) {
    val innerAdd = io.in3 + io.in3 + io.in3
    io.out3 := innerAdd
    val innerReg = RegInit(5.U(4.W))
    innerReg := innerReg + 1.U
    io.out4 := innerReg
  }.otherwise {
    io.out4 := 0.U
    io.out3 := 0.U
  }
  val inXin = io.in * io.in
```

```
    io.out5 := inXin + 1.U
  }

  object MyNameGen extends App {
    new (chisel3.stage.ChiselStage).execute(Array("--target-dir", "./generated/
chapter09/MyNameGen"),
      Seq(ChiselGeneratorAnnotation(() => new MyName)))
  }
```

生成的 Verilog 代码：

```
module MyName(
  input        clock,
  input        reset,
  input        io_a,
  input  [3:0] io_in,
  input  [3:0] io_in2,
  input  [3:0] io_in3,
  output [3:0] io_out,
  output [3:0] io_out2,
  output [3:0] io_out3,
  output [3:0] io_out4,
  output [7:0] io_out5
);
  wire [3:0] _outerAdd_T_1 = io_in + io_in; // @[MyName.scala 35:24]
  wire [3:0] _outerAddReg_T_1 = io_in2 + io_in2; // @[MyName.scala 37:36]
  wire [3:0] _outerAddReg_T_3 = _outerAddReg_T_1 + io_in2; // @[MyName.scala
37:45]
  reg [3:0] outerAddReg; // @[MyName.scala 37:28]
  wire [3:0] _innerAdd_T_1 = io_in3 + io_in3; // @[MyName.scala 40:27]
  wire [3:0] innerAdd = _innerAdd_T_1 + io_in3; // @[MyName.scala 40:36]
  reg [3:0] innerReg; // @[MyName.scala 42:27]
  wire [3:0] _innerReg_T_1 = innerReg + 4'h1; // @[MyName.scala 43:26]
  wire [7:0] inXin = io_in * io_in; // @[MyName.scala 49:21]
  assign io_out = _outerAdd_T_1 + io_in; // @[MyName.scala 35:32]
  assign io_out2 = outerAddReg; // @[MyName.scala 38:11]
  assign io_out3 = io_a ? innerAdd : 4'h0; // @[MyName.scala 39:16 MyName.scala
41:13 MyName.scala 47:13]
  assign io_out4 = io_a ? innerReg : 4'h0; // @[MyName.scala 39:16 MyName.scala
44:13 MyName.scala 46:13]
  assign io_out5 = inXin + 8'h1; // @[MyName.scala 50:20]
  always @(posedge clock) begin
    if (reset) begin // @[MyName.scala 37:28]
      outerAddReg <= _outerAddReg_T_3; // @[MyName.scala 37:28]
    end
    if (reset) begin // @[MyName.scala 42:27]
```

```
    innerReg <= 4'h5; // @[MyName.scala 42:27]
  end else begin
    innerReg <= _innerReg_T_1; // @[MyName.scala 43:14]
  end
 end
endmodule
```

该插件的一个作用是对 Verilog 中的中间变量加前缀，如 val outerAdd = io.in + io.in + io.in 在生成 Verilog 的时候，由于加法器一般都是两输入的，因此会把两个加号拆成两次两个数的加法，这时候就需要构造一个中间变量来放 io.in + io.in 的结果，插件的作用就是在_T_1 前加上前缀_outerAdd_。但是并没有生成信号名为 outerAdd 的 wire，因为 outerAdd 是不必要的，生成 assign io_out = _outerAdd_T_1 + io_in，就可以实现功能了，右边也符合两个操作数。如果更极端一点，写成下面形式：

```
val outerAdd = io.in + io.in + io.in
val outerAddWire = Wire(UInt(4.W))
outerAddWire := outerAdd
val outerAddWire2 = Wire(UInt(4.W))
outerAddWire2 := outerAddWire
io.out := outerAddWire2
```

则读者会发现 outerAddWire 和 outerAddWire2 其实都是无意义的赋值，都会被优化掉，生成的 Verilog 代码还是：

```
wire [3:0] _outerAdd_T_1 = io_in + io_in;
assign io_out = _outerAdd_T_1 + io_in;
```

插件的另一个作用是对于函数调用或者作用域里面定义的信号名，生成 Verilog 的时候可以使用定义的信号名，如 wire [3:0] innerAdd、reg [3:0] innerReg。而 innerAdd 之所以能在 Verilog 中保留，这是因为 when (io.a)转换成 Verilog 是用问号冒号表达式实现的：assign io_out3 = io_a ? innerAdd : 4'h0。也就是说在生成问号冒号表达式语句时，不会转换成 assign io_out3 = io_a ? (_innerAdd_T_1 + io_in3): 4'h0 这种形式，所以 innerAdd 是需要生成的。而对应变量 inXin，在给 io.out5 赋值的时候也不会采取这样有三个操作数的形式：assign io_out5 = io_in * io_in + 8'h1，所以 inXin 也是需要生成的。

对于 Reg 变量，右侧的计算结果会先放到生成的中间变量 wire 中，然后在触发条件时把该 wire 赋给 reg 变量：

```
wire [3:0] _innerReg_T_1 = innerReg + 4'h1;
wire [3:0] _outerAddReg_T_1 = io_in2 + io_in2;
wire [3:0] _outerAddReg_T_3 = _outerAddReg_T_1 + io_in2;
always @(posedge clock) begin
    if (reset) begin // @[MyName.scala 37:28]
      outerAddReg <= _outerAddReg_T_3; // @[MyName.scala 37:28]
    end
    if (reset) begin // @[MyName.scala 42:27]
      innerReg <= 4'h5; // @[MyName.scala 42:27]
    end else begin
      innerReg <= _innerReg_T_1; // @[MyName.scala 43:14]
```

```
    end
  end
```

因为寄存器本身具有延迟特性，因此在转换 Verilog 时一般不会被优化掉，除非它不影响输出。

当不使用插件时，生成的 Verilog 代码如下：

```
module MyName(
  input        clock,
  input        reset,
  input        io_a,
  input  [3:0] io_in,
  input  [3:0] io_in2,
  input  [3:0] io_in3,
  output [3:0] io_out,
  output [3:0] io_out2,
  output [3:0] io_out3,
  output [3:0] io_out4,
  output [7:0] io_out5
);
  wire [3:0] _T_1 = io_in + io_in; // @[MyName.scala 18:24]
  wire [3:0] _T_4 = io_in2 + io_in2; // @[MyName.scala 24:36]
  wire [3:0] _T_6 = _T_4 + io_in2; // @[MyName.scala 24:45]
  reg [3:0] outerAddReg; // @[MyName.scala 24:28]
  wire [3:0] _T_8 = io_in3 + io_in3; // @[MyName.scala 27:27]
  wire [3:0] _T_10 = _T_8 + io_in3; // @[MyName.scala 27:36]
  reg [3:0] REG; // @[MyName.scala 29:27]
  wire [3:0] _T_12 = REG + 4'h1; // @[MyName.scala 30:26]
  wire [7:0] inXin = io_in * io_in; // @[MyName.scala 36:21]
  assign io_out = _T_1 + io_in; // @[MyName.scala 18:32]
  assign io_out2 = outerAddReg; // @[MyName.scala 25:11]
  assign io_out3 = io_a ? _T_10 : 4'h0; // @[MyName.scala 26:16 MyName.scala 
28:13 MyName.scala 34:13]
  assign io_out4 = io_a ? REG : 4'h0; // @[MyName.scala 26:16 MyName.scala 31:13 
MyName.scala 33:13]
  assign io_out5 = inXin + 8'h1; // @[MyName.scala 37:20]
  always @(posedge clock) begin
    if (reset) begin // @[MyName.scala 24:28]
      outerAddReg <= _T_6; // @[MyName.scala 24:28]
    end
    if (reset) begin // @[MyName.scala 29:27]
      REG <= 4'h5; // @[MyName.scala 29:27]
    end else begin
      REG <= _T_12; // @[MyName.scala 30:14]
    end
  end
endmodule
```

可以看到，一些中间变量名是没有前缀的，比如使用插件时生成的_outerAdd_T_1 变成了_T_1，这不利于代码跟踪定位。对于在作用域中的代码，生成 Verilog 时不会保留信号名，如 assign io_out3 = io_a ? _T_10 : 4'h0，完全看不出是由 innerAdd 生成的，而 innerReg 生成的是 REG，也看不出是由 innerReg 生成的，所以本书建议使用插件优化命名，也可以自定义名称（见下节内容）。

9.3 重命名模块内信号名称

9.3.1 前缀

chisel3.experimental 包中的 prefix 和 noPrefix 可以用来实现增加自定义前缀和去除前缀的功能。prefix 用来加自定义前缀，但是会保留前缀中的左侧变量名，noPrefix 可以去掉前缀中的左侧变量名。如果只想生成自己定义的前缀，先使用 prefix 加自定义前缀，再使用 noPrefix 去掉前缀中的左侧变量名。如果先使用 noPrefix 再使用 prefix，只能去掉前缀中的左侧变量名，不会添加自定义前缀名，例如：

```
// MyName.scala
package chapter09

import chisel3._
import chisel3.experimental.{prefix, noPrefix}

class MyPrefix extends Module {
  val io = IO(new Bundle {
    val in = Input(UInt(2.W))
    val out = Output(UInt(2.W))
    val in2 = Input(UInt(2.W))
    val out2 = Output(UInt(2.W))
    val in3 = Input(UInt(2.W))
    val out3 = Output(UInt(2.W))
    val in4 = Input(UInt(2.W))
    val out4 = Output(UInt(2.W))
  })
  io.out := io.in + io.in + io.in
  io.out2 := noPrefix{io.in2 + io.in2 + io.in2}
  io.out3 := prefix("MyPrefix"){io.in3 + io.in3 + io.in3}
  io.out4 := noPrefix{noPrefix{prefix("MyPrefix"){io.in4 + io.in4 + io.in4}}}
  //先使用 noPrefix 再使用 prefix 只能去掉前缀中的左侧变量名
  //io.out4 := prefix("MyPrefix"){noPrefix{io.in4 + io.in4 + io.in4}}
}
```

生成的 Verilog 代码：

```
module MyPrefix(
  input        clock,
  input        reset,
```

```
  input  [1:0] io_in,
  output [1:0] io_out,
  input  [1:0] io_in2,
  output [1:0] io_out2,
  input  [1:0] io_in3,
  output [1:0] io_out3,
  input  [1:0] io_in4,
  output [1:0] io_out4
);
  wire [1:0] _io_out_T_1 = io_in + io_in; // @[MyName.scala 40:19]
  wire [1:0] _T_1 = io_in2 + io_in2; // @[MyName.scala 41:30]
  wire [1:0] _io_out3_MyPrefix_T_1 = io_in3 + io_in3; // @[MyName.scala 42:40]
  wire [1:0] _MyPrefix_T_1 = io_in4 + io_in4; // @[MyName.scala 43:58]
  assign io_out = _io_out_T_1 + io_in; // @[MyName.scala 40:27]
  assign io_out2 = _T_1 + io_in2; // @[MyName.scala 41:39]
  assign io_out3 = _io_out3_MyPrefix_T_1 + io_in3; // @[MyName.scala 42:49]
  assign io_out4 = _MyPrefix_T_1 + io_in4; // @[MyName.scala 43:67]
endmodule
```

9.3.2 suggestName

如果想更改信号名称，可以使用 suggestName 方法。如果在生成中间变量过程中使用 suggestName，前缀中也会生成左侧信号名，如 wire [1:0] io_out2_inaddin；如果想去掉前缀中的左侧信号名，可以使用 noPrefix，如：wire [1:0] in3addin3。suggestName 添加的名字不一定会出现，因为该信号可能会被优化掉，如只生成了 wire [1:0] _io_out4_T_1，并没有生成 wire [1:0] in4addin4，例子如下：

```
class MySuggestName extends Module {
  val io = IO(new Bundle {
    val in = Input(UInt(2.W))
    val out = Output(UInt(2.W))
    val in2 = Input(UInt(2.W))
    val out2 = Output(UInt(2.W))
    val in3 = Input(UInt(2.W))
    val out3 = Output(UInt(2.W))
    val in4 = Input(UInt(2.W))
    val out4 = Output(UInt(2.W))
  })
  io.out := io.in + io.in + io.in
  io.out2 := io.in2 + (io.in2 + io.in2).suggestName("in2addin2")
  io.out3 := noPrefix{io.in3 + (io.in3 + io.in3).suggestName("in3addin3")}
  io.out4 := (io.in4 + io.in4 + io.in4).suggestName("in4addin4")
}
```

生成的 Verilog 代码：

```
module MySuggestName(
```

```
  input        clock,
  input        reset,
  input  [1:0] io_in,
  output [1:0] io_out,
  input  [1:0] io_in2,
  output [1:0] io_out2,
  input  [1:0] io_in3,
  output [1:0] io_out3,
  input  [1:0] io_in4,
  output [1:0] io_out4
);
  wire [1:0] _io_out_T_1 = io_in + io_in; // @[MyName.scala 19:19]
  wire [1:0] io_out2_in2addin2 = io_in2 + io_in2; // @[MyName.scala 20:31]
  wire [1:0] in3addin3 = io_in3 + io_in3; // @[MyName.scala 21:40]
  wire [1:0] _io_out4_T_1 = io_in4 + io_in4; // @[MyName.scala 22:22]
  assign io_out = _io_out_T_1 + io_in; // @[MyName.scala 19:27]
  assign io_out2 = io_in2 + io_out2_in2addin2; // @[MyName.scala 20:21]
  assign io_out3 = io_in3 + in3addin3; // @[MyName.scala 21:30]
  assign io_out4 = _io_out4_T_1 + io_in4; // @[MyName.scala 22:31]
endmodule
```

9.3.3 forceName

forceName 是 chisel3.util.experimental 中的单例对象，它可以更改信号名、端口名、实例名，使用时需要 import chisel3.util.experimental.forceName，用法是 forceName(信号名/实例名, 字符串)，例子如下：

```
class My2xin extends Module {
  val io = IO(new Bundle {
    val in = Input(UInt(2.W))
    val out = Output(UInt(2.W))
  })
  io.out := io.in + io.in
}
class MyForceName extends Module {
  val io = IO(new Bundle {
    val in = Input(UInt(2.W))
    forceName(in, "myIn")
    val out = Output(UInt(2.W))
    val in2 = Input(UInt(2.W))
    val out2 = Output(UInt(2.W))
    val in3 = Input(UInt(2.W))
    val out3 = Output(UInt(2.W))
  })
  io.out := io.in + io.in + io.in
```

```
  forceName(io.out, "myOut")
  val mySubmodule = Module(new My2xin)
  mySubmodule.io.in := io.in2
  io.out2 := mySubmodule.io.out
  val mySubmodule2 = Module(new My2xin)
  mySubmodule2.io.in := io.in3
  forceName(mySubmodule2, "myName")
  io.out3 := mySubmodule2.io.out
}
```

生成的 Verilog 代码：

```
module My2xin(
  input  [1:0] io_in,
  output [1:0] io_out
);
  assign io_out = io_in + io_in; // @[MyName.scala 13:19]
endmodule
module MyForceName(
  input        clock,
  input        reset,
  input  [1:0] myIn,
  output [1:0] myOut,
  input  [1:0] io_in2,
  output [1:0] io_out2,
  input  [1:0] io_in3,
  output [1:0] io_out3
);
  wire [1:0] mySubmodule_io_in; // @[MyName.scala 27:27]
  wire [1:0] mySubmodule_io_out; // @[MyName.scala 27:27]
  wire [1:0] myName_io_in; // @[MyName.scala 30:28]
  wire [1:0] myName_io_out; // @[MyName.scala 30:28]
  wire [1:0] _io_out_T_1 = myIn + myIn; // @[MyName.scala 25:19]
  My2xin mySubmodule ( // @[MyName.scala 27:27]
    .io_in(mySubmodule_io_in),
    .io_out(mySubmodule_io_out)
  );
  My2xin myName ( // @[MyName.scala 30:28]
    .io_in(myName_io_in),
    .io_out(myName_io_out)
  );
  assign myOut = _io_out_T_1 + myIn; // @[MyName.scala 25:27]
  assign io_out2 = mySubmodule_io_out; // @[MyName.scala 29:11]
  assign io_out3 = myName_io_out; // @[MyName.scala 33:11]
  assign mySubmodule_io_in = io_in2; // @[MyName.scala 28:21]
  assign myName_io_in = io_in3; // @[MyName.scala 31:22]
endmodule
```

9.4 参数化的 Bundle

因为 Chisel 是基于 Scala 和 JVM 的，所以当一个 Bundle 类的对象用于创建线网、IO 等操作时，它并不把自己作为参数，而是交出自己的一个复制对象，也就是说，编译器需要知道如何来创建当前 Bundle 对象的复制对象。Chisel 提供了一个内部的 API 函数 cloneType，任何继承自 Data 的 Chisel 对象在要复制自身时，都是由 cloneType 负责返回该对象的复制对象的。

当自定义的 Bundle 的主构造方法没有参数时，Chisel 会自动推断出如何构造 Bundle 对象的复制。这是因为构造一个新的复制对象不需要任何参数，仅仅使用关键字 new 就可以了。但是，如果自定义的 Bundle 带有参数列表，那么 Chisel 就可能无法推断了，因为传递进去的参数可以是任意的。此时需要用户重写 Bundle 类的 cloneType 方法，其形式为：

```
override def cloneType = (new CustomBundle(arguments)).asInstanceOf
[this.type]
```

例如：

```
class ExampleBundle(a: Int, b: Int) extends Bundle {
  val foo = UInt(a.W)
  val bar = UInt(b.W)

  override def cloneType = (new ExampleBundle(a, b)).asInstanceOf[this.type]
}

class ExampleBundleModule(btype: ExampleBundle) extends Module {
  val io = IO(new Bundle {
    val out = Output(UInt(32.W))
    val b = Input(chiselTypeOf(btype))
  })
  io.out := io.b.foo + io.b.bar
}

class Top extends Module {
  val io = IO(new Bundle {
    val out = Output(UInt(32.W))
    val in = Input(UInt(17.W))
  })
  val x = Wire(new ExampleBundle(31, 17))
  x := DontCare
  val m = Module(new ExampleBundleModule(x))
  m.io.b.foo := io.in
  m.io.b.bar := io.in
  io.out := m.io.out
}
```

例子中的 ExampleBundle 有两个参数，编译器无法在复制它的对象时推断出这两个参数是什么，所以重写的 cloneType 方法需要用户手动将两个参数传入，而且用 asInstanceOf[this.type]

保证返回对象的类型与 this 对象是一样的。

如果没有这个重写的 cloneType 的方法，编译器会提示把 ExampleBundle 的参数变成固定的和可获取的，以便 cloneType 方法能被自动推断，即非参数化 Bundle 不需要重写该方法。此外，变量 x 必须要用 Wire 包住 ExampleBundle 的对象，否则 x 在传递给 ExampleBundleModule 时，编译器会提示应该传入一个硬件而不是裸露的 Chisel 类型，并询问是否遗漏了 Wire(_) 或 IO(_)。与之相反，“Input(chiselTypeOf(btype))”中的 chiselTypeOf 方法也必不可少，因为此时传入的 btype 是一个硬件，编译器会提示 Input 的参数应该是 Chisel 类型而不是硬件，需要使用方法 chiselTypeOf 解除包住 ExampleBundle 对象的 Wire。

这个例子中，cloneType 在构造复制对象时，仅仅传递了对应的参数，这就会构造一个一样的新对象。以下例子可以进一步说明 cloneType 的作用：

```
class TestBundle(a: Int, b: Int) extends Bundle {
  val A = UInt(a.W)
  val B = UInt(b.W)
  override def cloneType = (new TestBundle(5*b, a+1)).asInstanceOf[this.type]
}

class TestModule extends Module {
  val io = IO(new Bundle {
    val x = Input(UInt(10.W))
    val y = Input(UInt(5.W))
    val out = Output(new TestBundle(10, 5))
  })

  io.out.A := io.x
  io.out.B := io.y
}
```

这里，cloneType 在构造复制对象前，先把形参 a、b 做了一些算术操作，再传递给 TestBundle 的主构造方法使用。按常规思路，代码“Output(new TestBundle(10, 5))”应该构造两个输出端口：10bit 的 A 和 5bit 的 B。但实际生成的 Verilog 代码如下：

```
module TestModule(
  input         clock,
  input         reset,
  input  [9:0]  io_x,
  input  [4:0]  io_y,
  output [24:0] io_out_A,
  output [10:0] io_out_B
);
  assign io_out_A = {{15'd0}, io_x};
  assign io_out_B = {{6'd0}, io_y};
endmodule
```

也就是说，“Output(new TestBundle(10, 5))”的真正形式应该是“Output((new TestBundle(10, 5)).cloneType)”，即 Output 的真正参数是对象 TestBundle(10, 5)的 cloneType 方法构造出来的对象。而 cloneType 方法是用实参“5 * 5(b)”和“10(a) + 1”来分别赋予形参 a 和 b 的，因此

得出 A 的实际位宽是 25bit，B 的实际位宽是 11bit。

9.5 FixedPoint

在 chisel3.util.experimental 包中内置了 FixedPoint 密封类和伴生对象，可以用来构造定点数，但是提供的 API 是实验性的。构造 FixedPoint 需要两个参数。

（1）Width：定点数的位宽，定义方式和 UInt、SInt 相同；

（2）binaryPoint：尾数位的位宽，定义方式如 2.BP。

FixedPoint 类也定义了很多方法，如算术操作、位操作、比较操作等，详情见 API 文档和源代码。下面是一个例子：

```
//MyFixedPoint.scala
package chapter09

import chisel3._
import chisel3.experimental.FixedPoint
import chisel3.stage.ChiselGeneratorAnnotation

class MyFixedPoint(n: Int, bp: Int) extends Module {
  val io = IO(new Bundle{
    val in = Input(FixedPoint(n.W,bp.BP))
    val in2 = Input(FixedPoint(n.W,bp.BP))
    val add = Output(FixedPoint(n.W,bp.BP))
    val mul = Output(FixedPoint(n.W,bp.BP))
  })
  io.add := io.in + io.in2
  io.mul := io.in * io.in2
}

object MyFixedPointGen extends App {
  new          (chisel3.stage.ChiselStage).execute(Array("--target-dir",
"./generated/chapter09/MyFixedPointGen"),
    Seq(ChiselGeneratorAnnotation(() => new MyFixedPoint(16,8))))
}
```

因为 printf 现在还不支持 FixedPoint 格式的输出，所以采用如下测试程序：

```
class MyFixedPointTest extends FlatSpec with ChiselScalatestTester with
Matchers {
  behavior of "MyFixedPoint"
  it should "Compute the product and the sum of two numbers" in {
    test(new MyFixedPoint(16,8)) { c =>
      val a:Double = 12.5
      val b:Double = -2.5
      c.io.in.poke(a.F(8.BP))
      c.io.in2.poke(b.F(8.BP))
```

```
      c.clock.step(1)
      c.io.add.expect((a+b).F(8.BP))
      c.io.mul.expect((a*b).F(8.BP))
    }
  }
}
```

测试通过，输出：

```
Elaborating design...
Done elaborating.
test MyFixedPoint Success: 0 tests passed in 3 cycles in 0.037370 seconds 80.28 Hz
```

注意构造 FixedPoint 字面量的时候需要指定尾数位 BP，生成的是 16 位定点数，后 8 位为小数位。F 方法是一个隐式转换，可以使用 Double 或 BigDecimal 类型数据进行隐式转换定义字面值。

生成的 Verilog 代码如下，因为定点数运算本身和有符号整数一样，Verilog 代码对输入进行有符号运算得到输出结果：

```
module MyFixedPoint(
  input         clock,
  input         reset,
  input  [15:0] io_in,
  input  [15:0] io_in2,
  output [15:0] io_add,
  output [15:0] io_mul
);
  wire  [31:0]  _io_mul_T  =  $signed(io_in)  *  $signed(io_in2);  //
@[FixedPoint.scala 15:19]
  wire [23:0] _GEN_0 = _io_mul_T[31:8]; // @[FixedPoint.scala 15:10]
  assign io_add = $signed(io_in) + $signed(io_in2); // @[FixedPoint.scala
14:19]
  assign io_mul = _GEN_0[15:0]; // @[FixedPoint.scala 15:10]
endmodule
```

9.6 assert

在构建电路时可能需要限制输入参数的范围，或者对电路内信号进行断言，如果信号不满足断言的条件，则报错，实现上述功能可以使用 chisel3 包中的 assert 方法。assert 方法可以接收一个参数、两个参数或多个参数。一个参数：只有判断条件，可以是 Bool 类型或者 Boolean 类型，也就是说 assert 同时支持 Scala 和 Chisel 的逻辑判断；两个参数：判断条件和字符串，如果判断条件不成立，报错信息会输出这个字符串；多个参数：当判断条件是 Bool 类型时，可以在字符串中使用%格式化输出多个信号值。例如：

```
//MyAssert.scala
package chapter09

import chisel3._
```

```
import chisel3.stage.ChiselGeneratorAnnotation

class MyAssert(n: Int) extends Module {
  val io = IO(new Bundle {
    val in = Input(UInt(n.W))
    val out = Output(UInt(n.W))
  })
  io.out := io.in
  assert(n <= 16, "assert: n < 16\n")
  assert(io.in < 128.U,"assert: io.in < 128.U\n")
  assert(io.in < 64.U,"assert: io.in < 64.U\n io.in: %d",io.in)
}

object MyAssertGen extends App {
  new  (chisel3.stage.ChiselStage).execute(Array("--target-dir",  "./generated/
chapter09/MyAssertGen"),
    Seq(ChiselGeneratorAnnotation(() => new MyAssert(32))))
}

import chiseltest._
import org.scalatest._

class MyAssertTest extends FlatSpec with ChiselScalatestTester with Matchers {
  behavior of "MyAssert"
  it should "do MyAssert" in {
    test(new MyAssert(8)) { c =>
      val in = 68
      c.io.in.poke(in.U)
      c.clock.step(1)
      c.io.out.expect(in.U)
    }
  }
}
```

运行 MyAssertGen 生成 Verilog 时，因为没有给信号加激励，所以后两个 assert 不起作用，第一个 assert 表示位宽应小于或等于 16 位，如果试图生成 32 位，则报错：Assertion failed: assert: n < 16。

运行 MyAssertTest，位宽设置为 8，满足第一个 assert，在仿真加激励时，in=68，满足第二个 assert 但不满足第三个，同时会把此时的 io.in 打印出来以便调试，报错：

```
Assertion failed: assert: io.in < 64.U
 io.in:   68
```

in=129，不满足第二个和第三个 assert，但是有先后顺序，第二个先报错：Assertion failed: assert: io.in < 128.U，不会打印信号值。

9.7 总结

本章内容是编写 Chisel 程序时的常见问题汇总，重点掌握重命名方法和 assert 断言方法，可以参考 FixedPoint 源代码设计自定义的数据格式。

9.8 参考文献

[1] Chips Alliance. Chisel 3: A Modern Hardware Design Language[CP/OL].[2020-10-02]. https://github.com/chipsalliance/chisel3/blob/master/docs/src/cookbooks/cookbook.md.

9.9 课后练习

1．如何重命名模块名称？
2．chisel3-plugin 插件的功能是什么？
3．如何去除前缀和增加自定义前缀？
4．suggestName 和 forceName 使用方法的区别是什么？
5．如何自定义带有参数列表的 Bundle？
6．简述定点数的定义方法。
7．断言有哪几种格式？断言时如何输出信号值？

第 10 章　riscv-mini

通过之前的章节我们已经学习了 Chisel 的各种基础知识，本章将通过介绍 riscv-mini 来学习如何使用 Chisel 进行处理器设计。我们将从中学习 Chisel 的高级参数化特性，以及在进行复杂电路设计时 Chisel 相对于 Verilog 的优势。本章所有讲解示例代码均来自 riscv-mini 工程的开源代码[1]。

10.1　riscv-mini 简介

riscv-mini 是用 Chisel 编写的三级流水线 RISC-V 处理器。它是各种项目开发的关键例子，包括 Chisel 3、FIRRTL、Strober，以及相应的模拟和验证方法。它实现了 RV32I 的用户级 2.0 版本 ISA 和机器级 1.7 版本 ISA。不同于其他简单的流水线结构，它还包含指令和数据 Cache。

10.2　数据通路

riscv-mini 采用的是三级流水线结构，分别为取指、译码+执行、访存+写回。其数据通路图如图 10-1 所示[1]。

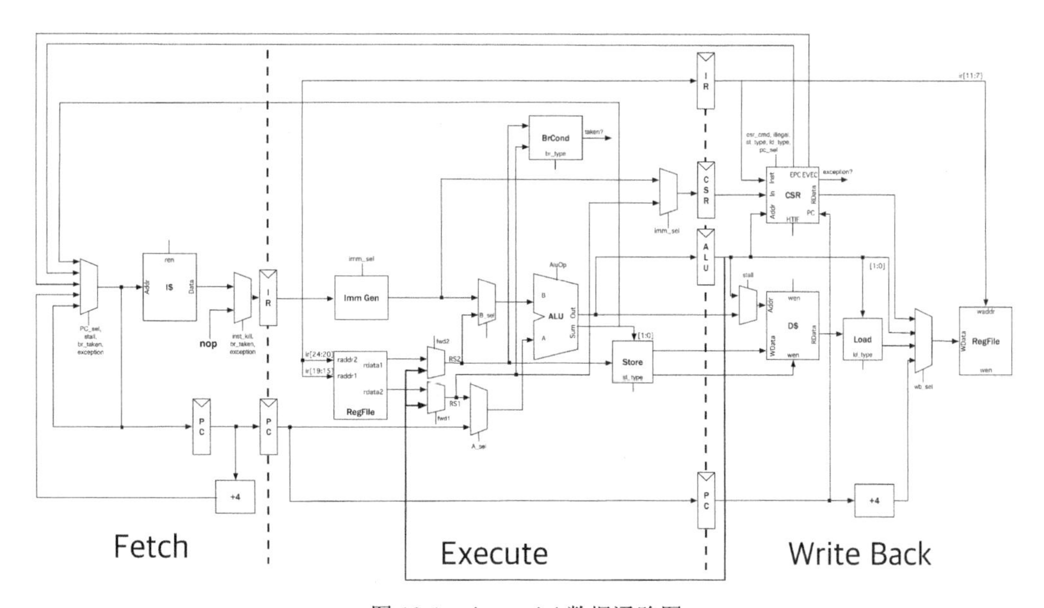

图 10-1　riscv-mini 数据通路图

I$：指令 Cache，用于存储指令，源代码位于 riscv-mini/src/main/scala/Cache.scala。

D$：数据 Cache，用于存储数据，源代码位于 riscv-mini/src/main/scala/ Cache.scala。

Imm Gen：立即数生成模块，用于立即数的生成，源代码位于 riscv-mini/src/main/scala/

ImmGen.scala。

ALU：算术逻辑单元，用于对各种指令进行相应的算术逻辑运算，源代码位于 riscv-mini/src/main/scala/ALU.scala。

CSR：控制和状态寄存器，主要负责特权级指令的执行及例外/中断的处理，源代码位于 riscv-mini/src/main/scala/CSR.scala。

RegFile：通用寄存器组，包含 32 个通用寄存器，load 指令将来自内存或其他寄存器的数据存放在该寄存器组中，在 RISC-V 中只对在寄存器组中的数据执行算术运算，源代码位于 riscv-mini/src/main/scala/RegFile.scala。

BrCond：分支跳转模块，用于对有条件分支跳转指令进行处理，源代码位于 riscv-mini/src/main/scala/BrCond.scala。

在取指阶段，首先将程序计数器的值输入给指令存储器，并取出指令。与此同时为准备下一条指令，必须将程序计数器的值加 4，以指向下一条指令。取出指令后经过一个多路选择器，通过判断是否异常等来选择指令为 nop 指令还是上一步取出的指令，至此取指阶段结束。

在译码+执行阶段，译码过程由 Control 模块完成（未在数据通路图中画出，源代码位于 riscv-mini/src/main/scala/Control.scala），Control 完成译码后，获得 imm_sel、br_type、AluOp、A_sel、B_sel 等控制信号对相应模块进行控制，从而实现不同指令对应的功能。以 add x1,x2,x3 指令为例，指令的[24:20]和[19:15]位分别输入给 RegFile 模块的 rddr2 和 rddr1 以获得 x1 和 x2 地址对应的数值，并通过由 A_sel 和 B_sel 控制的多路选择器，将 x1 和 x2 存储的数值输入给 ALU 模块的 B 和 A，进而通过 AluOp 控制信号进行加法运算，从而获得计算结果。

在访存+写回阶段，将根据指令的类型完成相应的访存和写回操作。依旧以 add x1,x2,x3 指令为例，将获得的 x1、x2 对应值的相加结果，通过由 wb_sel 信号控制的多路选择器，输入给 RegFile 模块的 WData，指令的[11:7]位输入给 RegFile 模块的 waddr 作为地址，完成数据的写回。

10.3 riscv-mini 的子模块

10.3.1 ALU 模块

ALU 模块为逻辑计算单元，主要功能是进行算术逻辑计算，A 和 B 是操作数，其具体计算类型由 alu_op 信号控制。其主要代码如下：

```
//ALU 模块的端口
class ALUIo(implicit p: Parameters) extends CoreBundle()(p) {
  val A = Input(UInt(xlen.W))
  val B = Input(UInt(xlen.W))
  val alu_op = Input(UInt(4.W))
  val out = Output(UInt(xlen.W))
  val sum = Output(UInt(xlen.W))
}
abstract class ALU(implicit val p: Parameters) extends Module with CoreParams
{
```

```
  val io = IO(new ALUIo)
}

class ALUArea(implicit p: Parameters) extends ALU()(p) {
  val sum = io.A + Mux(io.alu_op(0), -io.B, io.B)
  val cmp = Mux(io.A(xlen-1) === io.B(xlen-1), sum(xlen-1),
          Mux(io.alu_op(1), io.B(xlen-1), io.A(xlen-1)))
  val shamt  = io.B(4,0).asUInt
  val shin   = Mux(io.alu_op(3), io.A, Reverse(io.A))
  val shiftr = (Cat(io.alu_op(0) && shin(xlen-1), shin).asSInt >> shamt)(xlen-1, 0)
  val shiftl = Reverse(shiftr)
  val out =
    Mux(io.alu_op === ALU_ADD || io.alu_op === ALU_SUB, sum,
    Mux(io.alu_op === ALU_SLT || io.alu_op === ALU_SLTU, cmp,
    Mux(io.alu_op === ALU_SRA || io.alu_op === ALU_SRL, shiftr,
    Mux(io.alu_op === ALU_SLL, shiftl,
    Mux(io.alu_op === ALU_AND, (io.A & io.B),
    Mux(io.alu_op === ALU_OR,  (io.A | io.B),
    Mux(io.alu_op === ALU_XOR, (io.A ^ io.B),
    Mux(io.alu_op === ALU_COPY_A, io.A, io.B))))))))
  io.out := out
  io.sum := sum
}
```

该模块具体包括 11 种运算，并根据计算类型将其分为 sum、cmp、shiftr、shiftl 这 4 种类型，通过 alu_op 信号控制进行相应的操作选择，并输出 out 和 sum 两种操作结果。

10.3.2　BrCond 模块

BrCond 模块为分支跳转单元，针对有条件分支跳转指令进行处理，具体是进行相关条件的判断，并输出判断结果。条件类型由 br_type 信号控制，输出 taken 为判断结果。主要代码如下：

```
class BrCondIO(implicit p: Parameters) extends CoreBundle()(p) {
  val rs1 = Input(UInt(xlen.W))
  val rs2 = Input(UInt(xlen.W))
  val br_type = Input(UInt(3.W))
  val taken = Output(Bool())
}

abstract class BrCond(implicit p: Parameters) extends Module {
  val io = IO(new BrCondIO)
}

class BrCondArea(implicit val p: Parameters) extends BrCond()(p) with
CoreParams {
```

```
    val diff = io.rs1 - io.rs2
    val neq  = diff.orR
    val eq   = !neq
    val isSameSign = io.rs1(xlen-1) === io.rs2(xlen-1)
    val lt   = Mux(isSameSign, diff(xlen-1), io.rs1(xlen-1))
    val ltu  = Mux(isSameSign, diff(xlen-1), io.rs2(xlen-1))
    val ge   = !lt
    val geu  = !ltu
    io.taken :=
      ((io.br_type === BR_EQ) && eq) ||
      ((io.br_type === BR_NE) && neq) ||
      ((io.br_type === BR_LT) && lt) ||
      ((io.br_type === BR_GE) && ge) ||
      ((io.br_type === BR_LTU) && ltu) ||
      ((io.br_type === BR_GEU) && geu)
  }
```

10.3.3 Cache 模块

Cache 模块用于构造 Cache 存储，并最终被例化为 icache 和 dcache，分别用于存储指令和数据。该模块的主体功能通过状态机控制，包括 s_IDLE、s_READ_CACHE、s_WRITE_CACHE、s_WRITE_BACK、s_WRITE_ACK、s_REFILL_READY 和 s_REFILL 这 7 个状态，状态机通过“switch…is…is”语句来实现状态转换，主要代码如下：

```
  switch(state) {
    is(s_IDLE) {
      when(io.cpu.req.valid) {
        state := Mux(io.cpu.req.bits.mask.orR, s_WRITE_CACHE, s_READ_CACHE)
      }
    }
    is(s_READ_CACHE) {
      when(hit) {
        when(io.cpu.req.valid) {
          state := Mux(io.cpu.req.bits.mask.orR, s_WRITE_CACHE, s_READ_CACHE)
        }.otherwise {
          state := s_IDLE
        }
      }.otherwise {
        io.nasti.aw.valid := is_dirty
        io.nasti.ar.valid := !is_dirty
        when(io.nasti.aw.fire()) {
          state := s_WRITE_BACK
        }.elsewhen(io.nasti.ar.fire()) {
          state := s_REFILL
        }
```

```
      }
    }
    is(s_WRITE_CACHE) {
      when(hit || is_alloc_reg || io.cpu.abort) {
        state := s_IDLE
      }.otherwise {
        io.nasti.aw.valid := is_dirty
        io.nasti.ar.valid := !is_dirty
        when(io.nasti.aw.fire()) {
          state := s_WRITE_BACK
        }.elsewhen(io.nasti.ar.fire()) {
          state := s_REFILL
        }
      }
    }
    is(s_WRITE_BACK) {
      io.nasti.w.valid := true.B
      when(write_wrap_out) {
        state := s_WRITE_ACK
      }
    }
    is(s_WRITE_ACK) {
      io.nasti.b.ready := true.B
      when(io.nasti.b.fire()) {
        state := s_REFILL_READY
      }
    }
    is(s_REFILL_READY) {
      io.nasti.ar.valid := true.B
      when(io.nasti.ar.fire()) {
        state := s_REFILL
      }
    }
    is(s_REFILL) {
      when(read_wrap_out) {
        state := Mux(cpu_mask.orR, s_WRITE_CACHE, s_IDLE)
      }
    }
  }
  }
```

10.3.4 Control 模块

Control 模块为控制模块，主要是通过输入的指令 inst 将其划分为不同类型，然后根据不同类型的指令输出相应的控制信号。其主要代码如下：

```
class ControlSignals(implicit p: Parameters) extends CoreBundle()(p) {
  val inst      = Input(UInt(xlen.W))
  val pc_sel    = Output(UInt(2.W))
  val inst_kill = Output(Bool())
  val A_sel     = Output(UInt(1.W))
  val B_sel     = Output(UInt(1.W))
  val imm_sel   = Output(UInt(3.W))
  val alu_op    = Output(UInt(4.W))
  val br_type   = Output(UInt(3.W))
  val st_type   = Output(UInt(2.W))
  val ld_type   = Output(UInt(3.W))
  val wb_sel    = Output(UInt(2.W))
  val wb_en     = Output(Bool())
  val csr_cmd   = Output(UInt(3.W))
  val illegal   = Output(Bool())
}
```

例如，imm_sel 信号会连接到 ImmGen 模块的 sel 端口，控制其针对不同类型的指令 inst，从中将特定位置的 bit 值取出并进行拼接，生成指令中所包含的立即数。

```
class Control(implicit p: Parameters) extends Module {
  val io = IO(new ControlSignals)
  val ctrlSignals = ListLookup(io.inst, Control.default, Control.map)

  // Control signals for Fetch
  io.pc_sel    := ctrlSignals(0)
  io.inst_kill := ctrlSignals(6).toBool

  // Control signals for Execute
  io.A_sel   := ctrlSignals(1)
  io.B_sel   := ctrlSignals(2)
  io.imm_sel := ctrlSignals(3)
  io.alu_op  := ctrlSignals(4)
  io.br_type := ctrlSignals(5)
  io.st_type := ctrlSignals(7)

  // Control signals for Write Back
  io.ld_type := ctrlSignals(8)
  io.wb_sel  := ctrlSignals(9)
  io.wb_en   := ctrlSignals(10).toBool
  io.csr_cmd := ctrlSignals(11)
  io.illegal := ctrlSignals(12)
}
```

10.3.5 CSR 模块

CSR 模块为控制和状态寄存器模块，主要负责特权级指令的执行及例外/中断的处理，在这里它包含两种模式，分别为机器模式（machine mode）和用户模式（user mode）。

当进入异常时，将停止当前程序流的执行，转而从 CSR 寄存器 mtvec 定义的 PC 地址开始执行，之后对 macuse、mepc、mstatus 等寄存器进行更新，在终端等待之后，通过读取 mcause 的值来判断异常的类型，进而进入不同的异常服务子程序，最后退出异常。

10.3.6 ImmGen 模块

ImmGen 为立即数生成模块，它会根据传入的指令类型标志 sel，从指令 inst 中将特定位置的 bit 值进行拼接，生成不同格式的指令中所包含的立即数，该立即数会参与指令的执行过程。

```
class ImmGenIO(implicit p: Parameters) extends CoreBundle()(p) {
  val inst = Input(UInt(xlen.W))
  val sel  = Input(UInt(3.W))
  val out  = Output(UInt(xlen.W))
}

abstract class ImmGen(implicit p: Parameters) extends Module {
  val io = IO(new ImmGenIO)
}

class ImmGenWire(implicit p: Parameters) extends ImmGen()(p) {
  val Iimm = io.inst(31, 20).asSInt //I-type
  val Simm = Cat(io.inst(31, 25), io.inst(11,7)).asSInt//S-type
  val Bimm = Cat(io.inst(31), io.inst(7), io.inst(30, 25), io.inst(11, 8),
0.U(1.W)).asSInt//B-type
  val Uimm = Cat(io.inst(31, 12), 0.U(12.W)).asSInt//U-type
  val Jimm = Cat(io.inst(31), io.inst(19, 12), io.inst(20), io.inst(30, 25),
io.inst(24, 21), 0.U(1.W)).asSInt//J-type
  val Zimm = io.inst(19, 15).zext

  io.out := MuxLookup(io.sel, Iimm & -2.S,
    Seq(IMM_I -> Iimm, IMM_S -> Simm, IMM_B -> Bimm, IMM_U -> Uimm, IMM_J ->
Jimm, IMM_Z -> Zimm)).asUInt
}
```

Iimm、Simm、Bimm、Uimm、Jimm、Zimm 分别指不同的指令格式。因为 R-type 的指令中不存在立即数，所以没有关于 R-type 指令的立即数生成的逻辑。

10.3.7 Instructions 模块

Instructions 模块为指令模块，该模块的功能是将具体的指令划分为基本指令类型，具体方法是利用 BitPat 单例对象的 apply 方法对带有无关位的指令进行匹配，根据 funct7、funct3、opcode 三部分将其划分为不同的指令类型。例如：

```
def ADD = BitPat("b0000000??????????000?????0110011")
```

10.3.8 RegFile 模块

RegFile 模块为基本寄存器模块，由 Mem 单例对象的 apply 方法构造，大小为 32 个单元，每单元的位宽为 xlen。其端口信号如表 10-1 所示。

表 10-1 RegFile 模块的端口信号

信 号 名	位 宽	功 能
raddr1	5	读地址一
raddr2	5	读地址二
rdata1	xlen	读数据一
rdata2	xlen	读数据二
wen	1	写使能
wadder	5	写地址
wdata	xlen	写数据

其主要代码如下：

```
class RegFile(implicit val p: Parameters) extends Module with CoreParams {
  val io = IO(new RegFileIO)
  val regs = Mem(32, UInt(xlen.W))
  io.rdata1 := Mux(io.raddr1.orR, regs(io.raddr1), 0.U)
  io.rdata2 := Mux(io.raddr2.orR, regs(io.raddr2), 0.U)
  when(io.wen & io.waddr.orR) {
    regs(io.waddr) := io.wdata
  }
}
```

10.3.9 Datapath 模块

该模块例化了 CSR、RegFile、ALU、ImmGen 及 BrCond 模块，这些模块构成了流水线的数据通路，数据通路结合控制模块就可以构成处理器的 Core。

```
class DatapathIO(implicit p: Parameters) extends CoreBundle()(p) {
  val host = new HostIO
  val icache = Flipped(new CacheIO)
  val dcache = Flipped(new CacheIO)
  val ctrl = Flipped(new ControlSignals)
}

class Datapath(implicit val p: Parameters) extends Module with CoreParams {
  val io      = IO(new DatapathIO)
  val csr     = Module(new CSR)
  val regFile = Module(new RegFile)
  val alu     = p(BuildALU)(p)
  val immGen  = p(BuildImmGen)(p)
  val brCond  = p(BuildBrCond)(p)
}
```

10.3.10 Core 模块

该模块例化了 Datapath 和 Control 两个模块，并将相应的端口进行了连接。其主要代码如下：

```
class Core(implicit val p: Parameters) extends Module with CoreParams {
  val io = IO(new CoreIO)
  val dpath = Module(new Datapath)
  val ctrl  = Module(new Control)

  io.host <> dpath.io.host
  dpath.io.icache <> io.icache
  dpath.io.dcache <> io.dcache
  dpath.io.ctrl <> ctrl.io
}
```

10.4 riscv-mini 参数化机制

传统的硬件描述语言 Verilog 使用逐级传递的方式实现参数化，但这样一来不利于管理，二来容易出错。所以 Chisel 的开发团队开发出专门的 parameter 类用于管理较大芯片的参数，在 riscv-mini 中就使用了这种参数化机制。

parameter 类实现了高级的参数化机制，这套机制在此处被称为 site/here/up 链表机制，其原理是逐级例化时将参数例化为链表，逐级查找。该机制在 Chisel 3 中被分离出来作为单独的可选文件，想要使用该机制首先需要导入该包：

```
import freechips.rocketchip.config
```

该可选文件主要包括 Field[T]、View、Parameters、Config 这 4 个类，后 3 个类的继承关系图如图 10-2 所示。

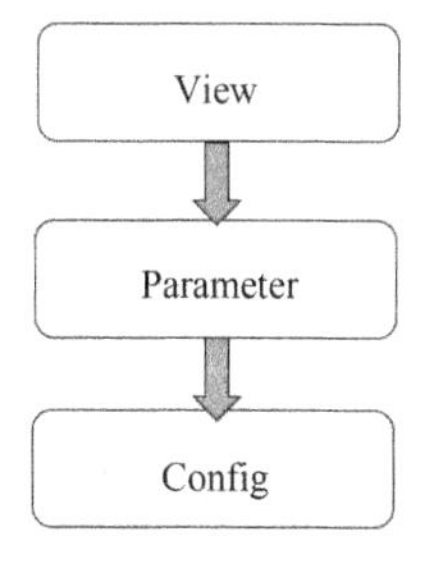

图 10-2 View、Parameters、Config 类的继承关系图

10.4.1 Field[T]类

Field[T]类的主要代码如下：

```
abstract class Field[T] private (val default: Option[T])
{
  def this() = this(None)
```

```
  def this(default: T) = this(Some(default))
}
```

抽象类 Field[T]是一个类型构造器，它需要根据类型参数 T 来生成不同的类型。而 T 取决于传入的参数——可选值 default:Option[T]的类型。例如，如果传入一个 Some(10)，则所有 T 都可以确定为 Int。

Field[T]只有一个公有 val 字段，即主构造方法的参数 default：Option[T]。此外，主构造方法是私有的，外部只能访问两个公有的辅助构造方法“def this()”和“def this(default: T)”。第一个辅助构造方法不接收参数，所以会构造一个可选值字段是 None 的对象；第二个辅助构造方法接收一个 T 类型的参数，然后把参数打包成可选值 Some(default): Option[T]，并把它赋给对象的可选值字段。

事实上，Field[T]是抽象的，并不能通过“new Field(参数)”来构造一个对象，所以它只能用于继承给子类、子对象或子特质。之所以定义抽象类 Field[T]，是为了后面构造出它的样例对象，并把这些样例对象用于偏函数。例如，构造一个“case object isInt extends Field[Int]”，然后把样例对象 isInt 用于偏函数“case isInt => …”。

为什么要把 isInt 构造成 Field[Int]类型，而不是直接的 Int 类型呢？首先，想要偏函数的参数是一个常量，这样才能构成常量模式的模式匹配，一个常量模式控制一条配置选项。所以，要么定义一个样例对象，要么定义一个普通的 Int 对象，比如 1。这里选择定义样例对象，因为不仅有 Int 类型，还可能有其他的自定义类型，它们可能是抽象的，无法直接创建实例对象。为了方便统一，全部构造成 Field[T]类型的样例对象。例如，“case object isA extends Field[A]”“case object isB extends Field[B]”等。

为什么要引入 Field[Int]而不是“case object isInt extends Int”呢？因为 Scala 的基本类型 Int、Float、Double、Boolean 等都是 final 修饰的抽象类，不能被继承。抽象类 Parameters 是 View 的子类，它的确实现了 find 方法，但是又引入了抽象的 chain 方法，所以只需要关心 Parameters 的子类是如何实现 chain 方法的。另外 4 个方法是把两个 Parameters 类的对象拼接起来的。

10.4.2　View 类

View 类的主要代码如下：

```
abstract class View {
  final def apply[T](pname: Field[T]): T = apply(pname, this)
  final def apply[T](pname: Field[T], site: View): T = {
    val out = find(pname, site)
    require (out.isDefined, s"Key ${pname} is not defined in Parameters")
    out.get
  }

  final def lift[T](pname: Field[T]): Option[T] = lift(pname, this)
  final def lift[T](pname: Field[T], site: View): Option[T] = find(pname,
site).map(_.asInstanceOf[T])

  protected[config] def find[T](pname: Field[T], site: View): Option[T]
}
```

抽象类 View 有两个 apply 方法。其中第一个 apply 方法只调用了第二个 apply 方法，故重点是第二个 apply 方法，其调用了 View 的 find 方法，而 find 方法是抽象的，目前只知道它的返回结果是一个可选值。View 的子类应该实现这个 find 方法，并且 find 方法会影响 apply 方法。如果不同的子类实现了不同行为的 find 方法，那么 apply 方法可能也会有不同的行为。

大致推测一下，参数 pname 的类型是 Field[T]，则可能是一个样例对象。而 find 方法应该就是在参数 site 里面找到是否包含 pname，如果包含就返回一个可选值，否则就返回 None。require 函数可以印证这一点：如果 site 里面没有 pname，则结果 out 就是 None，out.isDefined 就是 false，require 函数产生异常，并输出字符串“Key ${pname} is not defined in Parameters”，即找不到 pname；反之，out.isDefined 就是 true，require 函数通过，不会输出字符串，并执行后面的 out.get，即把可选值解开并返回。

10.4.3 Parameters 类及其伴生对象

Parameters 类及其伴生对象的主要代码如下：

```
abstract class Parameters extends View {
  final def ++ (x: Parameters): Parameters =
    new ChainParameters(this, x)

  final def alter(f: (View, View, View) => PartialFunction[Any,Any]): 
Parameters =
    Parameters(f) ++ this

  final def alterPartial(f: PartialFunction[Any,Any]): Parameters =
    Parameters((_,_,_) => f) ++ this

  final def alterMap(m: Map[Any,Any]): Parameters =
    new MapParameters(m) ++ this

  protected[config] def chain[T](site: View, tail: View, pname: Field[T]): 
Option[T]
  protected[config] def find[T](pname: Field[T], site: View) = chain(site, new 
TerminalView, pname)
}

object Parameters {
  def empty: Parameters = new EmptyParameters
  def apply(f: (View, View, View) => PartialFunction[Any,Any]): Parameters = 
new PartialParameters(f)
}
```

抽象类 Parameters 是 View 的子类，它不仅实现了 find 方法，又引入了抽象的 chain 方法，所以要重点关注 Parameters 的子类是如何实现 chain 方法的。

此外，出现了新的类 TerminalView。TerminalView 类也是 View 的子类，它也实现了 find 方法，只不过直接返回 pname 的可选值字段。Parameters 类的 find 方法给 chain 方法传递了三个参数——site、TerminalView 实例对象和 pname，它既可以在 site 中寻找是否包含 pname，又可以用 TerminalView 的 find 方法直接返回 pname。

Parameters 类的伴生对象中定义了一个 apply 工厂方法，该方法构造了一个 PartialParameters 对象。

首先，PartialParameters 类是 Parameters 的子类，所以工厂方法的返回类型可以是 Parameters，但实际的返回结果是一个子类对象。

其次，工厂方法的入参 f 是一个理解难点。f 的类型是一个函数，这个函数有三个 View 类型的入参，然后返回一个偏函数，即 f 是一个返回偏函数的函数。根据偏函数的介绍内容，可以推测出 f 返回的偏函数应该是一系列的 case 语句，用于模式匹配。

然后，只需要关心 Parameters 的子类是如何实现 chain 方法的，而子类 PartialParameters 则实现了 chain 方法的一个版本。这个 chain 方法首先把 PartialParameters 的构造参数 f 返回的偏函数用 g 来引用，即 g 现在就是那个偏函数。至于 f 的三个入参 site、this 和 tail 则不是重点。

最后，g.isDefinedAt(pname)表示在偏函数的可行域中寻找是否包含 pname，如果有，则执行相应的 case 语句；否则，就用参数 tail 的 find 方法。结合代码定义，参数 tail 其实就是 TerminalView 的实例对象，它的 find 方法就是直接返回 pname 的可选值字段。

10.4.4 Config 类

Config 类的主要代码如下：

```
class Config(p: Parameters) extends Parameters {
  def this(f: (View, View, View) => PartialFunction[Any,Any]) = this(Parameters(f))

  protected[config] def chain[T](site: View, tail: View, pname: Field[T]) = p.chain(site, tail, pname)
  override def toString = this.getClass.getSimpleName
  def toInstance = this
}
```

首先，Config 类也是 Parameters 的子类。它可以通过主构造方法接收一个 Parameters 类型的实例对象来构造一个 Config 类型的实例对象，或者通过辅助构造方法接收一个函数 f 来间接构造一个 Config 类型的实例对象。观察这个辅助构造方法，它其实先调用了 Parameters 的工厂方法，也就是利用函数 f 先构造了一个 PartialParameters 类型的对象（是 Parameters 的子类型），再用这个 PartialParameters 类型的对象去运行主构造方法。

然后，仍然需要知道 chain 方法是如何实现的。这里，Config 类的 chain 方法是由构造时的参数 p: Parameters 决定的。如果一个 Config 类的对象是用辅助构造方法和函数 f 构造的，那么参数 p 就是一个 PartialParameters 的对象，构造出来的 Config 类的 chain 方法实际上运行的是 PartialParameters 的 chain 方法。

10.5 参数化机制的应用

前面讲解的内容相当于类库中预先定义好的内容。要配置自定义的电路，还需要一个自定义的类。在 riscv-mini 中定义了下面的 MiniConfig 类：

```
package mini

import chisel3.Module
import freechips.rocketchip.config.{Parameters, Config}
import junctions._

class MiniConfig extends Config((site, here, up) => {
  // Core
  case XLEN => 32
  case Trace => true
  case BuildALU    => (p: Parameters) => Module(new ALUArea()(p))
  case BuildImmGen => (p: Parameters) => Module(new ImmGenWire()(p))
  case BuildBrCond => (p: Parameters) => Module(new BrCondArea()(p))
  // Cache
  case NWays => 1 // TODO: set-associative
  case NSets => 256
  case CacheBlockBytes => 4 * (here(XLEN) >> 3) // 4 x 32 bits = 16B
  // NastiIO
  case NastiKey => new NastiParameters(
    idBits   = 5,
    dataBits = 64,
    addrBits = here(XLEN))
}
)
```

MiniConfig 类是 Config 的子类，它没有添加任何定义，只是给超类 Config 传递了所需要的构造参数。Config 类有两种构造方法，这里用了给定函数 f 的方法。函数 f 的类型是“(View, View, View) => PartialFunction[Any,Any]”，这里给出的三个 View 类型的入参是 site、here 和 up，重点要关注返回的偏函数是什么。偏函数是用花括号括起来的 9 个 case 语句，这呼应了前面讲过的用 case 语句组构造偏函数。case 后面的 XLEN、Trace 等是一系列 Filed[T]类型的样例对象。

如何利用 MiniConfig 类呢？首先来看 riscv-mini 的顶层文件是如何描述的：

```
val params = (new MiniConfig).toInstance
val chirrtl = firrtl.Parser.parse(chisel3.Driver.emit(() => new Tile(params)))
```

这里，也就是直接构造了一个MiniConfig的实例，并把它传递给了需要它的顶层模块Tile。

下面来看 Tile 模块的定义：

```
class Tile(tileParams: Parameters) extends Module with TileBase {
  implicit val p = tileParams
  val io     = IO(new TileIO)
  val core   = Module(new Core)
  val icache = Module(new Cache)
  val dcache = Module(new Cache)
```

```
  val arb   = Module(new MemArbiter)

  io.host <> core.io.host
  core.io.icache <> icache.io.cpu
  core.io.dcache <> dcache.io.cpu
  arb.io.icache <> icache.io.nasti
  arb.io.dcache <> dcache.io.nasti
  io.nasti <> arb.io.nasti
}
```

首先，Tile 模块需要一个 Parameters 类型的参数，程序中给了一个 MiniConfig 的实例，而 MiniConfig 继承自 Config，Config 继承自 Parameters，所以这是合法的。

然后，Tile 模块把入参赋给了隐式变量 p。参考隐式定义的内容，这个隐式变量会被编译器传递给当前层次所有未显式给出的隐式参数。查看其他代码的定义，即后面实例化的 TileIO、Core、Cache 和 MemArbiter 需要隐式参数。由于没有显式给出隐式参数，因此它们都会接收这个隐式变量 p，即 MiniConfig 实例。

以 Core 模块为例：

```
class Core(implicit val p: Parameters) extends Module with CoreParams {
  val io = IO(new CoreIO)
  val dpath = Module(new Datapath)
  val ctrl  = Module(new Control)

  io.host <> dpath.io.host
  dpath.io.icache <> io.icache
  dpath.io.dcache <> io.dcache
  dpath.io.ctrl <> ctrl.io
}
```

可以看到，Core 模块确实需要接收一个隐式的 Parameters 类型的参数。

再来看 Core 混入的特质 CoreParams：

```
abstract trait CoreParams {
  implicit val p: Parameters
  val xlen = p(XLEN)
}
```

这个特质有未实现的抽象成员，即隐式参数 p。抽象成员需要子类给出具体的实现，即 Core 模块接收的 MiniConfig 实例。

那么“val xlen = p(XLEN)”意味着什么呢？我们知道，p 是一个 MiniConfig 的实例对象，它继承了超类 View 的 apply 方法。查看 apply 的定义，就是调用了：

```
final def apply[T](pname: Field[T]): T = apply(pname, this)
```

和

```
final def apply[T](pname: Field[T], site: View): T = {
  val out = find(pname, site)
  require (out.isDefined, s"Key ${pname} is not defined in Parameters")
  out.get
}
```

而 XLEN 被定义为：

```
case object XLEN extends Field[Int]
```

所以 XLEN 是 Field[T]类型的样例对象，即“val xlen = p(XLEN)”相当于“val xlen = p.apply(XLEN, p)”。这里的 this 也就是把对象 p 自己传入。紧接着，apply 方法需要调用 find 方法，即“val out = find(XLEN, p)”。MiniConfig 继承了 Parameters 的 find 和 chain 方法，也就是：

```
protected[config] def chain[T](site: View, tail: View, pname: Field[T]):
Option[T]
protected[config] def find[T](pname: Field[T], site: View) = chain(site, new
TerminalView, pname)
```

而 chain 方法继承自 Config 类：

```
protected[config] def chain[T](site: View, tail: View, pname: Field[T]) =
p.chain(site, tail, pname)
```

注意这里的 p 是用 MiniConfig 传递给超类的函数 f 构造的 PartialParameters 对象，不是 MiniConfig 对象自己，即“val out = (new PartialParameters((site, here, up) => {…})).chain(p, new TerminalView, XLEN)”。

再来看 PartialParameters 类的 chain 方法的具体行为：

```
protected[config] def chain[T](site: View, tail: View, pname: Field[T]) = {
  val g = f(site, this, tail)
  if  (g.isDefinedAt(pname))  Some(g.apply(pname).asInstanceOf[T])  else
tail.find(pname, site)
}
```

注意，这里的 f 就是 PartialParameters 的构造参数，也就是 MiniConfig 传递给超类 Config 的函数：

```
(site, here, up) => {
  // Core
  case XLEN => 32
  case Trace => true
  case BuildALU    => (p: Parameters) => Module(new ALUArea()(p))
  case BuildImmGen => (p: Parameters) => Module(new ImmGenWire()(p))
  case BuildBrCond => (p: Parameters) => Module(new BrCondArea()(p))
  // Cache
  case NWays => 1 // TODO: set-associative
  case NSets => 256
  case CacheBlockBytes => 4 * (here(XLEN) >> 3) // 4 x 32 bits = 16B
  // NastiIO
  case NastiKey => new NastiParameters(
    idBits   = 5,
    dataBits = 64,
    addrBits = here(XLEN))
}
```

至此，可以确定 site = p（MiniConfig 对象自己），here = new PartialParameters((site, here, up) => {…})（注意这里的 this 应该是 chain 的调用对象），up = new TerminalView。

而 g 就是由花括号中的 9 个 case 语句组成的偏函数，那么 g.isDefinedAt(XLEN)就是 true，最终 chain 返回的结果就是“Some(g.apply(XLEN).asInstanceOf[Int])”，即可选值 Some(32)，注意 XLEN 是 Field[Int]类型的，确定了 T 是 Int。

得到了“val out = Some(32)”后，apply 方法的 require 就能通过，同时返回结果“out.get”，即 32。最终，“val xlen = p(XLEN)”相当于“val xlen = 32”。也就是说，在混入特质 CoreParams 的地方，如果有一个隐式 Parameters 变量是 MiniConfig 的对象，就会得到一个名为“xlen”的 val 字段，它的值是 32。

关于“here(XLEN)”，因为 here 已经确定是由 f 构成的 PartialParameters 对象，那么套用前述过程，其实也是返回 32。

假设偏函数的可行域内没有 XLEN，那么 chain 就会执行“(new TerminalView).find(XLEN, p)”，也就是返回 XLEN.default。因为 XLEN 在定义时没给超类 Filed[Int]传递参数，所以会调用 Filed[T]的第一个辅助构造函数：

```
def this() = this(None)
```

导致 XLEN.default = None。这使得“val out = None”，apply 方法的 require 产生异常报错，并打印信息“Key XLEN is not defined in Parameters”。注意字符串插值会把${pname}求值成 XLEN。

再来看 Core 模块中的 CoreIO：

```
abstract class CoreBundle(implicit val p: Parameters) extends Bundle with CoreParams

class HostIO(implicit p: Parameters) extends CoreBundle()(p) {
  val fromhost = Flipped(Valid(UInt(xlen.W)))
  val tohost   = Output(UInt(xlen.W))
}

class CoreIO(implicit p: Parameters) extends CoreBundle()(p) {
  val host = new HostIO
  val icache = Flipped((new CacheIO))
  val dcache = Flipped((new CacheIO))
}
```

抽象类 CoreBundle 混入了特质 CoreParams，并接收 HostIO 传来的隐式参数——MiniConfig 的对象（HostIO 来自 CoreIO，CoreIO 来自 Core，Core 来自 Tile），所以 HostIO 有了字段“val xlen = 32”，它定义的端口位宽也就是 32 位的了。

对于偏函数其他的 case 语句，原理一样：

```
case object Trace extends Field[Boolean]
case object BuildALU extends Field[Parameters => ALU]
case object BuildImmGen extends Field[Parameters => ImmGen]
case object BuildBrCond extends Field[Parameters => BrCond]
case object NWays extends Field[Int]
case object NSets extends Field[Int]
case object CacheBlockBytes extends Field[Int]
case object NastiKey extends Field[NastiParameters]
```

```
case class NastiParameters(dataBits: Int, addrBits: Int, idBits: Int)

if (p(Trace)) {
  printf("PC: %x, INST: %x, REG[%d] <- %x\n", ew_pc, ew_inst,
    Mux(regFile.io.wen, wb_rd_addr, 0.U),
    Mux(regFile.io.wen, regFile.io.wdata, 0.U))
  }

val alu     = p(BuildALU)(p)
val immGen  = p(BuildImmGen)(p)
val brCond  = p(BuildBrCond)(p)

val nWays  = p(NWays) // Not used...
val nSets  = p(NSets)
val bBytes = p(CacheBlockBytes)

val nastiExternal = p(NastiKey)
val nastiXDataBits = nastiExternal.dataBits
val nastiWStrobeBits = nastiXDataBits / 8
val nastiXAddrBits = nastiExternal.addrBits
val nastiWIdBits = nastiExternal.idBits
val nastiRIdBits = nastiExternal.idBits
......
```

10.6 总结

Chisel 相比于 Verilog 的优势可以总结为用自顶向下的设计思想替代自底向上的设计思想，从参数化上体验尤为明显。

用 Chisel 编写的 riscv-mini 使用了一个配置文件来裁剪电路。这利用了 Scala 的模式匹配、样例类、偏函数、可选值、隐式定义等语法。首先要导入 10.4 节提到的可选软件包，其次是像定义 MiniConfig 那样定义自己的参数类，然后实例化参数类，并用隐式参数传递给相应的模块。

如果当前作用域有隐式的参数类对象，那么用“val xxx = p(XXX)”参数化的字段就能根据隐式对象求得具体的值。改变隐式对象的内容，就能动态地定义像位宽这样的关键字段。这样裁剪设计时，只需要修改自定义参数类的偏函数，而不需要每个地方都去更改。逐级例化时将参数例化为链表，逐级查找，这满足了参数统一、分层管理、不需要层层传递的要求，使得参数化管理便捷高效、层次分明。

10.7 参考文献

[1] Donggyu Kim. Simple RISC-V 3-stage Pipeline in Chisel[CP/OL].[2018-05-16]. https://github.com/ucb-bar/riscv-mini.

10.8 课后练习

1．riscv-mini 是几级流水线的处理器？它和 Rocket-Chip 有什么联系？
2．简述 View、Parameters 和 Config 三者之间的关系。
3．riscv-mini 使用了什么样的传参机制？它的优势是什么？
4．为什么需要定义 MiniConfig？它的作用是什么？

第二篇　Scala 语言编程基础知识

第 11 章　Scala 的变量及函数

11.1　变量定义与基本类型

11.1.1　定义一个变量

Scala 在首次定义一个变量时，必须在变量名前面添加关键字“var”或者“val”。用“var”修饰的变量可以被重新赋予新的值，并且把原值抛弃，类似于 Java 的非 final 变量。在后续重新赋值时，就不用再写“var”了。而用“val”修饰的变量则禁止被重新赋值，类似于 Java 的 final 变量，换句话说，就是只能读、不能写的变量。

变量名可以是任意的字母、数字和下画线的组合，但是不能以数字开头。Scala 推荐的命名方法是“驼峰命名法”，即每个单词的首字母大写，并且变量名和函数名以小写字母开头，类、对象和特质则以大写字母开头，例如，“val isOne”“class MyClass”。在首次定义变量时，就必须赋予具体的值来初始化。不能出现如下形式：

```
val x
x = 1
var x
x = 1
```

以下代码都是合法的变量定义：

```
scala> val x = 1
x: Int = 1
scala> var y = 2
y: Int = 2
scala> val msg = "Hello, world!"
msg: String = Hello, world!
```

var 类型的变量在被重新赋值时，新值必须和旧值是同一个类型，否则会发生类型匹配错误：

```
scala> var x = 1
x: Int = 1
scala> x = 10
//重新对 x 赋值
scala> x = "abc"

<console>:12: error: type mismatch;
 found   : String("abc")
 required: Int
       x="abc"
       ^
```

val类型的变量则直接禁止被重新赋值：

```
scala> val x = 1
x: Int = 1
scala> x = 10

<console>:12: error: reassignment to val
       x=10
        ^
```

如果要赋给多个变量相同的值，那么没必要逐条定义，而在一条语句中用逗号间隔变量名即可。例如：

```
scala> val a, b, c = 1
a: Int = 1
b: Int = 1
c: Int = 1
```

Scala的变量定义具有覆盖性。如果出现了同名的变量，则后出现的变量会覆盖前面的变量。例如：

```
scala> val x = 1
x: Int = 1
scala> val x = 10
x: Int = 10
scala> x
res0: Int = 10
```

要注意的是，赋给变量的对象存在可变与不可变之分。要理解到底是变量指向的对象本身发生了改变，还是变量指向了新的对象。即使是val类型的变量，也能被指向一个可变对象。这个可变对象能够被重新修改，例如，给可变映射添加新的键值对。事实上，这只是旧对象发生了改变，并未产生新的对象。

Scala提倡定义val类型的变量，因为它是函数式编程，而函数式编程的思想之一就是传入函数的参数不应该被改变。所以，在Scala中，所有函数的参数都必须是val类型的。但是，Scala也允许指令式编程，因而预留了var类型的变量。对于习惯了指令式编程的读者，例如，喜欢编写“for(i = 0; i < N; i++)”来实现一个循环，很显然更倾向于使用var类型的变量，因为在这个for循环中，变量i被多次重新赋值。Scala推荐读者学会使用val类型的变量，学会函数式编程。使用val类型变量的好处就是不用计算某个变量在某个时刻是什么值，因为val类型的变量一旦被初始化，就一直不变，直到被重新定义。

11.1.2 Scala的基本类型

Scala是静态语言，在编译期间会检查每个对象的类型。对于类型不匹配的非法操作，在编译时就能被发现。对于动态语言而言，这种非法操作需要等到运行时才能被发现，此时可能造成严重错误。所以，静态语言相比诸如Python这样的动态语言在某些方面是有优势的。对于Chisel而言，我们就需要这种优势。因为Chisel需要编译成Verilog，不能产生非法的Verilog语句并且等到模块运行时才发现它。

Scala标准库定义了一些基本类型，如表11-1所示。除“String”类型属于java.lang包外，其余都在 Scala 的包中。

表 11-1 Scala 的基本类型

Scala 基本类型	
Byte	8bit 有符号整数，补码表示，范围是-2^7 ～ 2^7-1
Short	16bit 有符号整数，补码表示，范围是-2^{15} ～ $2^{15}-1$
Int	32bit 有符号整数，补码表示，范围是-2^{31} ～ $2^{31}-1$
Long	64bit 有符号整数，补码表示，范围是-2^{63} ～ $2^{63}-1$
Char	16bit 无符号字符，Unicode 编码，范围是 0 ～ $2^{16}-1$
String	字符串
Float	32bit 单精度浮点数，符合 IEEE 754 标准
Double	64bit 双精度浮点数，符合 IEEE 754 标准
Boolean	布尔值，其值为 true 或者 false

事实上，在定义变量时，应该指明变量的类型。Scala 的编译器具有自动推断类型的功能，所以可以根据赋给变量的对象的类型，来自动推断出变量的类型。在要显式声明变量的类型或者无法推断时，只需在变量名后面加上一个冒号“:”，然后在等号与冒号之间写出类型名即可。例如：

```
scala> val x: Int = 123
x: Int = 123
scala> val y: String = "123"
y: String = 123
scala> val z: Double = 1.2
z: Double = 1.2
```

1. 整数字面量

整数有 4 种类型，默认情况下推断为 Int 类型。如果字面量的结尾有 l 或者 L，则推断为 Long 类型。此外，Byte 和 Short 则需要在定义变量时显式声明。注意，赋给的字面值不能超过类型的表示范围。

整数字面量默认是十进制的，但如果以“0x”或者“0X”开头，则字面量被认为是十六进制的。十六进制的字母不区分大小写。例如：

```
scala> val a = 100
a: Int = 100
scala> val b = 0X123Abc
b: Int = 1194684
scala> val c: Byte = 200

<console>:11: error: type mismatch;
 found   : Int(200)
 required: Byte
       val c: Byte = 200
                     ^
```

```
scala> val d = 200L
d: Long = 200
```

2. 浮点数字面量

浮点数字面量都是十进制的，类型默认是 Double 类型。可以增加一个字母“e”或者“E”，再添加一个整数作为指数，这样就构成 10 的 *n* 次幂。在末尾可以写一个“f”或者“F”，表示 Float 类型；也可以写一个“d”或者“D”，表示 Double 类型，但这不是必需的。注意，Double 类型的字面量不能赋给 Float 类型的变量。虽然 Float 允许扩展成 Double 类型，但是会发生精度损失。例如：

```
scala> val a = 1.2E3
a: Double = 1200.0
scala> val b = -3.2f
b: Float = -3.2
scala> val c: Float = -3.2

<console>:11: error: type mismatch;
 found   : Double(-3.2)
 required: Float
       val c: Float = -3.2
                      ^
scala> val d: Double = -3.2F
d: Double = -3.200000047683716
```

3. 字符字面量与字符串字面量

字符字面量是以单引号‘’括起来的一个字符，采用 Unicode 编码。例如：

```
scala> val a = 'D'
a: Char = D
```

也可以用“\u 编码号”的方式来构造一个字符，而且 Unicode 编码可以出现在代码的任何地方，甚至是名称命名。例如：

```
scala> val b = '\u0041'
b: Char = A
scala> val c = '\u0042'
c: Char = B
scala> val \u0041\u0042 = 1
AB: Int = 1
```

此外，还支持转义字符。例如：

```
scala> val d = '\\'
d: Char = \
```

字符串字面量就是用双引号“”括起来的字符序列，长度任意，允许掺杂转义字符。例如：

```
scala> val a = "\\\\\\"
```

```
a: String = \\\
```

此外，也可以用前后各三个双引号“"" """”包起来，这样字符串中也能出现双引号，而且转义字符不会被解读。例如：

```
scala> val b = """So long \u0041 String \\\'\"!"""
b: String = So long A String \\\'\"!
```

但是在执行过程中会出现 warning，所以 Scala 2.13 版本不建议在“"" """”中使用 Unicode 转义字符，而直接写字符本身。例如：

```
Scala>val b = """So long A String \\\'\"!"""
b:String=So long A String \\\'\"!
```

4. 字符串插值

Scala 构建了一种灵活的机制进行字符串插值，这使得表达式可以被嵌入在字符串字面量中并被求值。第一种形式是 s 插值器，即在字符串的双引号前加一个 s，形如 s“…${表达式}…”。s 插值器会对内嵌的每个表达式求值，并调用内置的 toString 方法，得到求值结果后替换字面量中的表达式。从美元符号开始到首个非标识符字符（字母、数字、下画线和操作符的组合称为标识符，以及反引号对` `包起来的字符串）的部分会被当作表达式，如果有非标识符字符，就必须将其放在花括号中，且左花括号要紧跟美元符号。下面是一些例子：

```
scala> val name = "ABC"
name: String = ABC
scala> println(s"$name DEFG")
ABC DEFG
scala> s"Sum = ${1 + 10}"
res0: String = Sum = 11
scala> s"\\\\"
res1: String = \\
```

第二种形式是 raw 插值器，它与 s 插值器类似，但不识别转义字符。第三种形式是 f 插值器，允许给内嵌的表达式加上 printf 风格的指令，指令放在表达式之后并以百分号开始。指令语法来自 java.util.Formatter。分别举例如下：

```
scala> raw"\\\\"
res2: String = \\\\
scala> printf(f"${math.Pi}%.5f")
3.14159
```

11.1.3 小结

本节介绍了 Scala 定义变量的方法及基本变量类型，重点在于学会使用 val 类型的变量。

11.2 函数及其几种形式

11.2.1 定义一个函数

Scala 的函数定义以“def”开头，然后是一个自定义的函数名（推荐驼峰命名法），接着是用圆括号“( )”括起来的参数列表。在参数列表中，多个参数用逗号隔开，并且每个参数名后面都要紧跟一个冒号及显式声明的参数类型，因为编译器在编译期间无法推断出入参类型。在参数列表后，应该紧跟一个冒号，再添加函数返回结果的类型。最后，再写一个等号“=”，等号后面是用花括号“{ }”括起来的函数体。例如：

```
用"def"开始函数定义
         | 函数名
         |   |  参数及参数类型
         |   |       | 函数返回结果的类型
         |   |       |         | 等号
         |   |       |         |  |
       def max(x: Int, y: Int): Int = {
         if(x > y)
           x
         else   |
           y   |
       }       |
               |
```

1. 分号推断

在 Scala 的代码中，语句末尾的分号是可选的，因为编译器会自动推断分号。如果一行只有一条完整的语句，那么分号可写可不写；如果一行有多条语句，则必须用分号隔开。有三种情况句末不会推断分号：（1）句末以非法结尾字符结尾，如以句点符号“.”或中缀操作符结尾；（2）下一行的句首以非法起始字符开始，如以句点符号“.”开头；（3）跨行出现圆括号对“( )”或者方括号对“[ ]”，因为它们里面不能进行分号的自动推断，要么只包含一条完整语句，要么包含用分号显式隔开的多条语句。另外，花括号对“{ }”的里面可以进行分号的自动推断。为了简洁起见，同时不产生无意的错误和歧义，建议一行只写一条完整的语句，句末分号省略，让编译器自动推断。而且内层的语句最好比外一层语句向内缩进两个空格，使得代码层次分明。

2. 函数的返回结果

在 Scala 中，“return”关键字也是可选的。默认情况下，编译器会自动为函数体中的最后一个表达式加上“return”，将其作为返回结果。建议不要显式声明“return”，这会引发 warning，而且使得代码风格看上去是指令式风格。

返回结果的类型也是可以根据参数类型和返回的表达式来自动推断的，所以上例中的“: Int”通常是可以省略的。

返回结果有一个特殊的类型——Unit，表示没有值返回。这是一个有副作用的函数，并不能提供任何可引用的返回结果。Unit 类型同样可以被推断出来，但如果显式声明为 Unit 类型的函数，则即使函数体最后有一个可以返回具体值的表达式，也不会把表达式的结果返回。例如：

```
scala> def add(x: Int, y: Int) = { x + y }
add: (x: Int, y: Int)Int
```

```
scala> add(1, 2)
res0: Int = 3
scala> def nothing(x: Int, y: Int): Unit = { x + y }
nothing: (x: Int, y: Int)Unit
scala> nothing(1, 2)
scala>
```

3. 等号与函数体

Scala 的函数体是用花括号括起来的，这与 C、C++、Java 等语言类似。函数体中可以有多条语句，并自动推断分号、返回最后一个表达式。如果只有一条语句，那么花括号也可以省略。

Scala 的函数定义还有一个等号，这使得它看起来类似数学中的函数“$f(x) = \cdots$”。当函数的返回类型没有显式声明时，那么这个等号可以省略，但是返回类型一定会被推断成 Unit 类型，不管有没有值返回，函数体都必须有花括号。当函数的返回类型显式声明时，无论如何都不能省略等号。建议写代码时不要省略等号，避免产生不必要的错误，返回类型最好也显式声明。

4. 无参函数

如果一个函数没有参数，那么可以写一个空括号作参数列表，也可以不写。如果有空括号，那么调用时可以写也可以不写空括号；如果没有空括号，那么调用时就一定不能写空括号。原则上，无副作用的无参函数省略括号，有副作用的无参函数添加括号。

11.2.2　方法

方法其实就是定义在 class、object、trait 里面的函数，这种函数叫作“成员函数”或者“方法”，与多数 OOP（Object Oriented Programming，面向对象编程）语言一样。

11.2.3　嵌套函数

函数体内部还可以定义函数，这种函数的作用域是局部的，只能被定义它的外层函数调用，外部无法访问。局部函数可以直接使用外层函数的参数，也可以直接使用外层函数的内部变量。例如：

```
scala> def addSub(x: Int, y: Int) = {
     |     def sub(z: Int) = z - 10
     |     if(x > y) sub(x - y) else sub(y - x)
     | }
addSub: (x: Int, y: Int)Int
scala> addSub(100, 20)
res0: Int = 70
```

11.2.4　函数字面量

函数式编程有两个主要思想，其中之一就是：函数是一等（first-class）的值。换句话说，一个函数的地位与一个 Int 值、一个 String 值等，是一样的。既然一个 Int 值可以成为函数的参数、函数的返回值、定义在函数体中、存储在变量中，那么，与其地位相同的函数也可以这样。可以把一个函数当参数传递给另一个函数，也可以让一个函数返回一个函数，还可以把函数赋给一个变量，又或者像定义一个值那样在函数中定义别的函数（即前述的嵌套函数）。就像写一个整数字面量"1"那样，Scala 也可以定义函数字面量。函数字面量是一种匿名函数的形式，它可以存储在变量中、成为函数参数或者当作函数返回值，其定义形式为：

```
(参数 1: 参数 1 类型, 参数 2: 参数 2 类型, …) => { 函数体 }
```

通常，函数字面量会赋给一个变量，这样就能通过"变量名(参数)"的形式来使用函数字面量。在参数类型可以被推断的情况下，可以省略类型，并且当参数只有一个时，圆括号也可以省略。

函数字面量的形式可以更精简，即只保留函数体，并用下画线"_"作为占位符来代替参数。在参数类型不明确时，需要在下画线后显式声明其类型。多个占位符代表多个参数，即第一个占位符是第一个参数，第二个占位符是第二个参数，……因此不能重复使用某个参数。例如：

```
scala> val f = (_: Int) + (_: Int)
f: (Int, Int) => Int = $$Lambda$1097/1827889801l89cfc4
scala> f(1, 2)
res0: Int = 3
```

无论是用"def"定义的函数，还是函数字面量，它们的函数体都可以把一个函数字面量作为一个返回结果，这样就成为返回函数的函数；它们的参数变量的类型也可以是一个函数，这样调用时给的入参就可以是一个函数字面量。类型为函数的变量，其冒号后面的类型写法是"(参数 1 类型, 参数 2 类型,…) => 返回结果的类型"。例如：

```
scala> val add = (x: Int) => { (y: Int) => x + y }
add: Int => (Int => Int) = <function1>
scala> add(1)(10)
res0: Int = 11
scala> def aFunc(f: Int => Int) = f(1) + 1
aFunc: (f: Int => Int)Int
scala> aFunc(x => x + 1)
res1: Int = 3
```

在第一个例子中，变量 add 被赋予了一个返回函数的函数字面量。在调用时，第一个括号中的"1"代表传递给参数 x，第二个括号中的"10"代表传递给参数 y。如果没有第二个括号，得到的就不是 11，而是"(y: Int) => 1 + y"这个函数字面量。

在第二个例子中，函数 aFunc 的参数 f 是一个函数，并且该函数要求是一个入参为 Int 类型、返回结果也是 Int 类型的函数。在调用时，给出了函数字面量"x => x + 1"。这里没有显式声明 x 的类型，因为可以通过 f 的类型来推断出 x 必须是一个 Int 类型。在执行时，首先求值 f(1)，结合参数"1"和函数字面量，可以算出结果是 2。那么，"f(1) + 1"就等于 3。

11.2.5　部分应用函数

上面介绍的函数字面量实现了函数作为一等值的功能，而用"def"定义的函数也具有同样的功能，只不过需要借助部分应用函数的形式来实现。例如，有一个函数定义为"def max(…) …”，若想把这个函数存储在某个变量中，不能直接写成“val x = max”的形式，而必须像函数调用那样，给出一部分参数，故而称作部分应用函数（如果参数全给了，就成了函数调用）。部分应用函数的作用就是把 def 函数打包到一个函数值中，使它可以赋给变量，或当作函数参数进行传递。例如：

```
scala> def sum(x: Int, y: Int, z: Int) = x + y + z
sum: (x: Int, y: Int, z: Int)Int
scala> val a1 = sum(4, 5, 6)
a1: Int = 15
scala> val a2 = sum(4, _: Int, 6)
a2: Int => Int = $$Lambda$1124/31807844@cc5a39
scala> a2(5)
res0: Int = 15
scala> val a3 = sum _
a3: (Int, Int, Int) => Int = $$Lambda$1125/7905168@d10d40
scala> a3(4, 5, 6)
res1: Int = 15
```

变量 a1 其实是获得了函数 sum 调用的返回结果，变量 a2 则是获得了部分应用函数打包的 sum 函数，因为只给出了参数 x 和 z 的值，参数 y 没有给出。注意，没给出的参数用下画线代替，而且必须显式声明参数类型。变量 a3 也是部分应用函数，只不过一个参数都没有明确给出。像这样一个参数都不给的部分应用函数，只需要在函数名的后面加一个下画线即可，注意函数名和下画线之间必须有空格。

如果部分应用函数中一个参数都没有给出，比如例子中的 a3，那么在需要该函数作入参的地方，下画线也可以省略。例如：

```
scala> def needSum(f: (Int, Int, Int) => Int) = f(1, 2, 3)
needSum: (f: (Int, Int, Int) => Int)Int
scala> needSum(sum _)
res2: Int = 6
scala> needSum(sum)
res3: Int = 6
```

11.2.6 闭包

一个函数除可以使用它的参数外，还能使用定义在函数以外的其他变量。其中，函数的参数称为绑定变量，因为完全可以根据函数的定义得知参数的信息；而函数以外的变量称为自由变量，因为函数自身无法给出这些变量的定义。这样的函数称为闭包，因为它要在运行期间捕获自由变量，让函数闭合，定义明确。自由变量必须在函数前面定义，否则编译器找不到，会报错。

闭包捕获的自由变量是闭包创建时活跃的那个自由变量，后续若新建同名的自由变量来覆盖前面的定义，由于闭包已经闭合完成，因此新自由变量与已创建的闭包无关。如果闭包捕获的自由变量本身是一个可变对象（如 var 类型变量），那么闭包会随之改变。例如：

```
var more = 1
val addMore = (x: Int) => x + more          // addMore = x + 1
```

```
more = 2                                         // addMore = x + 2
var more = 10                                    // addMore = x + 2
more = -100                                      // addMore = x + 2
```

11.2.7　函数的特殊调用形式

1. 具名参数

普通函数在调用时，参数是按其先后顺序逐个传递的，但如果调用时显式声明参数名并对其赋值，则可以无视参数顺序。按位置传递的参数和按名字传递的参数可以混用，例如：

```
scala> def max(x: Int, y: Int, z: Int) = {
     |     if(x > y && x > z) println("x is maximum")
     |     else if(y > x && y > z) println("y is maximum")
     |     else println("z is maximum")
     | }
max: (x: Int, y: Int, z: Int)Unit
scala> max(1, z = 10, y = 100)
y is maximum
```

2. 默认参数值

函数定义时，可以给参数一个默认值，如果调用函数时缺省了这个参数，那么就会使用定义时给的默认值。默认参数值通常和具名参数结合使用。例如：

```
scala> def max(x: Int = 10, y: Int, z: Int) = {
     |     if(x > y && x > z) println("x is maximum")
     |     else if(y > x && y > z) println("y is maximum")
     |     else println("z is maximum")
     | }
max: (x: Int, y: Int, z: Int)Unit
scala> max(y = 3, z = 5)
x is maximum
```

3. 重复参数

Scala 允许把函数的最后一个参数标记为重复参数，其形式为在最后一个参数的类型后面加上星号“*”。重复参数的意思是可以在运行时传入任意个相同类型的元素，包括零个。类型为“T*”的参数的实际类型是“Array[T]”，即若干 T 类型对象构成的数组。尽管是 T 类型的数组，但要求传入参数的类型仍然是 T。如果传入的实参是 T 类型对象构成的数组，则会报错，除非用“变量名: _*”的形式告诉编译器把数组元素一个一个地传入。例如：

```
scala> def addMany(msg: String, num: Int*) = {
            var sum = 0
            for(x <- num) sum += x
            println(msg + sum)
       }
addMany: (msg: String, num: Int*)Unit
scala> addMany("sum = ", 1, 2, 3)
```

```
sum = 6
scala> addMany("sum = ")
sum = 0
scala> addMany("sum = ", Array(1, 2, 3))

<console>:13: error: type mismatch;
 found   : Array[Int]
 required: Int
      addMany("sum = ", Array(1, 2, 3))
                        ^

scala> addMany("sum = ", Array(1, 2, 3): _*)
sum = 6
```

但是这种写法在 Scala 2.13 版本中是不被推荐的，会出现 warning。因为数组的内容是可更改的，将数组值传递给入参，会导致数据的复制。

推荐在 Array 外面包一层 unsafeWrap，避免了数据的复制，更加高效。

```
import scala.collection.immutable.ArraySeq.unsafeWrapArray
addMany("sum = ",unsafeWrapArray(Array(1,2,3)):_*)
sum = 6
```

或者传入一个 List，List 的内容是不可更改的，作为入参，可避免数据的复制。

```
addMany("sum = ",List(1,2,3):_*)
sum = 6
```

11.2.8 柯里化

对大多数编程语言来说，函数只能有一个参数列表，但是列表中可以有若干用逗号间隔的参数。Scala 有一个独特的语法——柯里化，也就是一个函数可以有任意个参数列表。柯里化往往与另一个语法结合使用：当参数列表中只有一个参数时，在调用该函数时允许单个参数不用圆括号括起来，改用花括号也是可行的。这样，在自定义类库时，自定义方法看上去就好像是“if(…) {…}”“while(…) {…}”“for(…) {…}”等内建控制结构一样。例如：

```
scala> def add(x: Int, y: Int, z: Int) = x + y + z
add: (x: Int, y: Int, z: Int)Int
scala> add(1, 2, 3)
res0: Int = 6
scala> def addCurry(x: Int)(y: Int)(z: Int) = x + y + z
addCurry: (x: Int)(y: Int)(z: Int)Int
scala> addCurry(1)(2) {3}
res1: Int = 6
```

11.2.9 传名参数

11.2.4 节介绍了函数字面量如何作为函数的参数进行传递，以及如何表示当类型为函数时参数的类型。如果某个函数的入参类型是一个无参函数，那么通常的类型表示法是“( ) =>

函数的返回类型”。在调用这个函数时，给出的参数就必须写成形如“( ) => 函数体”这样的函数字面量。

为了让自定义控制结构更像内建结构，Scala 又提供了一个特殊语法——传名参数。即类型是一个无参函数的函数入参，传名参数的类型表示法是“=> 函数的返回类型”，即相对常规表示法去掉了前面的空括号。在调用该函数时，传递进去的函数字面量则可以只写“函数体”，去掉了“( ) =>”。例如（引自《Scala 编程》（第 3 版）[1]）：

```
scala> var assertionEnabled = false
assertionEnabled: Boolean = false
// predicate 是类型为无参函数的函数入参
scala> def myAssert(predicate: () => Boolean) =
     | if(assertionEnabled && !predicate())
     |  throw new AssertionError
myAssert: (predicate: () => Boolean)Unit
// 常规版本的调用
scala> myAssert(() => 5 > 3)
// 传名参数的用法，注意因为去掉了空括号，所以调用 predicate 时不能有括号
scala> def byNameAssert(predicate: => Boolean) =
     | if(assertionEnabled && !predicate)
     | throw new AssertionError
byNameAssert: (predicate: => Boolean)Unit
// 传名参数版本的调用，看上去更自然
scala> byNameAssert(5 > 3)
```

可以看到，传名参数使得代码更加简洁、自然。事实上，predicate 的类型可以改成 Boolean，而不必是一个返回布尔值的函数，这样调用函数时与传名参数是一致的。例如（引自《Scala 编程》（第 3 版）[2]）：

```
// 使用布尔型参数的版本
scala> def boolAssert(predicate: Boolean) =
     | if(assertionEnabled && !predicate)
     | throw new AssertionError
boolAssert: (predicate: Boolean)Unit
// 布尔型参数版本的调用
scala> boolAssert(5 > 3)
```

尽管 byNameAssert 和 boolAssert 在调用形式上是一样的，但是两者的运行机制不完全一样。如果给函数的实参是一个表达式，如“5 > 3”，那么 boolAssert 在运行之前会先对表达式求值，然后把求得的值传递给函数去运行。而 myAssert 和 byNameAssert 则不会一开始就对表达式求值，而是直接运行函数，直到函数调用入参时才会对表达式求值，也就是例子中的代码运行到“!predicate”时才会求“5 > 3”的值。

为了说明这一点，可以传入一个产生异常的表达式，例如，除数为零的异常。例子中，逻辑与“&&”具有短路机制：如果&&的左侧是 false，那么直接跳过右侧语句的运行（事实上，这种短路机制也是通过传名参数实现的）。所以，布尔型参数版本会抛出除零异常，常规版本和传名参数版本则不会。例如（引自《Scala 编程》（第 3 版）[3]）：

```
scala> myAssert(() => 5 / 0 == 0)
```

```
scala> byNameAssert(5 / 0 == 0)
scala> boolAssert(5 / 0 == 0)
java.lang.ArithmeticException: / by zero
  ... 32 elided
```

如果把变量 assertionEnabled 设置为 true，让&&右侧的代码执行，那么三个函数都会抛出除零异常：

```
scala> assertionEnabled = true
assertionEnabled: Boolean = true
scala> myAssert(() => 5 / 0 == 0)
java.lang.ArithmeticException: / by zero
  at $anonfun$1.apply$mcZ$sp(<console>:13)
  at .myAssert(<console>:13)
  ... 32 elided
scala> byNameAssert(5 / 0 == 0)
java.lang.ArithmeticException: / by zero
  at $anonfun$1.apply$mcZ$sp(<console>:13)
  at .byNameAssert(<console>:13)
  ... 32 elided
scala> boolAssert(5 / 0 == 0)
java.lang.ArithmeticException: / by zero
  ... 32 elided
```

11.2.10 小结

本节详细讲解了 Scala 的函数，重点在于理解函数作为一等值的概念、函数字面量的作用及部分应用函数的作用。在阅读复杂的代码时，常常会遇见诸如“def xxx(f: T => U, …) …”或“def xxx(…): T => U”的代码，要理解前者表示需要传入一个函数作为参数，后者表示函数返回的对象是一个函数。在学习初期，理解函数是一等值的概念可能有些费力，通过大量阅读和编写代码才能熟能生巧。同时还需谨记，函数的参数都是 val 类型的，在函数体内不能修改传入的参数。

11.3 参考文献

[1] Martin Odersky，Lex Spoon，Bill Venners. Scala 编程[M]. 高宇翔，译. 3 版. 北京：电子工业出版社，2018：176-177.

[2] Martin Odersky，Lex Spoon，Bill Venners. Scala 编程[M]. 高宇翔，译. 3 版. 北京：电子工业出版社，2018：177.

[3] Martin Odersky，Lex Spoon，Bill Venners. Scala 编程[M]. 高宇翔，译. 3 版. 北京：电子工业出版社，2018：178.

第 12 章　Scala 面向对象编程

12.1　类和对象

12.1.1　类

第 11 章介绍了 Scala 的变量及函数，本章开始介绍 Scala 中关于面向对象的内容。

在 Scala 中，类是用关键字“class”开头的代码定义。它是对象的蓝图，一旦定义完成，就可以通过“new 类名”的方式来构造一个对象。而这个对象的类型就是这个类。换句话说，一个类就是一个类型，不同的类就是不同的类型。在后续的章节中会讲到类的继承关系，以及超类、子类和子类型多态的概念。

在类中可以定义 val 或 var 类型的变量，它们被称为“字段”。还可以定义“def”函数，它们被称为“方法”。字段和方法统称“成员”。字段通常用于保存对象的状态或数据，而方法则用于承担对象的计算任务。字段也称为“实例变量”，因为每个被构造出来的对象都有其自己的字段。在运行时，操作系统会为每个对象分配一定的内存空间，用于保存对象的字段。方法则不同，对所有对象来说，方法都是一样的程序段，因此不需要为某个对象单独保存其方法。而且，方法的代码只有在被调用时才会被执行，如果一个对象在生命周期内都没有调用某些方法，则完全没必要浪费内存为某个对象保存这些无用的代码。

外部想要访问对象的成员时，可以使用句点符号“.”，通过“对象.成员”的形式来访问。此外，用 new 构造出来的对象可以赋给变量，让变量名成为该对象的一个指代名称。需要注意的是，val 类型的变量只能与初始化时的对象绑定，不能再被赋予新的对象。一旦对象与变量绑定，就可以通过“变量名.成员”的方式来多次访问对象的成员。例如：

```
scala> class Students {
     |   var name = "None"
     |   def register(n: String) = name = n
     | }
defined class Students
scala> val stu = new Students
stu: Students = Students@116de91
scala> stu.name
res0: String = None
scala> stu.register("Bob")
scala> stu.name
res2: String = Bob
scala> stu = new Students
       ^
error: reassignment to val
```

与 Java 和 C++等语言不同的是，Scala 的类成员默认都是公有的，即可以通过“对象.成员”的方式来访问对象的成员，而且没有“public”这个关键字。如果不想某个成员被外部访问，则可以在前面加上关键字“private”来修饰，这样该成员只能被类内部的其他成员访问，外部只能通过其他公有成员来间接访问。例如：

```
scala> class Students {
     |   private var name = "None"
     |   def register(n: String) = name = n
     |   def display() = println(name)
     | }
defined class Students
scala> val stu = new Students
stu: Students = Students@15a7e51
scala> stu.register("Bob")
scala> stu.name
           ^
 error: variable name in class Students cannot be accessed in Students
scala> stu.display()
Bob
```

12.1.2 类的构造方法

1. 主构造方法

在C++、Java、Python等oop语言中，类通常需要定义一个额外的构造方法。这样，要构造一个类的对象，除了需要关键字new，还需要调用构造方法。事实上，这个过程中有一些代码是完全重复的。Scala不需要显式定义构造方法，而是把类内部非字段、非方法的代码都当作“主构造方法”。而且在类名后面可以定义若干参数列表，用于接收参数，这些参数将在构造对象时用于初始化字段并传递给主构造方法使用。Scala的这种独特语法减少了一些代码量。例如：

```
scala> class Students(n: String) {
     |   val name = n
     |   println("A student named " + n + " has been registered.")
     | }
defined class Students
scala> val stu = new Students("Tom")
A student named Tom has been registered.
stu: Students = Students@1c095a5
```

在这个例子中，Students类接收一个String参数n，并用n来初始化字段name。这样做，就无须像之前那样把name定义成var类型，而使用函数式风格的val类型，而且不再需要一个register方法在构造对象时来更新name的数据。

函数println既不是字段，又不是方法定义，所以被当成主构造函数的一部分。在构造对象时，主构造函数被执行，因此在解释器中打印了相关信息。

2. 辅助构造方法

除了主构造方法，还可以定义若干辅助构造方法。辅助构造方法都是以“def this(…)”来开头的，而且第一步行为必须是调用该类的另一个构造方法，即第一条语句必须是“this(…)”，要么是主构造方法，要么是之前的另一个辅助构造方法。这种规则的结果就是任何构造方法最终都会调用该类的主构造方法，使得主构造方法成为类的单一入口。例如：

```
scala> class Students(n: String) {
     |    val name = n
     |    def this() = this("None")
     |    println("A student named " + n + " has been registered.")
     | }
defined class Students
scala> val stu = new Students
A student named None has been registered.
stu: Students = Students@1cf39c6
```

在这个例子中，定义了一个辅助构造方法，该方法是无参的，其行为也仅是给主构造方法传递一个字符串“None”。在后面创建对象时，省略了参数，这样与主构造方法的参数列表是不匹配的，但是与辅助构造方法匹配，所以 stu 指向的对象是用辅助构造方法构造的。

在 Java 中，辅助构造方法可以调用超类的构造方法，而 Scala 加强了限制，只允许主构造方法调用超类的构造方法（详情见后续章节）。这种限制源于 Scala 为了代码简洁性与简单性所做出的折中处理。

3. 析构函数

因为 Scala 没有指针，同时使用了 Java 的垃圾回收器，所以不需要像 C++那样定义析构函数。

4. 私有主构造方法

如果在类名与类的参数列表之间加上关键字“private”，则主构造方法就是私有的，只能被内部定义访问，外部代码构造对象时就不能通过主构造方法进行，而必须使用其他公有的辅助构造方法或工厂方法（专门用于构造对象的方法）。例如：

```
scala> class Students private (n: String, m: Int) {
     |    val name = n
     |    val score = m
     |    def this(n: String) = this(n, 100)
     |    println(n + "'s score is " + m)
     | }
defined class Students
scala> val stu = new Students("Bill", 90)
                               ^
error: too many arguments (2) for constructor Students: (n: String)Students
scala> val stu = new Students("Bill")
Bill's score is 100
stu: Students = Students@4c3ed5
```

12.1.3　重写 toString 方法

细心的读者会发现，在前面构造一个 Students 类的对象时，Scala 解释器打印了一串晦涩的信息“Students@4c3ed5”。这其实来自 Students 类的 toString 方法，这个方法返回一个字符串，并在构造完一个对象时被自动调用，返回结果交给解释器打印。该方法是所有 Scala 类隐式继承来的，如果不重写这个方法，就会用默认继承的版本。默认的 toString 方法来自 java.lang.Object 类，其行为只是简单地打印类名、一个“@”符号和一个十六进制数。如果想让解释器输出更多有用的信息，则可以自定义 toString 方法。不过，这个方法是继承来的，要重写它，必须在前面加上关键字“override”（后续章节会讲到 override 的作用）。例如：

```
scala> class Students(n: String) {
     |   val name = n
     |   override def toString = "A student named " + n + "."
     | }
defined class Students
scala> val stu = new Students("Nancy")
stu: Students = A student named Nancy.
```

12.1.4 方法重载

熟悉 oop 语言的读者一定对方法重载的概念不陌生。如果在类中定义了多个同名的方法，但是每个方法的参数（主要是参数类型）不一样，那么就称这个方法有多个不同的版本，这就叫方法重载，它是面向对象中多态属性的一种表现。这些方法虽然同名，但是它们是不同的，因为函数真正的特征标是它的参数，而不是函数名或返回类型。注意重载与前面的重写的区别，重载是一个类中有多个不同版本的同名方法，重写是子类覆盖定义了超类的某个方法。

12.1.5 类参数

从前面的例子可以发现，很多时候类参数的作用仅仅是直接给该类的某些字段赋值。Scala 为了进一步简化代码，允许在类参数前加上 val 或 var 来修饰，这样就会在类的内部生成一个与参数同名的公有字段。构造对象时，这些参数会直接复制给同名字段。除此之外，还可以加上关键字 private、protected 或 override 来表明字段的权限（关于权限修饰见后续章节）。如果参数没有任何关键字，那它就仅仅是“参数”，不是类的成员，只能用来初始化字段或给方法使用。外部不能访问这样的参数，内部也不能修改它。例如：

```
scala> class Students(val name: String, var score: Int) {
     |   def exam(s: Int) = score = s
     |   override def toString = name + "'s score is " + score + "."
     | }
defined class Students
scala> val stu = new Students("Tim", 90)
stu: Students = Tim's score is 90.
scala> stu.exam(100)
scala> stu.score
res0: Int = 100
```

本例中 name 和 score 不仅是参数，还是类成员，所以可以在外部被访问。

12.1.6 单例对象与伴生对象

在 Scala 中，除了可以用 new 构造一个对象，也可以用 object 定义一个对象。它类似于类的定义，只不过不能像类那样有参数，也没有构造方法。因此，不能用 new 来实例化一个 object 的定义，因为它已经是一个对象了。这种对象和用 new 实例化出来的对象没有太大区别，只不过 new 实例化的对象是以类为蓝本构建的，并且数量没有限制，而 object 定义的对象只能有这一个，故而得名“单例对象”。

如果某个单例对象和某个类同名，那么单例对象称为这个类的“伴生对象”，同样，类称为这个单例对象的“伴生类”。伴生类和伴生对象必须在同一个文件中，而且两者可以互访对方所有成员。在 C++、Java 等 oop 语言中，类内部可以定义静态变量。这些静态变量不属于任何一个用 new 实例化的对象，而是它们的公有部分。Scala 追求纯粹的面向对象属性，即所有的事物都是类或对象，但是静态变量这种不属于类也不属于对象的事物显然违背了 Scala 的理念。所以，Scala 的做法是把类内所有的静态变量从类中移除，转而集中定义在伴生对象中，让静态变量属于伴生对象这个独一无二的对象。

既然单例对象和 new 实例化的对象一样，那么类内可以定义的代码，单例对象同样可以拥有。例如，单例对象里面可以定义字段和方法。Scala 允许在类中定义别的类和单例对象，所以单例对象也可以包含别的类和单例对象的定义。因此，单例对象除了用作伴生对象，通常也可以用于打包某方面功能的函数系列成为一个工具集，或者包含主函数成为程序的入口。

object 后面定义的单例对象名可以认为是这个单例对象的名称标签，因此可以通过句点符号访问单例对象的成员——“单例对象名.成员”，也可以赋给一个变量——“val 变量 = 单例对象名”，就像用 new 实例化的对象那样。例如：

```
scala> class A { val a = 10 }
defined class A
scala> val x = new A
x: A = A@1ecf961
scala> x.a
res0: Int = 10
scala> (new A).a
res1: Int = 10
scala> object B { val b = "a singleton object" } //定义了一个单例对象 B
defined object B
scala> B.b
res2: String = a singleton object
scala> val y = B
y: B.type = B$@1907e76
scala> y.b
res3: String = a singleton object
```

前面说过，定义一个类，就是定义了一种类型。从抽象层面讲，定义单例对象却并没有定义一种类型。实际上每个单例对象都有自己独特的类型，即 object.type。可以认为新类型出现了，只不过这个类型并不能用来归类某个对象集合，等同于没有定义新类型。即使是伴生对象，也没有定义类型，而是由伴生类定义了同名的类型。后续章节将讲到，单例对象可以继承自超类或混入特质，这样它就能出现在需要超类对象的地方。例如，在下面的例子中可以明确看到 X.type 和 Y.type 两种新类型出现，并且是不一样的：

```
scala> object X
defined object X
scala> object Y
```

```
defined object Y
scala> var x = X
x: X.type = X$@a4904f
scala> x = Y
         ^
     error: type mismatch;
 found   : Y.type
 required: X.type
```

12.1.7 工厂对象与工厂方法

如果定义一个专门用来构造某一个类的对象的方法，那么这种方法就被称为“工厂方法”。包含这些工厂方法集合的单例对象，称为“工厂对象”。通常，工厂方法会定义在伴生对象中。尤其是当一系列类存在继承关系时，可以在基类的伴生对象中定义一系列对应的工厂方法。使用工厂方法的好处是可以不用直接使用 new 来实例化对象，改用方法调用，而且方法名可以是任意的，这样对外隐藏了类的实现细节。例如：

```
// students.scala
class Students(val name: String, var score: Int) {
  def exam(s: Int) = score = s
  override def toString = name + "'s score is " + score + "."
}

object Students {
  def registerStu(name: String, score: Int) = new Students(name, score)
}    // registerStu 为工厂方法
```

将文件 students.scala 编译，并在解释器中用“import Students._”导入单例对象后，就能这样使用：

```
scala> import Students._
import Students._
scala> val stu = registerStu("Tim", 100)
stu: Students = Tim's score is 100.
```

12.1.8 apply 方法

有一个特殊的方法名——apply，如果定义了这个方法，则既可以显式调用——“对象.apply(参数)”，又可以隐式调用——“对象(参数)”。隐式调用时，编译器会自动插入缺失的“.apply”。如果 apply 是无参方法，应该写出空括号，否则无法隐式调用。无论是类还是单例对象，都能定义这样的 apply 方法。

通常，在伴生对象中定义名为 apply 的工厂方法，就能通过“伴生对象名(参数)”来构造一个对象。也常常在类中定义一个与类相关的、具有特定行为的 apply 方法，让使用者可以隐式调用，进而隐藏相应的实现细节。例如：

```
// students2.scala
class Students2(val name: String, var score: Int) {
  def apply(s: Int) = score = s
```

```
  def display() = println("Current score is " + score + ".")
  override def toString = name + "'s score is " + score + "."
}

object Students2 {
  def apply(name: String, score: Int) = new Students2(name, score)
}
```

将文件 students2.scala 编译后，就能在解释器中这样使用：

```
scala> val stu2 = Students2("Jack", 60) //隐式调用伴生对象中的工厂方法
stu2: Students2 = Jack's score is 60.
scala> stu2(80) //隐式调用类中的 apply 方法
scala> stu2.display()
Current score is 80.
```

其中，“Students2("Jack", 60)”被翻译成“Students2.apply("Jack", 60)”，也就是调用了伴生对象中的工厂方法，所以构造了一个 Students2 的对象并赋给变量 stu2。“stu2(80)”被翻译成“stu2.apply(80)”，也就是更新了字段 score 的数据。

12.1.9 主函数

主函数是 Scala 程序唯一的入口，即程序是从主函数开始运行的。要提供这样的入口，则必须在某个单例对象中定义一个名为“main”的函数，而且该函数只有一个参数，类型为字符串数组 Array[String]，函数的返回类型是 Unit。任何符合条件的单例对象都能成为程序的入口。例如：

```
// students2.scala
class Students2(val name: String, var score: Int) {
  def apply(s: Int) = score = s
  def display() = println("Current score is " + score + ".")
  override def toString = name + "'s score is " + score + "."
}

object Students2 {
  def apply(name: String, score: Int) = new Students2(name, score)
}
// main.scala
object Start {
  def main(args: Array[String]) = {
    try {
      val score = args(1).toInt
      val s = Students2(args(0), score)
      println(s.toString)
    } catch {
      case  ex:  ArrayIndexOutOfBoundsException  =>  println("Arguments  are
deficient!")
      case ex: NumberFormatException => println("Second argument must be a
```

```
Int!")
      }
    }
  }
```

使用命令“scalac students2.scala main.scala”将两个文件编译后，就能用命令“scala Start 参数 1 参数 2”来运行程序。命令中的“Start”就是包含主函数的单例对象的名字，后面可以输入若干用空格间隔的参数。这些参数被打包成字符串数组供主函数使用，也就是代码中的 args(0)、args(1)。例如：

```
xjtu-chisel:~/xjtu-chisel$ scala Start Tom
Arguments are deficient!
xjtu-chisel:~/xjtu-chisel$ scala Start Tom aaa
Second argument must be a Int!
xjtu-chisel:~/xjtu-chisel$ scala Start Tom 100
Tom's score is 100.
```

主函数的一种简化写法是让单例对象混入“App”特质（特质将在后续章节讲解），这样就只需在单例对象中编写主函数的函数体。例如：

```
// main2.scala
object Start2 extends App {
  try {
    var sum = 0
    for(arg <- args) {
      sum += arg.toInt
    }
    println("sum = " + sum)
  } catch {
    case ex: NumberFormatException => println("Arguments must be Int!")
  }
}
```

将文件编译后，就可以使用：

```
xjtu-chisel:~/xjtu-chisel$ scala Start2 10 -8 20 AAA
Arguments must be Int!
xjtu-chisel:~/xjtu-chisel$ scala Start2 10 -8 20 8
sum = 30
```

12.1.10 小结

本节讲解了 Scala 的类和对象，从中可以初窥 Scala 在语法精简和便捷上的努力。难点是理解单例对象的概念、类与类型的关系和工厂方法的作用。最后一个重点就是学会灵活使用 apply 方法。

12.2 操作符即方法

12.2.1 操作符在 Scala 中的解释

在诸如 C++、Java 等 oop 语言中，定义了像 byte、short、int、char、float 之类的基本类

型，但是这些基本类型不属于面向对象的范畴。比如 C 语言也有这些类型，但是 C 语言没有面向对象的概念。比如只能说“1”是一个 int 类型的常量，却不能说它是一个 int 类型的对象。与之对应地，这些语言还定义了与基本类型相关的操作符，例如，有算术操作符“+”，它可以连接左、右两个操作数，然后算出相应的总和。

前面提到，Scala 追求纯粹的面向对象，像这种不属于面向对象范畴的基本类型及其操作符都是有违宗旨的。那么，Scala 如何实现这些基本类型呢？实际在 Scala 标准库中定义了“class Byte”“class Short”“class Char”“class Int”“class Long”“class Float”“class Double”“class Boolean”“class Unit”9 种值类，只不过这些类是抽象的、不可继承的，因此不能通过“new Int”语句来构造一个 Int 对象，也不能编写它们的子类，它们的对象都是由字面量来表示的。例如，整数字面量“1”就是一个 Int 的对象。在运行时，前 8 种值类会被转换成对应的 Java 基本类型。第 9 个 Unit 类对应 Java 的“void”类型，即表示空值，这样就能理解返回值类型为 Unit 的、有副作用的函数其实是空函数。Unit 类的对象由一个空括号作为字面量来表示。

简而言之，Scala 做到了真正的“万物皆对象”。

另外，与基本类型相关的操作符该如何处理呢？严格来讲，Scala 并不存在操作符的概念，这些所谓的操作符，如算术运算的加/减/乘/除、逻辑运算的与/或/非、比较运算的大于/小于等，其实都是定义在“class Int”“class Double”等类中的成员方法。在 Scala 中，操作符即方法。例如，Int 类定义了一个名为“+”的方法，那么表达式“1 + 2”的真正形式应该是“1.+(2)”。它的释义是：Int 对象“1”调用了它的成员方法“+”，并把 Int 对象“2”当作参数传递给了该方法，最后这个方法会返回一个新的 Int 对象“3”。

“操作符即方法”的概念不仅仅限于 9 种值类的操作符，Scala 中任何类定义的成员方法都是操作符，而且方法调用都能写成操作符的形式：去掉句点符号，并且方法参数只有一个时可以省略圆括号。例如：

```
scala> class Students3(val name: String, var score: Int) {
     |    def exam(s: Int) = score = s
     |    def friends(n: String, s: Int) = println("My friend " + n + " gets
" + s + ".")
     |    override def toString = name + "'s score is " + score + "."
     | }
defined class Students3
scala> val stu3 = new Students3("Alice", 80)
stu3: Students3 = Alice's score is 80.
scala> stu3 exam 100
scala> stu3.score
res0: Int = 100
scala> stu3 friends ("Bob", 70)
My friend Bob gets 70.
```

12.2.2　三种操作符

1. 前缀操作符

写在操作数前面的操作符称为前缀操作符，并且操作数只有一个。前缀操作符对应一个无参方法，操作数是调用该方法的对象。前缀操作符只有“+”“-”“!”“~”这 4 个，对应的方法名分别是“unary_+”“unary_-”“unary_!”“unary_~”。如果自定义的方法名是“unary_”加上这 4 个操作符之外的操作符，那么就不能写成前缀操作符的形式。假设定义了方法“unary_*”，那么写成“*p”的形式会让人误以为这是一个指针，实际 Scala 并不存在指针，因此只能写成“p.unary_*”或后缀操作符“p unary_*”的形式。例如：

```
scala> class MyInt(val x: Int) {
     |   def unary_! = -x
     |   def unary_* = x * 2
     | }
defined class MyInt
scala> val mi = new MyInt(10)
mi: MyInt = MyInt@1292fc7
scala> !mi  //! 是前缀操作符
res0: Int = -10
scala> *mi  //*不是前缀操作符
       error: not found: value *
       *mi
       ^
       warning: postfix operator mi should be enabled
by making the implicit value scala.language.postfixOps visible.
This can be achieved by adding the import clause 'import scala.language.
postfixOps'
or by setting the compiler option -language:postfixOps.
See the Scaladoc for value scala.language.postfixOps for a discussion
why the feature should be explicitly enabled.
scala> mi.unary_*
res2: Int = 20
```

2. 中缀操作符

中缀操作符的左右两边都接收操作数，它对应普通的有参方法。两个操作数中的一个是调用该方法的对象，一个是传入该方法的参数，参数没有数量限制，只是多个参数需要放在圆括号中。Scala 规定，以冒号“:”结尾的操作符，其右操作数是调用该方法的对象，其余操作符的左操作数是调用该方法的对象。例如：

```
scala> class MyInt2(val x: Int) {
     |   def +*(y: Int) = (x + y) * y
     |   def +:(y: Int) = x + y
     | }
defined class MyInt2
scala> val mi2 = new MyInt2(10)
mi2: MyInt2 = MyInt2@216c6825
scala> mi2 +* 10  //mi2 调用方法+*并传入参数 10
res7: Int = 200
scala> mi2 +: 10
         ^
      error: value +: is not a member of Int
scala> 10 +: mi2  //mi2 调用方法+:并传入参数 10
res9: Int = 20
```

对于系统打印函数“print”“printf”“println”，其实也是中缀操作符，不过左侧的操作数是调用对象——控制台 Console，右侧是要打印的内容。例如：

```
scala> Console println "Hello, world!"
Hello, world!
```

3. 后缀操作符

写在操作数后面的操作符称为后缀操作符，并且操作数只有一个，即调用该方法的对象。后缀操作符也对应一个无参方法，但是要注意方法名如果构成前缀操作符的条件，那么既可以写成前缀操作符，又可以把完整的方法名写成后缀操作符。例如：

```
scala> class MyInt3(val x: Int) {
     |    def display() = println("The value is " + x + ".")
     | }
defined class MyInt3
scala> val mi3 = new MyInt3(10)
mi3: MyInt3 = MyInt3@befdfa
scala> import scala.language.postfixOps
import scala.language.postfixOps
scala> mi3.display()
The value is 10.
```

12.2.3　操作符的优先级和结合性

1. 优先级

在数学运算中，乘、除法的优先级要高于加、减法，这是算术操作符的优先级。Scala 也保留了这种特性，并有一套判断操作符优先级的规则：通过操作符的首个字符来判断。因为操作符都是方法，所以可以通过方法名的首个字符来比较优先级，注意前缀操作符的方法名要去掉关键字。此外，圆括号内的优先级是最高的，圆括号可以改变操作符的结合顺序。

表 12-1 给出了 Scala 中字符的优先级顺序。例如，利用常规算术运算法则在计算表达式“1 + 2 * 3”时，会先算乘法，后算加法。类似地，如果有一个表达式“1 +++ 2 *** 3”，那么结合顺序就是“1 +++ (2 *** 3)”（其中“+++”和“***”是方法）。

表 12-1　Scala 中字符的优先级顺序

首 个 字 符	优 先 级
所有其他特殊字符	（最高）
* / %	↓
+ -	
:	
= !	
< >	
&	
^	
|	
所有字母	
所有赋值操作符	（最低）

这个规则有一个例外：如果操作符以等号结尾，并且不是“>=”“<=”“==”“!=”这 4 个比较操作符之一，那么就认为是赋值操作符，优先级最低。例如，表达式“sum *= 1 + 2”会先算“1 + 2”，再把得出的 3 和 sum 相乘并赋给 sum。也就是说，“*=”的优先级并不会因为以乘号开头就比“+”高，而是被当作一种赋值操作。

2. 结合性

一般情况下，同级的操作符都是从左往右结合的。但是，以冒号结尾的中缀操作符的调用对象在右侧，所以这些操作符是从右往左结合的。例如，“a + b + c + d”的结合顺序是“((a + b) + c) + d”，而“a ::: b ::: c ::: d”的结合顺序则是“a ::: (b ::: (c ::: d))”。

一种好的编程习惯可以让代码简洁易懂，不造成歧义。所以，在不能一眼就看明白操作符的结合顺序时，最好加上圆括号来表示前后顺序，即使不加圆括号，也能得到预期的结果。例如，想要得到“x + y << z”的默认结果，最好写成“(x + y) << z”以便阅读。

12.2.4 预设操作符

Scala 预设了常用的算术运算、逻辑运算的操作符，如表 12-2 所示。

表 12-2　Scala 的预设操作符

<table>
<tr><td>+</td><td>算术加法</td></tr>
<tr><td>-</td><td>算术减法</td></tr>
<tr><td>*</td><td>算术乘法</td></tr>
<tr><td>/</td><td>算术除法</td></tr>
<tr><td>%</td><td>算术取余</td></tr>
<tr><td>></td><td>大于</td></tr>
<tr><td><</td><td>小于</td></tr>
<tr><td>>=</td><td>大于或等于</td></tr>
<tr><td><=</td><td>小于或等于</td></tr>
<tr><td>==</td><td>等于</td></tr>
<tr><td>!=</td><td>不等于</td></tr>
<tr><td>&&、&</td><td>逻辑与，前者短路，后者不短路</td></tr>
<tr><td>||、|</td><td>逻辑或，前者短路，后者不短路</td></tr>
<tr><td>!</td><td>逻辑非</td></tr>
<tr><td>&</td><td>位与</td></tr>
<tr><td>|</td><td>位或</td></tr>
<tr><td>^</td><td>位异或</td></tr>
<tr><td>~</td><td>位取反</td></tr>
<tr><td>>></td><td>算术右移</td></tr>
<tr><td><<</td><td>左移</td></tr>
<tr><td>>>></td><td>逻辑右移</td></tr>
</table>

12.2.5 对象的相等性

在编程时，常常需要比较两个对象的相等性。其实相等性有两种。①自然相等性，即常见的相等性，只要字面上的值相等，就认为两个对象相等。②引用相等性，构造的对象常常会赋给一个变量，即让变量引用该对象。引用相等性用于比较两个变量是否引用了同一个对象，即是否指向 JVM 的堆中的同一个内存空间。如果两个变量引用了两个完全一样的对象，那么它们的自然相等性为 true，但是引用相等性为 false。

在 Java 中，这两种相等性都是由操作符“==”和“!=”比较的。Scala 为了区分得更细致，也为了符合常规思维，只让“==”和“!=”比较自然相等性。这两个方法被所有类隐式继承，但是它们不能被子类重写。自定义类可能需要不同行为的相等性比较，因此可以重写隐式继承来的“equals”方法。实际上，“==”就是调用了 equals 方法，而“!=”就是对 equals 的结果取反。为了比较引用相等性，Scala 提供了“eq”和“ne”方法，它们也是被所有类隐式继承的，且不可被子类重写。例如：

```
scala> val a = List(1, 0, -1)
a: List[Int] = List(1, 0, -1)
scala> val b = List(1, 0, -1)
b: List[Int] = List(1, 0, -1)
scala> val c = List(1, 0, 1)
c: List[Int] = List(1, 0, 1)
scala> val d = a
d: List[Int] = List(1, 0, -1)
scala> a == c
res0: Boolean = false
scala> a == b
res1: Boolean = true
scala> a equals b
res2: Boolean = true
scala> a eq b
res3: Boolean = false
scala> a eq d
res4: Boolean = true
```

12.2.6　小结

本节又进一步阐释了 Scala 追求的纯粹的面向对象的思想，介绍了“操作符即方法”这个重要概念。这一概念对构建良好的 DSL 语言很重要，因为它不仅使得内建类型可以写成表达式，也让自定义的类在计算时可以写出自然的表达式风格。

对象相等性是一个较为复杂的概念。在自定义类中，如果要比较对象相等性，则不仅是简单地重写 equals 方法，还需要其他手段。

12.3　类继承

12.3.1　Scala 的类继承

在面向对象编程中，为了节省代码量，也为了反映实际各种类之间的联系，通常采取两种策略：包含和继承。包含代表一种 has a 的关系，即一个类包括另一个类的实例。例如，午餐的菜单含有水果，就可以先编写一个水果类，再编写一个午餐类，并在午餐类中包含水果类的对象，但这两者没有必然联系。继承代表了一种 is a 的关系，也就是从一个宽泛的类可以派生出更加具体的类。例如，编写的水果类包含一些常见水果的公有属性，然后要编写一个更具体的苹果类。考虑到现实世界中，苹果就是（is a，更准确地说应该是 is a kind of）一种特殊的水果，那么苹果类完全可以把水果类中定义的属性都继承过来，而且这两者有必然的联系。

本节介绍的内容就是关于类继承的 Scala 语法，以及一些特性。

被继承的类称为“超类”或者“父类”，而派生出来的类称为“子类”。如果继承层次较深，最顶层的类通常也叫“基类”。继承关系只有“超类”和“子类”的概念，即超类的超类也叫超类，子类的子类还叫子类。例如，在图 12-1 所示的类继承关系示例中，植物和动物都属于生物，而狗、猫、鸭分别是动物的一种。所以动物是狗、猫、鸭的超类，而生物是植物和动物的超类。反过来也可以说植物和动物是生物的子类，狗、猫、鸭是动物的子类。

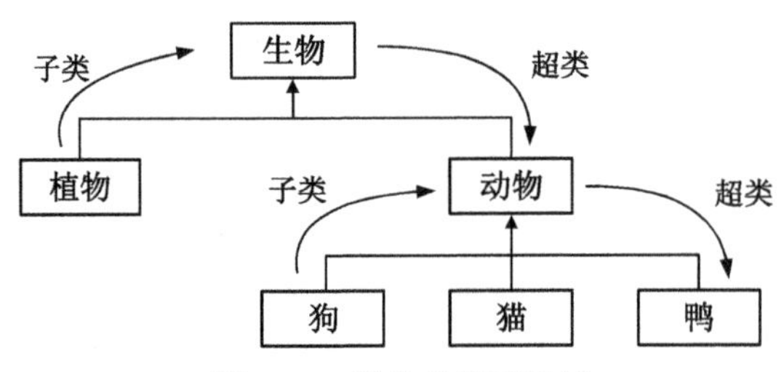

图 12-1　类继承关系示例

通过在类的参数列表后面加上关键字“extends”和被继承类的类名，就完成了一个继承的过程。例如：

```
scala> class A {
     |   val a = "Class A"
     | }
defined class A
scala> class B extends A {
     |   val b = "Class B inherits from A"
     | }
defined class B
scala> val x = new B
x: B = B@1919e19
scala> x.a
res0: String = Class A
scala> x.b
res1: String = Class B inherits from A
```

12.3.2　调用超类的构造方法

大多数类都有参数列表，用于接收参数，传递给构造方法并初始化字段。12.3.1 节的例子比较特殊，类 A 没有参数。假如类 A 有参数，那么类 B 该怎么处理呢？在构造某个类的对象时，如果这个类继承自另外一个类，那么应该先构造超类对象的组件，再来构造子类的其他组件，即类 B 需要调用类 A 的构造方法。子类调用超类的构造方法的语法是：

```
class 子类(子类对外接收的参数) extends 超类(子类给超类的参数)
```

在 12.3.1 节的例子中，其实是类 A 的构造方法没有参数，所以“extends A”也就不需要参数。Scala 只允许主构造方法调用超类的构造方法，而这种写法就是子类的主构造方法调用超类的构造方法。例如：

```
scala> class A(val a: Int)
defined class A
scala> class B(giveA: Int, val b: Int) extends A(giveA)
defined class B
scala> val x = new B(10, 20)
x: B = B@14e554f
scala> x.a
res0: Int = 10
scala> x.b
res1: Int = 20
```

12.3.3 重写超类的成员

1. 不被继承的成员

通常，超类的成员都会被子类继承，除了两种成员：一是超类中用“private”修饰的私有成员，二是被子类重写的成员。私有成员无须过多解释。重写的意思是，超类中的某个属性在子类中并不一定符合，而是需要一个新的符合子类行为的版本。例如，几乎所有的金属在室温下都是固态，唯独汞是液态，所以金属类的室温状态可以定义为固态，而子类汞则应该把这个属性重写为液态。重写超类的成员时，应该在定义的开头加上关键字“override”。例如：

```
scala> class Metal {
     |   val state = "solid"
     | }
defined class Metal
scala> class Mercury extends Metal {
     |   override val state = "liquid"
     | }
defined class Mercury
scala> val mer = new Mercury
mer: Mercury = Mercury@9e0088
scala> mer.state
res0: String = liquid
```

重写时，关键字“override”是必须具备的，这是为了防止意外的重写。比如，因为拼写错误而使得字段名相同，但是因为少了 override 而使得编译器报错；或者，写了“override”来重写某个方法，但是参数列表意外写错，也会使得编译器报错。更重要的是，改善了“脆弱基类”的问题。例如，因为版本更新而给类库增加新的类或成员时，会增大破坏客户代码的风险。因为客户代码可能已有同名的定义了，但是因为双方缺乏信息交流而出错。这时，因为“override”缺失，编译器会找到相关错误，尽管不能彻底解决这个问题。

2. 不可重写的成员

如果超类成员在开头用关键字“final”修饰，则子类只能继承，而不能重写。“final”也可以用于修饰 class，此时这个类就禁止被其他类继承。

3. 无参方法与字段

Scala 的无参方法在调用时，可以省略空括号。鉴于此，对用户代码而言，如果看不到类库的具体实现，那么调用无参方法和调用同名的字段则没有什么不同，甚至无法区分其具体实现到底是方法还是字段。如果把类库中的无参方法改成字段，或把字段改成无参方法，那么客户代码不用更改也能运行。为了方便在这两种定义之间进行切换，Scala 允许超类的无参方法被子类重写为字段，但是字段不能反过来被重写为无参方法，而且方法的返回类型必须和字段的类型一致。例如：

```
scala> class A {
     |   def justA() = "A"
     | }
defined class A
scala> class B extends A {
     |   override val justA = "B"
     | }
defined class B
scala> class C extends A {
     |   override val justA = 1
     | }
         override val justA = 1
                      ^
On line 2: error: incompatible type in overriding def justA(): String (defined in class A);
         found   : Int
         required: (): String

scala> class D {
     |   val d = 10
     | }
defined class D
scala> class E extends D {
     |   override def d() = 100
     | }
        override def d() = 100
                     ^
On line 2: error: stable, immutable value required to override:
        val d: Int (defined in class D)
```

字段与方法的区别在于：字段一旦被初始化，就会被保存在内存中，以后每次调用都只需直接读取内存即可；方法不会占用内存空间，但是每次调用都需要执行一遍程序段，速度比字段要慢。因此，到底定义成无参方法还是字段，需要在速度和内存之间折中。

字段能重写无参方法的原理是 Scala 只有两种命名空间：①值——字段、方法、包、单例对象；②类型——类、特质。因为字段和方法同处一个命名空间，所以字段可以重写无参方法。同处一个命名空间的定义类型，在同一个作用域内不能以相同的名字同时出现。例如，同一个类中不能同时出现同名的字段、无参方法和单例对象：

```
scala> class A {
     |   val a = 10
     |   object a
     | }
       object a
          ^
On line 3: error: a is already defined as value a
```

12.3.4 子类型多态与动态绑定

类型为超类的变量可以指向子类的对象，这一现象被称为子类型多态，也是面向对象的多态之一。但是对于方法而言，尽管变量的类型是超类，方法的版本却是“动态绑定”的。也就是说，调用的方法要运行哪个版本，是由变量指向的对象来决定的。例如：

```
scala> class A {
     |   def display() = "I'm A."
     | }
defined class A
scala> class B extends A {
     |   override def display() = "I'm B."
     | }
defined class B
scala> val x: A = new B
x: A = B@6ebece
scala> x.display()
res0: String = I'm B.
```

12.3.5 抽象类

如果类中包含没有具体定义的成员——没有初始化的字段或没有函数体的方法，那么这个类就是抽象类，必须用关键字“abstract”修饰。相应的成员称为抽象成员，不需要“abstract”修饰。因为存在抽象成员，所以这个类不可能构造出具体的对象，因为有无法初始化抽象字段或者无法执行抽象方法，所以抽象类不能通过“new”来构造实例对象。

抽象类缺失的抽象成员的定义，可以由抽象类的子类来补充，即抽象类“声明”了抽象成员，却没有立即“定义”它。如果子类补齐了抽象成员的相关定义，就称子类“实现”了超类的抽象成员。相对地，我们称超类的成员是“抽象”的，而子类的成员是“具体”的。子类实现超类的抽象成员时，关键字“override”可写可不写。例如：

```
scala> abstract class A {
     |   val a: Int
     | }
defined class A
```

```
scala> val x = new A
               ^
       error: class A is abstract; cannot be instantiated

scala> class B(val b: Int) extends A {
         |    val a = b * 2
         | }
defined class B
scala> val y = new B(1)
y: B = B@1d10866
scala> y.a
res0: Int = 2
scala> y.b
res1: Int = 1
```

抽象类常用于定义基类，因为基类会派生出很多不同的子类，这些子类往往具有行为不同的同名成员，所以基类只需要声明有哪些公共成员，让子类去实现它们各自期望的版本。

12.3.6 关于多重继承

Scala 没有多重继承，在“extends”后面只能有一个类，这与大多数 oop 语言不同。例如，C++为了使用多重继承而不得不做出的大量语法规则修改，和单个继承混在一起时常让使用者迷惑。Scala 舍弃多重继承的做法，对于程序员而言是莫大的帮助，不用在编写代码时考虑冗长的代码设计。尤其是对超类方法的调用，当存在多个超类时，为了避免歧义而不得不仔细设计方法的行为。

虽然多重继承不好用，但是它实现的功能在某些时候不可或缺。为此，Scala 专门设计了“特质”来实现相同的功能，并且特质的规则更简单、更明了。

12.3.7 Scala 类的层次结构

Scala 所有的类——不管是标准库中已有的类还是自定义的类，都不是毫无关联的，而存在层次结构。这种关系如图 12-2 所示[1]，其中箭头表示属于指向的类的子类。

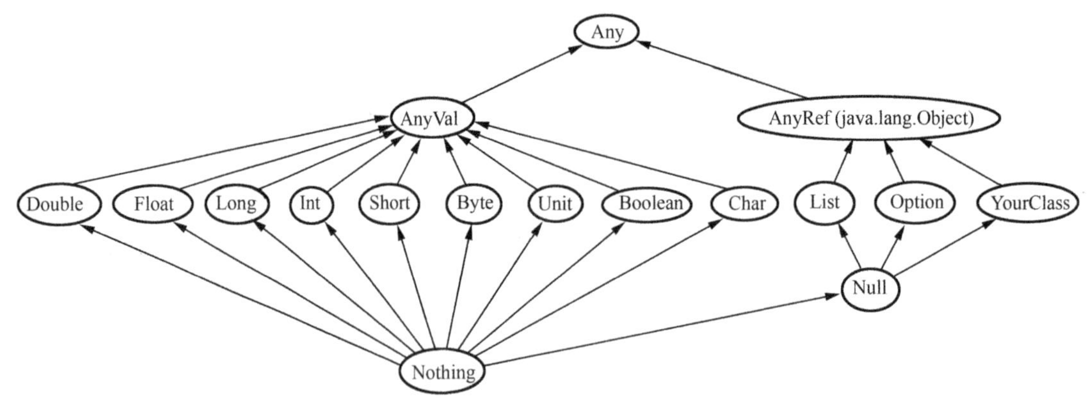

图 12-2 Scala 类的层次结构

最顶部的类是抽象类 Any，它是所有类的超类。Any 类定义了几个成员方法，如表 12-3 所示。

表 12-3　Any 类的成员方法

方法定义	属性	说明
def getClass(): Class[_]	抽象	返回运行时对象所属的类的表示
final def !=(arg0: Any): Boolean	具体	比较两个对象的自然相等性是否不相等
final def ==(arg0: Any): Boolean	具体	比较两个对象的自然相等性是否相等
def equals(arg0: Any): Boolean	具体	比较两个对象的自然相等性，被!=和==调用
final def ##: Int	具体	计算对象的哈希值，等同于 hashCode，但是自然相等性相等的两个对象会得到相同的哈希值，并且不能计算 null 对象
def hashCode(): Int	具体	计算对象的哈希值
final def asInstanceOf[T]: T	具体	把对象强制转换为 T 类型
final def is InstanceOf[T]: Boolean	具体	判断对象是否属于 T 类型或 T 的子类
def toString(): String	具体	返回一个字符串来表示对象

任何类都有这几个方法。注意，不能出现同名的方法，若确实需要自定义版本，则记得带上 “override”。

再往下一层，Any 类有两个子类：AnyVal 和 AnyRef，即所有类被分成两大部分：值类和引用类。值类也就是前面讲过的对应 Java 的 9 种基本值类，并且其中 7 个存在一定的隐式转换，隐式转换的方式如图 12-3 所示[1]。

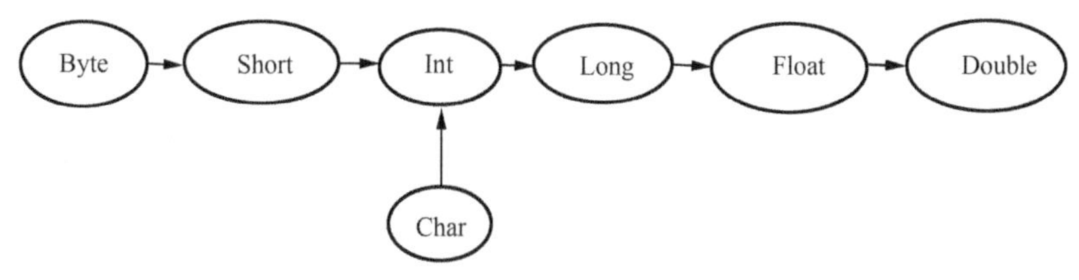

图 12-3　Scala 值类的隐式转换

图 12-3 中的箭头代表类可以隐式转换的方向，例如，Byte 类的对象可以隐式转换成 Short 类的对象。隐式转换是 Scala 的一个语法，用于对象在两个类之间进行类型转换。除了标准库中已有的隐式转换，也可以自定义隐式转换。

除了这 9 个值类，也可以自定义值类，即定义时显式地继承自 AnyVal 类。如果没有显式地继承自 AnyVal 类，则都认为是 AnyRef 类的子类，一般自定义的类都属于引用类。大部分标准库中的类都是引用类，比如常见的字符串类 String，还有后续将讲解的列表类、映射类、集合类等。Java 的类都属于引用类，因为 Java 的基本类型都在值类里面。

前面讲过引用相等性，很显然只有引用类才有引用相等性。事实上，比较引用相等性的两个方法——eq 和 ne，都定义在 AnyRef 类中。值类 AnyVal 是没有这两个方法的，也不需要。

在层次结构的底部有两个底类型——Null 类和 Nothing 类。其中 Null 类是所有引用类的子类，表示空引用，即指向 JVM 中的空内存，这与 Java 的 null 概念是一样的。但是 Null 类并不兼容值类，所以 Scala 还有一个类——Nothing 类，它是所有值类和引用类的子类，甚至还是 Null 类的子类。因此 Nothing 不仅表示空引用，还表示空值。Scala 中有一个可选值语法，也就是把各种类型打包成一个特殊的可选值。为了表示“空”“没有”这个特殊的概念，以及兼容各种自定义、非自定义的值和引用类，这个特殊的可选值其实就是把 Nothing 类进行打包。

除了自定义的普通类属于引用类，后面将讲解的特质也属于引用类的范畴。

12.3.8 小结

本节介绍了类继承的语法，简单易懂。这一节的难点是阅读大型系统软件时，遇到的纷繁复杂的类层次，要梳理这些类的继承关系往往费时费力。还有自己在编写代码时，如何设计类的结构让系统稳定、简单、逻辑清晰，也不是一件容易的事。

在编写 Chisel 时，类继承主要用于编写接口，因为接口可以扩展，但是实际的硬件电路并没有很强烈的继承关系。

12.4 特质

12.4.1 什么是特质

因为 Scala 没有多重继承，为了提高代码复用率，故而创造了新的编程概念——特质。

特质是用关键字“trait”为开头来定义的，它与单例对象很像，两者都不能有入参。但是，单例对象天生就是具体的，特质天生就是抽象的，不过不需要用“abstract”来说明。所以，特质可以包含抽象成员，而单例对象却不行。另外，两者都不能用 new 来实例化，因为特质是抽象的，而单例对象已经是具体的对象。类、单例对象和特质三者一样，内部可以包含字段和方法，甚至包含其他类、单例对象、特质的定义。

特质可以被其他类、单例对象和特质“混入”。这里使用术语“混入”而不是“继承”，是因为特质在超类方法调用上采用线性化机制，与多重继承有很大的区别。在其他方面，“混入”和“继承”其实是一样的。例如，某个类混入一个特质后，就包含特质的所有公有成员，而且也可以用“override”来重写特质的成员。

Scala 只允许继承自一个类，但是对特质的混入数量却没有限制，故而可用于替代多重继承语法。要混入一个特质，可以使用关键字“extends”。但如果“extends”已经被占用了，比如已被用去继承一个类或混入一个特质，那么后续则通过关键字“with”来混入其他特质。例如：

```
scala> class A {
     |   val a = "Class A"
     | }
defined class A
scala> trait B {
     |   val b = "Trait B"
     | }
defined trait B
scala> trait C {
     |   def c = "Trait C"
     | }
defined trait C
scala> object D extends A with B with C
```

```
defined object D
scala> D.a
res0: String = Class A
scala> D.b
res1: String = Trait B
scala> D.c
res2: String = Trait C
```

特质也定义了一个类型，而且类型为该特质的变量，可以指向混入该特质的对象。例如：

```
scala> trait A
defined trait A
scala> class B extends A
defined class B
scala> val x: A = new B
x: A = B@16a6ba9
```

12.4.2 特质的层次

特质也可以继承自其他类，或混入任意多个特质，这样该特质就是关键字“extends”引入的那个类/特质的子特质。如果没有继承和混入，那么这个特质就是 AnyRef 类的子特质。前面讲过 AnyRef 类是所有非值类和特质的超类。当某个类、单例对象或特质用关键字“extends”混入一个特质时，会隐式继承自这个特质的超类，即类/单例对象/特质的超类都是由“extends”引入的类或特质决定的。

特质对混入有一个限制条件：要混入该特质的类/单例对象/特质，它的超类必须是待混入特质的超类，或者是待混入特质的超类的子类。因为特质是多重继承的替代品，那就有“继承”的意思。既然是继承，混入特质的类/单例对象/特质的层次就必须比待混入特质的层次低。例如：

```
scala> class A
defined class A
scala> class B extends A
defined class B
scala> class C
defined class C
scala> trait D extends A
defined trait D
scala> trait E extends B
defined trait E
scala> class Test1 extends D
defined class Test1
scala> class Test2 extends A with D
defined class Test2
scala> class Test3 extends B with D
defined class Test3
scala> class Test4 extends C with D
                                ^
```

```
        error: illegal inheritance; superclass C is not a subclass of the
superclass A of the mixin trait D

    scala> class Test5 extends A with E
                                ^
        error: illegal inheritance; superclass A is not a subclass of the
superclass B of the mixin trait E
```

此例中，类 Test1 直接混入特质 D，这样它就隐式继承自 D 的超类——类 A，所以混入特质 D 合法。类 Test2 和类 Test3 分别继承自类 A 和类 A 的子类，所以也允许混入特质 D。类 Test4 的超类是类 C，而类 C 与类 A 没有任何关系，所以非法。类 Test5 的超类是类 A，特质 E 的超类是类 B，尽管类 A 是类 B 的超类，也仍然是非法的。从提示的错误信息也可以看出，混入特质的类/单例对象/特质，其超类必须是待混入特质的超类或超类的子类。

12.4.3 混入特质的简便方法

如果想快速构造一个混入某些特质的实例，可以使用如下语法：

```
new Trait1 with Trait2 … { definition }
```

这其实是定义了一个匿名类，这个匿名类混入了这些特质，并且花括号内是该匿名类的定义。然后使用 new 构造了这个匿名类的一个对象，其等效的代码就是：

```
class AnonymousClass extends Trait1 with Trait2 … { definition }
new AnonymousClass
```

例如：

```
scala> trait T {
     |   val tt = "T__T"
     | }
defined trait T
scala> trait X {
     |   val xx = "X__X"
     | }
defined trait X
scala> val a = new T with X
a: T with X = $anon$1@1398cfb
scala> a.tt
res0: String = T__T
scala> a.xx
res1: String = X__X
```

除此之外，还可以在最前面加上一个想要继承的超类：

```
new SuperClass with Trait1 with Trait2 … { definition }
```

12.4.4 特质的线性化叠加计算

多重继承的一个很明显的问题是，当子类调用超类的方法时，若多个超类都有该方法的不同实现，那么需要附加额外的语法来确定具体调用哪个版本。Scala 的特质则采取一种线性化的规则来调用特质中的方法，这与大多数语言不一样。在特质中，“super”调用是动态绑定的。按特质本身的定义，无法确定 super 调用的具体行为；直到特质混入某个类或别的特质，有了具体的超类方法，才能确定 super 的行为。这是实现线性化的基础。

若想要通过混入特质来实现某个方法的线性叠加，则要注意以下要点。

（1）需要在特质中定义同名同参的方法，并加关键字组合“abstract override”，注意这不是重写，而是告诉编译器该方法用于线性叠加。这个关键字组合只能用在特质中，不允许用在其他地方。

（2）这个关键字组合也意味着该特质必须混入某个拥有该方法具体定义的类中，这个类定义了该方法的最终行为。

（3）需要混入特质进行线性化计算的类，在定义时不能立即混入特质。这样做会让编译器认为这个类是在重写末尾那个特质的方法，而且当类的上一层超类是抽象类时还会报错。应该先定义这个类的子类来混入特质，然后构造子类的对象。或者直接用 12.4.3 节讲的“new SuperClass with Trait1 with Trait2…”来快速构造一个子类对象。

（4）特质对该方法的定义必须出现“super.方法名(参数)”。

（5）方法的执行顺序遵循线性化计算公式，起点是公式中从左往右数的第一个特质，外部传入的参数也由起点接收；起点的“super.方法名(参数)”将会调用起点右边第一个特质的同名方法，并把起点的计算结果作为参数传递过去；以此类推，最后结果会回到最左边的类本身。可以理解为特质按一定顺序对入参进行各种变换，最后把变换后的入参交给类来计算。

（6）要回到类本身，说明这个类直接或间接重写或实现了基类的方法。并且如果定义中也出现了“super.方法名(参数)”，那么会调用它的上一层超类的实现版本。如果这个类没有重写，那就一定要有继承自超类的实现。

线性化计算公式：

（1）最左边是类本身。

（2）在类的右边写下定义时最后混入的那个特质，并接着往右按继承顺序写下该特质的所有超类和超特质。

（3）继续往右写下倒数第二个混入的特质，以及其超类和超特质，直到写完所有特质。

（4）所有重复项只保留最右边那个，并在最右边加上 AnyRef 和 Any。

为了具体说明，以如下代码为例：

```
// test.scala
abstract class A {
  def m(s: String): String
}
class X extends A {
  def m(s: String) = "X -> " + s
}
trait B extends A {
  abstract override def m(s: String) = super.m("B -> " + s)
}
trait C extends A {
  abstract override def m(s: String) = super.m("C -> " + s)
}
```

```
trait D extends A {
  abstract override def m(s: String) = super.m("D -> " + s)
}
trait E extends C {
  abstract override def m(s: String) = super.m("E -> " + s)
}
trait F extends C {
  abstract override def m(s: String) = super.m("F -> " + s)
}
class G extends X {
  override def m(s: String) = "G -> " + s
}
val x = new G with D with E with F with B
println(x.m("End"))
```

首先，需要混入特质进行线性化计算的类 G 在定义时没有立即混入特质，即只有“class G extends X”，且通过“new G with D with E with F with B”来构造 G 的匿名子类的对象。其次，注意基类 A 是一个抽象类，类 X 实现了抽象方法 m，类 G 重写了 X 的 m，其余特质也用“abstract override”重写了 m，这保证了 m 最终会回到类 G。最后，基类 A 的 m 的返回类型“String”的声明是必需的，因为抽象方法无法推断返回类型，若不声明则默认是 Unit。

根据线性化计算公式可得（加下画线的表示起点，斜体表示重复，类 X 不参与计算）：

① G

② G→B→A

③ G→B→*A*→F→C→A

④ G→B→*A*→F→*C*→*A*→E→C→A

⑤ G→B→*A*→F→*C*→*A*→E→C→*A*→D→A

⑥ G→B→F→E→C→D→A

⑦ G→B→F→E→C→D→A→AnyRef→Any

起点是 B，传入参数“End”会得到“B -> End”；然后 B 的 super.m 调用 F 的 m，并传入计算得到的“B -> End”，那么 F 会得到“F -> B -> End”，再继续向右调用；最后 A 的 m 是抽象的，无操作可执行，转而回到 G 的 m，所以最后传给 G 的参数实际是“D -> C -> E -> F -> B -> End”，得到的结果是“G -> D -> C -> E -> F -> B -> End”。

通过实际运行可得：

```
xjtu-chisel:~/xjtu-chisel$ scala test.scala
G -> D -> C -> E -> F -> B -> End
```

如果 G 的 m 也有 super 或没有重写，那么会调用 X 的 m，最后的结果是最左边多一个 X：

```
// test.scala
…
class G extends X {
  override def m(s: String) = super.m("G -> " + s)
}
…
```

```
xjtu-chisel:~/xjtu-chisel$ scala test.scala
X -> G -> D -> C -> E -> F -> B -> End
```

如果立即混入特质，则相当于普通的方法重写：

```
// test.scala
…
class G extends X with D with E with F with B {
  override def m(s: String) = "G -> " + s
}
val x = new G
…

xjtu-chisel:~/xjtu-chisel$ scala test.scala
G -> End
```

如果上一层超类是抽象类，立即混入会引发错误：

```
// test.scala
…
class G extends A with D with E with F with B {
  override def m(s: String) = "G -> " + s
}
val x = new G
…
xjtu-chisel:~/xjtu-chisel$ scala test.scala
/home/xjtu-chisel/test.scala:23: error: overriding method m in trait B of type
(s: String)String;
 method m needs `abstract override' modifiers
  override def m(s: String) = "G -> " + s
          ^
one error found
```

12.4.5 小结

特质用于代码重用，这与抽象基类的作用相似。不过，特质常用于混入在不相关的类中，而抽象基类则用于构成有继承层次的一系列相关类。在 Chisel 中，特质常用于进行硬件电路模块的公有属性的提取，在需要这些属性的电路中混入相应的特质，在不需要的时候删去，就能快速地修改电路设计。

12.5 参考文献

[1] EPFL. TOUR OF SCALA[EB/OL]. [2020-01-02]. https://docs.scala-lang.org/tour/unified-types.html.

第 13 章　包和导入

13.1　包

当代码量过于庞大时，为了让整个系统层次分明、各个功能部分划分明显，常常需要把整体划分成若干独立的模块。与 Java 一样，Scala 把代码以“包”的形式划分。

包是以关键字“package”为开头来定义的。可以用花括号把包的范围括起来，这种风格类似于 C++和 C#的命名空间，而且这种方法使得一个文件可以包含多个不同的包。也可以不用花括号标注范围，但包的声明必须在文件的最前面，这样可使得整个文件的内容都属于这个包，这种风格类似于 Java。对于包的命名方式，推荐使用 Java 的反转域名法，即“com.xxx.xxx”的形式。

在包中，可以定义 class、object 和 trait，也可以定义别的 package。如果编译一个包文件，那么会在当前路径下生成一个与包名相同的文件夹，文件夹中是包内 class、object 和 trait 编译后生成的文件，或者是包内层的包生成的更深一层的文件夹。如果多个文件的顶层包的包名相同，那么编译后的文件会放在同一个文件夹内。一个包的定义可以由多个文件的源代码组成，包名和源文件所在路径不要求必须一致。

13.2　包的层次和精确代码访问

因为包中还可以定义包，所以包也有层次结构。包不仅便于人们按模块阅读，也告诉编译器这些代码存在某些层次联系。像访问对象的成员一样，包也可以通过句点符号来按路径层次访问。如果包名中出现了句点，那么编译器也会按层次编译。例如：

```
package one.two
```

等效于：

```
package one

  package two
```

这两种写法都会先编译出一个名为 one 的文件夹，然后在里面编译出一个名为 two 的文件夹。如果一个包仅仅包含其他的包，没有额外的 class、object 和 trait 定义，那么建议写成第一种形式，这样内部代码省去了一次缩进。

Scala 的包是嵌套的，而不像 Java 那样只是分级的。这体现在 Java 访问包内的内容必须从最顶层的包开始把全部路径写齐，而 Scala 则可以按照一定的规则书写更简短的形式。例如（代码引自《Scala 编程》（第 3 版）[1]）：

```
package bobsrockets {
  package navigation {
    class Navigator {
      // 不需要写成 bobsrockets.navigation.StarMap
```

```
      val map = new StarMap
    }

    class StarMap
  }

  class Ship {
    // 不需要写成 bobsrockets.navigation.Navigator
    val nav = new navigation.Navigator
  }

  package fleets {
    class Fleet {
      // 不需要写成 bobsrockets.Ship
      def addShip() = { new Ship }
    }
  }
}
```

第一，访问同一个包内的 class、object 和 trait 不需要增加路径前缀。因为“new StarMap”和“class StarMap”都位于 bobsrockets.navigation 包内，所以这条代码能够通过编译。

第二，访问同一个包内更深一层的包所含的 class、object 和 trait，只需要写出那层更深的包。因为“class Ship”和“package navigation”都位于 bobsrockets 包内，所以要访问 navigation 包内的 class、object 和 trait 只需要增加“navigation.”，而不是完整的路径。

第三，当使用花括号显式表明包的作用范围时，包外所有可访问的 class、object 和 trait 在包内也可以直接访问。因为“package fleets”位于外层包 bobsrockets，所以 bobsrockets 包内、fleets 包外的所有 class、object 和 trait 都可以直接访问，故而“new Ship”不需要完整路径也能通过编译。

以上规则在同一个文件内显式嵌套时可以生效。如果把包分散在多个文件内，并通过包名带句点来嵌套，则不会生效。例如，下面的代码就不能通过编译[1]（代码引自《Scala 编程》（第 3 版））：

```
// bobsrockets.scala
package bobsrockets {
  class Ship
}
// fleets.scala
package bobsrockets.fleets {
  class Fleet {
    // 无法编译，Ship 不在作用域内
    def addShip() = { new Ship }
  }
}
```

即使把这两个文件合并，也无法编译。但是当第二个文件把每个包分开声明时，上述规则又能生效。例如，下面的代码[1]是合法的（代码引自《Scala 编程》（第 3 版））：

```
// bobsrockets.scala
package bobsrockets
  class Ship

// fleets.scala
package bobsrockets
  package fleets
    class Fleet {
      // 可以编译
      def addShip() = { new Ship }
    }
```

如果把上面两个文件合并在一起，则会报错，因为在同一个文件中有两个同级别的并列包，第二个包要加花括号，包括第二个包的子包都要加花括号。一种良好的习惯是文件中的 package 都按照显式嵌套的格式来写，并且不要出现同级别的并列 package。如果一个文件内有同级别的并列 package，就要把应该书写的花括号写全。

```
// bobsrockets_fleets.scala
package bobsrockets
  class Ship

package bobsrockets       //和 package bobsrockets 并列，缺花括号
  package fleets          //是 package bobsrockets 并列包的子包，也缺花括号
    class Fleet {
      // 可以编译
      def addShip() = { new Ship }
    }
```

为了访问不同文件最顶层包的内容，Scala 定义了一个隐式的顶层包“_root_”，所有自定义的包其实都包含在这个包中。例如（代码引自《Scala 编程》（第 3 版）[1]）：

```
// launch.scala
package launch {
  class Booster3
}

// bobsrockets.scala
package bobsrockets {
  package navigation {
    package launch {
      class Booster1
    }

    class MissionControl {
      val booster1 = new launch.Booster1
      val booster2 = new bobsrockets.launch.Booster2
      val booster3 = new _root_.launch.Booster3
    }
```

```
  }

  package launch {
    class Booster2
  }
}
```

Booster3 必须通过“_root_”才能访问，否则就易和 Booster1 混淆，造成歧义。

13.3 import 导入

如果每次都按 13.2 节的精确访问方式来编程，则显得过于烦琐和复杂。因此，可以通过关键字“import”来导入相应的内容。

Scala 的 import 的灵活性体现在三点：①可以出现在代码的任意位置；②除了导入包内所含的内容，还能导入对象（单例对象和 new 构造的对象都可以）和包自身，甚至函数的参数都能作为对象来导入；③可以重命名或隐藏某些成员。例如：

```
package A {
  package B {
    class M
  }

  package C {
    object N
  }
}
```

通过语句“import A.B”就能把包 B 导入。当要访问 M 时，只需要写“B.M”而不需要完整的路径。通过“import A.B.M”和“import A.C.N”分别导入了类 M 和对象 N。此时访问它们只需要写 M 和 N 即可。

路径最后的元素放在花括号中，这样就能导入一个或多个元素，例如，通过“import A.{B, C}”就导入了两个包。花括号内的语句也叫“引入选择器子句”。如果要导入所有的元素，则使用下画线，例如，“import A._”或“import A.{_}”把包 B 和 C 都导入了。

如果写成“import A.{B => packageB}”，就是在导入包 B 的同时重命名为“packageB”，此时可以用 packageB 指代包 B，也仍能用“A.B”显式访问。如果写成“import A.{B => _, _}”，就是把包 B 进行隐藏，而导入 A 的其他元素。注意，指代其他元素的下画线通配符必须放在最后。

包导入是相对路径，即代码中有“import A._”的文件要和包 A 编译后的文件夹在同一级目录下。

13.4 自引用

Scala 中用关键字“this”指代对象自己。如果 this 用在类的方法中，则指代正在调用方法的那个对象；如果用在类的构造方法中，则指代当前正在构建的对象。

13.5 访问修饰符

包、类和对象的成员都可以标上访问修饰符“private”和“protected”。用“private”修饰的成员是私有的，只能被包含它的包、类或对象的内部代码访问；用“protected”修饰的成员是受保护的，除了能被包含它的包、类或对象的内部代码访问，还能被子类访问（只有类才有子类）。例如：

```
class Diet {
  private val time = "0:00"
  protected val food = "Nothing"
}

class Breakfast extends Diet {
  override val time = "8:00"  // error
  override val food = "Apple"  // OK
}
```

对 time 的重写会出错，因为私有成员只能被类 Diet 内部的代码访问，子类不会继承，外部也不能通过“(new Diet).time”来访问。对 food 的重写是允许的，因为子类可以访问受保护的成员，但是外部不能通过“(new Diet).food”来访问。

除此之外，还可以加上限定词。假设 X 指代某个包、类或对象，那么 private[X]和 protected[X]就是在加限定词的基础上，把访问权限扩大到 X 的内部。例如：

```
package A {
  package B {
    private[A] class JustA
  }

  class MakeA {
    val a = new B.JustA  // OK
  }
}

package C {
  class Error {
    val a = new A.B.JustA  // error
  }
}
```

X 还可以是自引用关键字“this”。private[this]比 private 更严格，不仅只能由内部代码访问，而且只能在当前对象内部访问，还必须是调用方法的对象或构造方法正在构造的对象来访问；protected[this]则在 private[this]的基础上扩展到定义时的子类。例如：

```
scala> class MyInt1(x: Int) {
     |    private val mi1 = x
     |    def add(m: MyInt1) = mi1 + m.mi1
```

```
     | }
defined class MyInt1

scala> class MyInt2(x: Int) {
     |   private[this] val mi2 = x
     |   def add(m: MyInt2) = mi2 + m.mi2
     | }

<console>:13: error: value mi2 is not a member of MyInt2
       def add(m: MyInt2) = mi2 + m.mi2
                                    ^
```

MyInt1 可以编译成功，但是 MyInt2 不行，因为尽管这是在代码内部，但 add 传入的对象不是调用方法的对象，所以不能访问字段 mi2。换句话说，用 private[this]和 protected[this]修饰的成员 x，只能通过“this.x”的方式来访问。

对于类、对象和特质，不建议直接用 private 和 protected 修饰，容易造成作用域混乱，应该用带有限定词的访问修饰符来修饰，显式声明它们在包内的作用域。

伴生对象和伴生类共享访问权限，即两者可以互访对方的所有私有成员。在伴生对象中使用“protected”没有意义，因为伴生对象没有子类。特质使用“private”和“protected”修饰成员也没有意义。

13.6　包对象

包中可直接包含的元素有类、特质和单例对象，但其实类内可定义的元素都能放在包中，只不过字段和方法不能直接定义在包中。Scala 把字段和方法放在一个“包对象”中，每个包都允许有一个包对象。包对象用关键字组合“package object”为开头来定义，其名称与关联的包名相同，有点类似伴生类与伴生对象的关系。

包对象不是包，也不是对象，它会被编译成名为“package.class”的文件，该文件位于与它关联的包的对应文件夹中。为了保持路径同步，建议将定义包对象的文件命名为“package.scala”，并和定义关联包的文件放在同一个目录下。

13.7　总结

本章讲解了包的概念，以及 Scala 独有的一些语法特点，能方便读者在阅读别人的代码时理解层次结构、模块划分，以及根据 import 的路径来快速寻找相应的定义。

13.8　参考文献

[1] Martin Odersky，Lex Spoon，Bill Venners. Scala 编程[M]. 高宇翔，译. 3 版. 北京：电子工业出版社，2018：243-245.

第 14 章　集合

无论是用 Scala 编写软件，还是用 Chisel 开发硬件电路，集合都是非常有用的数据结构。Scala 中常见的集合有：数组、列表、集、映射、序列、元组、数组缓冲和列表缓冲等。了解这些集合的概念并熟练掌握它们的基本使用方法，对提高工作效率大有帮助。本章便逐一讲解这些集合类，帮助读者编写、阅读 Chisel 代码。

14.1　数组

14.1.1　数组的定义

数组是基本的集合，实际是计算机内一片地址连续的内存空间，通过指针来访问每个数组元素。因为数组是结构最简单的集合，所以它在访问速度上要比其他集合快。Scala 的数组类名为 Array，继承自 Java。Array 是一个具体的类，因此可以通过 new 来构造一个数组对象。数组元素的类型可以是任意的，而且不同的元素类型会导致每个元素的内存大小不一样，但是所有元素的类型必须一致。Scala 编译器的泛型机制是擦除式的，在运行时并不会保留类型参数的信息。但是数组的特点使得它成为唯一的例外，因为数组的元素类型跟数组保存在一起。

数组对象必须是定长的，即在构造时可以选择任意长度的数组，构造完毕就不能再更改长度了。构造数组对象的语法如下：

```
new Array[T](n)
```

其中，方括号中的 T 表示元素的类型，它可以显式声明，也可以通过传入给构造方法的对象来自动推断。圆括号中的 n 代表元素个数，它必须是一个非负整数，如果 n 等于 0，则表示空数组。和 Java 一样，Scala 的类型参数也是放在方括号中的。构造对象时，除了可以用值参数来“配置”对象，也可以用类型参数来“配置”。这其实是 oop 中一种重要的多态，称为全类型多态或参数多态，即通过已有的各种类型创建新的各种类型。

除此之外，Array 的伴生对象中还定义了一个 apply 工厂方法，因此也可以按如下方式构造数组对象：

```
scala> val charArray = Array('a', 'b', 'c')
charArray: Array[Char] = Array(a, b, c)
```

14.1.2　数组的索引与元素修改

数组可以用下标来索引每个元素，和大多数语言一样，Scala 的数组下标也是从 0 开始的。不过，有一点不同的是，其他很多语言的数组下标都是写在方括号中的，而 Scala 的数组下标却写在圆括号中。本书前述章节讲过“操作符即方法”，Scala 并没有下标索引操作符，而是在 Array 类中定义了一个 apply 方法，该方法接收一个 Int 类型的参数，返回对应下标的数组元素。所以，Scala 的数组下标写在圆括号中，是让编译器隐式插入 apply 方法的调用，当然读者也可以显式调用。

虽然数组是定长的，但是每个数组元素都是可变的，可以对数组元素重新赋值。例如：

```
scala> val intArray = new Array[Int](3)
intArray: Array[Int] = Array(0, 0, 0)
scala> intArray(0) = 1
scala> intArray(1) = 2
scala> intArray(2) = 3
scala> intArray
res0: Array[Int] = Array(1, 2, 3)
```

14.2 列表

14.2.1 列表的定义

列表是一种基于链表的数据结构，这使得列表可很快地访问头部元素，往头部增加新元素也消耗定长时间，但是对尾部进行操作则需要线性化的时间，即列表越大，时间越长。列表类名为 List，这是一个抽象类，因此不能用 new 来构造列表对象。但是伴生对象中有一个 apply 工厂方法，接收若干参数，以数组的形式转换成列表（链表）。列表也是定长的，且每个元素的类型相同、不可再重新赋值。列表元素也是从下标 0 开始索引的，下标同样写在圆括号中。例如：

```
scala> val intList = List(1, 1, 10, -5)
intList: List[Int] = List(1, 1, 10, -5)
scala> intList(0)
res0: Int = 1
scala> intList(3)
res1: Int = -5
```

14.2.2 列表添加数据

在实际的开发过程中常常需要进行列表合并、列表中增删元素等相关操作。Scala 标准库中定义了一系列方法来简化对列表的操作，表 14-1 列出了 4 种常用的操作符。

表 14-1　列表中常用的操作符

操 作 符	作　用
::	向列表的头部添加元素或列表
:::	用于拼接左、右两个列表
+:	向列表的头部添加元素或列表
:+	向列表的尾部添加元素或列表

因为列表的数据结构特性使得在头部添加元素很快，而在尾部添加得很慢，所以列表定义了一个名为“::”的方法，在列表头部添加新元素。注意，这会构造一个新的列表对象，而不是直接修改旧列表，因为列表是不可变的。其写法如下：

```
x :: xs
```

其中左侧的 x 是一个 T 类型的元素，右侧的 xs 是一个 List[T]类型的列表。这种写法符合直观表示。前述的以冒号结尾的中缀操作符，其调用对象在右侧的方法，正是出自这里。因为 x 是任意类型的，如果让 x 成为调用对象，那么就必须在所有类型（包括自定义类型）中都添加方法“::”，这显然是不现实的。如果让列表 xs 成为调用对象，那么只需要列表类定义该方法即可。例如：

```
scala> 1 :: List(2, 3)
res0: List[Int] = List(1, 2, 3)
```

还有一个名字相近的方法——:::，它用于拼接左、右两个列表，返回新的列表：

```
scala> List(1, 2) ::: List(2, 1)
res0: List[Int] = List(1, 2, 2, 1)
```

在列表头部或者尾部添加元素，还有一对方法——“+:”和“:+”，“+:”是在列表头部添加元素，“:+”是在列表尾部添加元素。但在使用时，必须将添加元素之后的列表显式赋给另一个列表。这是因为列表本身是不可变的，添加元素之后相当于创建了一个新列表，新列表需要一个新的列表对象来接收，而原列表不变。

“+:”方法举例：

```
scala> val x = List(1)
x: List[Int] = List(1)
scala> val y = 2 +: x
y: List[Int] = List(2, 1)
scala> println(x)
List(1)
```

“:+”方法举例：

```
scala> val a = List(1)
a: List[Int] = List(1)
scala> val b = a :+ 2
b: List[Int] = List(1, 2)
scala> println(a)
List(1)
```

14.2.3 列表子对象 Nil

List 有一个子对象——Nil，它表示空列表。Nil 的类型是 List[Nothing]，因为 List 的类型参数是协变的（有关泛型请见后续章节），而 Nothing 又是所有类的子类，所以 List[Nothing] 是所有列表的子类，即 Nil 兼容所有元素。既然 Nil 是一个空列表对象，那么它同样能调用方法“::”，通过 Nil 和“::”就能构造出一个列表，例如：

```
scala> 1 :: 2 :: 3 :: Nil
res0: List[Int] = List(1, 2, 3)
```

用 apply 工厂方法构造是上述方式的等效形式。在空列表 Nil 的头部添加了一个元素 3，构成了列表 List(3)；随后，继续在头部添加元素 2，构成列表 List(2, 3)；最后，在头部添加元素 1，得到最终的 List(1, 2, 3)。

数组与列表元素不仅可以是值类型，也可以是自定义的类，甚至是数组和列表本身，构成嵌套的数组与列表。此外，如果元素类型是 Any，那么数组和列表就可以包含不同类型的元素（不推荐这么做）。例如：

```
scala> List(Array(1, 2, 3), Array(10, 100, 100))
res0: List[Array[Int]] = List(Array(1, 2, 3), Array(10, 100, 100))
scala> List(1, '1', "1")
res1: List[Any] = List(1, 1, 1)
```

14.3　数组缓冲与列表缓冲

因为列表往尾部添加元素很慢，所以一种可行方案是先往列表头部添加，再把列表整体翻转。

另一种方案是使用定义在 scala.collection.mutable 包中的 ArrayBuffer 和 ListBuffer。这两者并不是真正的数组和列表，可以将其认为是暂存在缓冲区的数据。在数组缓冲和列表缓冲的头部、尾部都能添加、删去元素，并且耗时是固定的，只是数组缓冲要比数组慢一些。数组和列表能使用的成员方法，在它们的缓冲类中也有定义，表 14-2 列举了三种常用的操作符。

表 14-2　数组缓冲和列表缓冲中常用的操作符

操　作　符	作　　用
+=	向缓冲的尾部添加元素
+=:	向缓冲的头部添加元素
–=	从缓冲的尾部开始删去第一个符合的元素

通过“ArrayBuffer/ListBuffer += value”可以往缓冲的尾部添加元素，通过“value +=: ArrayBuffer/ListBuffer”可以往缓冲的头部添加元素，但只能通过“ArrayBuffer/ListBuffer –= value”从缓冲的尾部开始删去第一个符合的元素。在尾部添加或删除元素时，元素数量可以不止一个。例如：

```
scala> import scala.collection.mutable.{ArrayBuffer, ListBuffer}
import scala.collection.mutable.{ArrayBuffer, ListBuffer}
scala> val ab = new ArrayBuffer[Int]()
ab: scala.collection.mutable.ArrayBuffer[Int] = ArrayBuffer()
scala> ab += 10
res0: ab.type = ArrayBuffer(10)
scala> -10 +=: ab
res1: ab.type = ArrayBuffer(-10, 10)
scala> ab -= -10
res2: ab.type = ArrayBuffer(10)
scala> val lb = new ListBuffer[String]()
lb: scala.collection.mutable.ListBuffer[String] = ListBuffer()
//添加单个元素
scala> lb += "one"
res3: lb.type = ListBuffer(one)
//添加多个元素
```

```
scala> lb ++= Seq("abc", "oops", "good")
res4: lb.type = ListBuffer(one,  abc, oops, good)
scala> lb -= "abc"
res5: lb.type = ListBuffer(one, oops, good)
scala> "scala" +=: lb
res6: lb.type = ListBuffer(scala, one, oops, good)
```

在缓冲中的元素添加完毕后，就可以通过方法“toArray”或“toList”把缓冲的数据构造成一个数组或列表对象。注意，构造一个新的对象，原有的缓冲仍然存在。例如：

```
scala> lb.toArray
res7: Array[String] = Array(scala, oops, good)
scala> lb.toList
res8: List[String] = List(scala, oops, good)
scala> lb
res9: scala.collection.mutable.ListBuffer[String] = ListBuffer(scala, oops,
good)
```

14.4 元组

14.4.1 元组的定义

元组也是一种常用的数据结构，它和列表一样也是不可变的。元组的特点是可以包含不同类型的对象。其字面量写法是在圆括号中编写用逗号间隔的元素。例如：

```
scala> (1, "tuple", Console)
res0: (Int, String, Console.type) = (1,tuple,scala.Console$@5fc59e43)
```

上述例子构造了一个三元组，包含一个 Int 对象、一个 String 对象和控制台对象。注意查看打印的元组类型。

元组常用来作为函数的返回值。函数只有一个返回语句，如果想返回多个表达式或对象，就可以把它们包在一个元组中返回。

14.4.2 元组的索引

因为元组含有不同类型的对象，所以不可遍历，也就无法通过下标来索引，只能通过“_1”“_2”……这样来访问每个元素。注意第一个元素是“_1”，不是“_0”。例如：

```
scala> val t = ("God", 'A', 2333)
t: (String, Char, Int) = (God,A,2333)
scala> t._1
res0: String = God
scala> t._2
res1: Char = A
scala> t._3
res2: Int = 2333
```

实际上，元组并不是一个类，而是一系列类 Tuple1～Tuple22。这些类都是具体的，因此除了通过字面量的写法构造元组，也可以显式地通过“new TupleX（元组元素）”来构造。其中，每个数字代表元组包含的元素数量，元组最多只能包含 22 个元素，除非自定义 Tuple23、Tuple24 等。不过无须这么复杂，因为元组可以嵌套元组，并不妨碍元组包含任意数量的元素。

进一步查看元组的 API，会发现每个 TupleX 类中都有名为“_1”“_2”至“_X”的字段，这正好呼应了前面访问元组元素时所用的独特语法。

14.4.3　元组作为函数的入口参数

一元组没有字面量，只能显式地通过“new Tuple1(元组元素)”来构造一元组，因为此时编译器不会把圆括号解释成元组。

二元组也称为“对偶”，这在映射中会用到。

当函数的入参数量为一个时，调用函数时传递进去的元组字面量也可以省略圆括号。例如：

```
scala> def getType(x: Any) = x.getClass
getType: (x: Any)Class[_]
scala> getType(1)
res0: Class[_] = class java.lang.Integer
scala> getType(1, 2, 3)
res1: Class[_] = class scala.Tuple3
```

14.4.4　元组的遍历

元组数据的遍历和其他集合有些不同，需要先调用 productIterator 方法以获取其迭代器，然后对该迭代器进行遍历。例如：

```
scala> val t1 = (1, "a", "b", true, 2)
t1: (Int, String, String, Boolean, Int) = (1,a,b,true,2)
scala> for (item <- t1.productIterator) {
     | println("item=" + item)
     | }
item=1
item=a
item=b
item=true
item=2
```

14.5　映射

14.5.1　映射的定义

映射是包含一系列键-值对的集合，键和值的类型可以是任意的，但是每个键-值对的类型必须一致。键-值对的写法是“键 -> 值”。

实际上，映射并不是一个类，而是一个特质，所以无法用 new 构建映射对象，只能通过伴生对象中的 apply 工厂方法来构造映射类型的对象。例如：

```
scala> val map = Map(1 -> "+", 2 -> "-", 3 -> "*", 4 -> "/")
map: scala.collection.immutable.Map[Int,String] = Map(1 -> +, 2 -> -, 3 -> *, 
4 -> /)
```

表达式“object1 -> object2”实际就是一个对偶（二元组），因此键-值对也可以写成对偶的形式。例如：

```
scala> val tupleMap = Map(('a', 'A'), ('b', 'B'))
tupleMap: scala.collection.immutable.Map[Char,Char] = Map(a -> A, b -> B)
scala> tupleMap('a')
res0: Char = A
```

14.5.2 映射的三种取值方式

第一种是给 apply 方法提供一个键值作为参数，返回对应的值，如果不存在，则抛出异常。例如：

```
scala> val map = Map(1 -> "+", 2 -> "-", 3 -> "*", 4 -> "/")
map: scala.collection.immutable.Map[Int,String] = Map(1 -> +, 2 -> -, 3 -> *,
4 -> /)
scala> map(3)
res0: String = *
scala> map(0)
java.util.NoSuchElementException: key not found: 0
  at scala.collection.immutable.Map$Map4.apply(Map.scala:436)
  ... 28 elided
```

第二种取值方式是使用 map.get(key).get。如果 key 存在，map.get(key) 就会返回 Some（值），然后用 Some（值）.get 就可以取出对应的值；如果 key 不存在，map.get(key) 就会返回 None。例如：

```
scala> map.get(0)
res1: Option[String] = None
scala> map.get(1)
res2: Option[String] = Some(+)
scala> map.get(1).get
res3: String = +
```

第三种取值方式是使用 map.getOrElse(key,“默认值”)取值，如果 key 存在，则返回对应的值；如果 key 不存在，则返回提供的默认值。

```
scala> map.getOrElse(0, "默认的值")
res4: String = 默认的值
```

14.5.3 映射遍历的四种方式

for ((k, v) <- map)，遍历所有的键和值，k 是键，v 是值。

for (k <- map.keys)，遍历所有的键。

for (v <- map.values)，遍历所有的值。

for (item <- map)，遍历所有的键-值对，此时的 item 是元组。

默认情况下，使用的是 scala.collection.immutable 包中的不可变映射。也可以导入 scala.collection.mutable 包中的可变映射，这样就能动态地增加、删除键-值对。可变映射的名字也为“Map”，因此要注意在使用 import 导入可变映射时，是否把不可变映射覆盖了。

14.6　集

集和映射一样，也是一个特质，也只能通过 apply 工厂方法构建对象。集只能包含字面值不相同的同类型元素。若构建时传入了重复参数，则会过滤掉多余的，只取一个。集的 apply 方法测试是否包含传入的参数，返回 true 或 false，而不是通过下标来索引元素的。例如：

```
scala> val set = Set(1, 1, 10, 10, 233)
set: scala.collection.immutable.Set[Int] = Set(1, 10, 233)
scala> set(100)
res0: Boolean = false
scala> set(233)
res1: Boolean = true
```

默认情况下，使用的也是不可变集，scala.collection.mutable 包中也有同名的可变集。

14.7　序列

序列 Seq 也是一个特质，数组和列表都混入了这个特质。序列可遍历、可迭代，能用从 0 开始的下标索引，也可用于循环。序列也是包含一组相同类型的元素，并且不可变。其构造方法也是通过 apply 工厂方法进行。

14.8　集合的常用方法

上述集合类都定义了很多有用的成员方法，在这里介绍一二。如果想查看更多内容，建议前往官网的 API 网站查询。

14.8.1　map

map 方法接收一个无副作用的函数作为入参，对调用该方法的集合的每个元素应用入参函数，并把所得结果全部打包在一个集合中并返回。例如：

```
scala> Array("apple", "orange", "pear").map(_ + "s")
res0: Array[String] = Array(apples, oranges, pears)
scala> List(1, 2, 3).map(_ * 2)
res1: List[Int] = List(2, 4, 6)
```

14.8.2　foreach

foreach 方法与 map 方法类似，不过它的入参是一个有副作用的函数。例如：

```
scala> var sum = 0
sum: Int = 0
scala> Set(1, -2, 234).foreach(sum += _)
scala> sum
res0: Int = 233
```

14.8.3 zip

zip 方法把两个可迭代的集合一一对应，构成若干对偶。如果其中一个集合比另一个长，则忽略多余的元素。例如：

```
scala> List(1, 2, 3) zip Array('1', '2', '3')
res0: List[(Int, Char)] = List((1,1), (2,2), (3,3))
scala> List(1, 2, 3) zip Set("good", "OK")
res1: List[(Int, String)] = List((1,good), (2,OK))
```

14.8.4 reduce

reduce 方法的入参是一个二元操作函数，利用该二元操作函数对集合中的元素进行归约，即将上一步返回的值作为函数的第一个参数继续传递并参与运算，直到 list 中的所有元素被遍历，默认按照从左往右的顺序进行计算。例如：

```
(1 to 5).reduce(_ + _)         //相当于 1 + 2 + 3 + 4 + 5
(1 to 5).reduceLeft(_ + _)     //相当于 1 + 2 + 3 + 4 + 5
(1 to 5).reduceRight(_ + _)    //相当于 5 + 4 + 3 + 2 + 1
```

14.8.5 fold

fold 和 reduce 差不多，区别在于 fold 可以提供初始值。例如：

```
(1 to 5).fold(10)(_ + _)         //相当于 10 + 1 + 2 + 3 + 4 + 5
(1 to 5).foldLeft(10)(_ + _)     //相当于 10 + 1 + 2 + 3 + 4 + 5
(1 to 5).foldRight(10)(_ + _)    //相当于 10 + 5 + 4 + 3 + 2 + 1
```

14.8.6 scan

scan 和 fold 差不多，区别在于 scan 会把产生的所有中间结果放置于一个集合中保存。例如：

```
(1 to 3).scan(10)(_ + _)         //(10,10+1,10+1+2,10+1+2+3)
(1 to 3).scanLeft(10)(_ + _)     //(10,10+1,10+1+2,10+1+2+3)
(1 to 3).scanRight(10)(_ + _)    //(10+1+2+3,10+1+2,10+1,10)
```

14.9 总结

本章介绍了 Scala 标准库中的常用集合，这些数据结构在 Chisel 里面也经常用到，读者应该熟练掌握它们的概念和相关重点。在第 15 章的内建控制结构中，也将会用到这些集合。

第 15 章　内建控制结构

对任何编程语言来说，都离不开判断、选择、循环等基本的程序控制结构。Scala 也实现了必需的基本控制结构，只不过这些内建控制结构的语法更贴近函数式的风格。本章内容将对这些语法逐一讲解，这些语法在 Chisel 中编写电路逻辑时也是经常出现的。

15.1　if 表达式

用于判断的“if…else if…else”语法是所有编程语言都具备的，程序执行流程图如图 15-1 所示。Scala 的 if 表达式与大多数语言是一样的，在 if 和每个 else if 后面都将接收一个 Boolean 类型的表达式作为参数，如果表达式的结果为 true，则执行对应的操作，否则跳过。每个分支都可以包含一个表达式作为执行体，如果有多个表达式，则应该放进花括号中。整个 if 表达式实际算作一个表达式。例如：

```
scala> def whichInt(x: Int) = {
     |   if(x == 0) "Zero"
     |   else if(x > 0) "Positive Number"
     |   else "Negative Number"
     | }
whichInt: (x: Int)String
scala> whichInt(-1)
res0: String = Negative Number
```

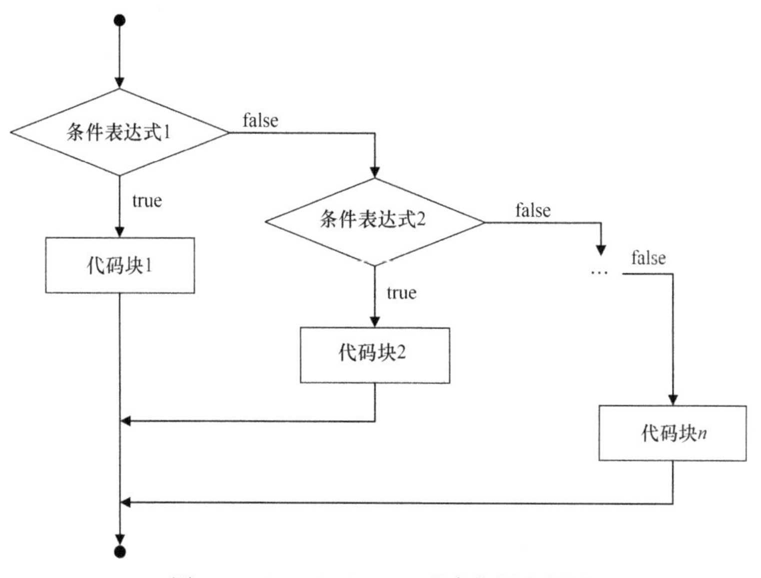

图 15-1　if…else if…else 程序执行流程图

15.2 while 循环

Scala 的 while 循环的语法与 C 语言一致，都是当判别式的结果为 true 时，一直执行花括号中的循环体，直到判别式为 false，程序执行流程图如图 15-2（a）所示。do…while 循环也是先执行一次循环体，再来进行判别，直到判别式为 false，程序执行流程图如图 15-2（b）所示。

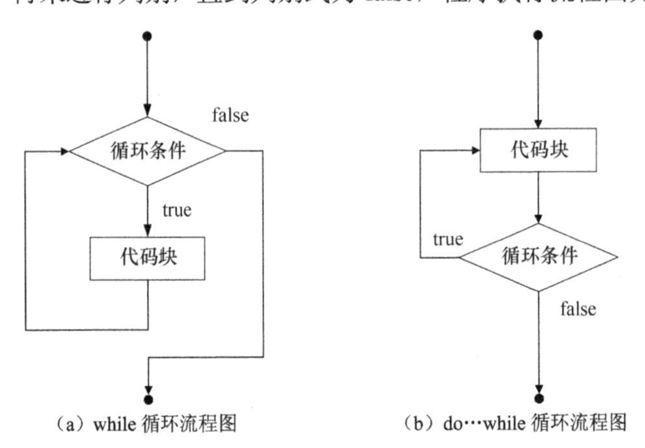

图 15-2 while 循环和 do…while 循环的程序执行流程图

例如，计算两个整数的阶乘：

```
def fac_loop(num: Int): Int = {
  var res: Int = 1
  var num1: Int = num
  while (num1 != 0) {
    res = res * num1
    num1 = num1 - 1
  }
  res
}
```

从上述代码可以看出，while 语法的风格是指令式的。实际上，Scala 把 if 称为“表达式”，是因为 if 表达式能返回有用的值，而把 while 称为“循环”，是因为 while 循环不会返回有用的值，其主要作用是不断重写某些 var 变量，所以 while 循环的类型是 Unit。在纯函数式的语言中，只有表达式，不会存在像 while 循环这样的语法。Scala 兼容两种风格，并引入了 while 循环，是因为某些时候用 while 编写的代码的可阅读性更强。实际上所有的 while 循环都可以通过其他函数式风格的语法来实现，常见做法就是函数的自我递归调用。例如，一个函数式风格的求取阶乘的函数定义如下：

```
def fac(num:Int): Int =
  if (num == 1) 1 else num*fac(num-1)
```

15.3 for 表达式与 for 循环

要实现循环，在 Scala 中推荐使用 for 表达式。Scala 的 for 表达式是函数式风格的，没有引入指令式风格的“for(i = 0; i < N; i++)”。Scala 的 for 表达式的一般形式如下：

```
for( seq ) yield expression
```

整个 for 表达式算一个语句。在这里，seq 代表一个序列。能放进 for 表达式中的对象，必须是一个可迭代的集合。比如常用的列表（List）、数组（Array）、映射（Map）、区间（Range）、迭代器（Iterator）、流（Stream）和所有的集（Set），它们都混入了特质 Iterable。可迭代的集合对象能生成一个迭代器，用该迭代器可以逐个交出集合中的所有元素，进而构成了 for 表达式所需的序列。关键字“yield”是“产生”的意思，是把前面序列中符合条件的元素拿出来，逐个应用到后面的“expression”，得到的所有结果按顺序产生一个新的集合对象。如果把 seq 展开来，其形式如下：

```
for {
  p <- persons                // 一个生成器
  n = p.name                  // 一个定义
  if(n startsWith "To")       // 一个过滤器
} yield n
```

seq 是由“生成器”“定义”“过滤器”三条语句组成的，以分号隔开，或者放在花括号中让编译器自动推断分号。

生成器“p <- persons”的右侧是一个可迭代的集合对象，把它的每个元素逐一拿出来与左侧的模式进行匹配（有关模式匹配请见后续章节）。如果匹配成功，那么模式中的变量就会绑定上该元素对应的部分；如果匹配失败，并不会抛出匹配错误，而是简单地丢弃该元素。在这个例子中，左侧的 p 是一个无须定义的变量名，它构成了变量模式，也就是简单地指向 persons 的每个元素。

定义就是一个赋值语句，这里的 n 也是一个无须定义的变量名。定义并不常用，比如这里的定义就可有可无。

过滤器则是一个 if 语句，只有当 if 后面的表达式为 true 时，生成器的元素才会继续向后传递，否则就丢弃该元素。在这个例子中，则判断 persons 的元素的 name 字段是否以“To”为开头。最后，name 以“To”为开头的 persons 元素会被应用到 yield 后面的表达式，在这里仅保持不变，没有任何操作。总之，这个表达式的结果就是遍历集合 persons 的元素，按顺序找出所有 name 以“To”为开头的元素，然后把这些元素组成一个新的集合。例如，编写如下的 Scala 文件：

```
// test.scala
class Person(val name: String)

object Alice extends Person("Alice")
object Tom extends Person("Tom")
object Tony extends Person("Tony")
object Bob extends Person("Bob")
object Todd extends Person("Todd")

val persons = List(Alice, Tom, Tony, Bob, Todd)

val To = for {
  p <- persons
```

```
  n = p.name
  if(n startsWith "To")
} yield n

println(To)
```

在命令行中执行 scala test.scala 后，输出结果为：List(Tom, Tony, Todd)。

每个 for 表达式都以生成器开始。如果一个 for 表达式中有多个生成器，那么出现在后面的生成器比出现在前面的生成器变得更频繁，即指令式编程中的嵌套的 for 循环。例如，计算乘法口诀表：

```
scala> for {
     |   i <- 1 to 9
     |   j <- i to 9
     | } yield i * j
res0: scala.collection.immutable.IndexedSeq[Int] = Vector(1, 2, 3, 4, 5, 6,
7, 8, 9, 4, 6, 8, 10, 12, 14, 16, 18, 9, 12, 15, 18, 21, 24, 27, 16, 20, 24, 28,
32, 36, 25, 30, 35, 40, 45, 36, 42, 48, 54, 49, 56, 63, 64, 72, 81)
```

每当生成器生成一个匹配的元素，后面的定义就会重新求值。这个求值是有必要的，因为定义很可能需要随生成器值的变化而变化。但是，如果后面的定义与生成器的元素的值无关，为了不浪费这个操作，尽量将定义写在外面。例如：

```
for(x <- 1 to 1000; y = expensiveComputationNotInvolvingX) yield x * y
```

不如写成：

```
val y = expensiveComputationNotInvolvingX
for(x <- 1 to 1000) yield x * y
```

如果只想把每个元素应用到一个 Unit 类型的表达式，则是一个“for 循环”，而不再是一个“for 表达式”，关键字“yield”也可以省略。例如：

```
scala> var sum = 0
sum: Int = 0
scala> for(x <- 1 to 100) sum += x
scala> sum
res0: Int = 5050
```

15.4 用 try 表达式处理异常

15.4.1 抛出一个异常

如果操作非法，JVM 会自动抛出异常。也可以用 new 构造一个异常对象，并用关键字 throw 手动抛出异常。例如：

```
scala> throw new IllegalArgumentException
java.lang.IllegalArgumentException
  ... 28 elided

scala> throw new RuntimeException("RuntimeError")
java.lang.RuntimeException: RuntimeError
```

```
  … 28 elided
```

15.4.2　try-catch

try 后面可以用花括号包含任意条代码，当这些代码产生异常时，JVM 并不会立即抛出，而是被 catch 捕获。catch 捕获异常后，按其后面的定义进行相应的处理。处理的方式一般为借助偏函数，在详细了解模式匹配前，只需要了解这些语法即可。例如，处理除零异常：

```
scala> def intDivision(x: Int, y: Int) = {
     |    try {
     |      x / y
     |    } catch {
     |      case ex: ArithmeticException => println("The divisor is Zero!")
     |    }
     | }
intDivision: (x: Int, y: Int)AnyVal
scala> intDivision(10, 0)
The divisor is Zero!
res0: AnyVal = ()
scala> intDivision(10, 2)
res1: AnyVal = 5
```

15.4.3　finally

try 表达式的完整形式是"try-catch-finally"。无论有没有异常产生，finally 中的代码都会执行。通常 finally 语句块的作用是执行一些清理工作，比如关闭文件。尽管 try 表达式可以返回有用值，但尽量避免这种做法。因为 Java 在显式声明"return"时，会用 finally 的返回值覆盖前面真正需要的返回值。例如：

```
scala> def a(): Int = try return 1 finally return 2
a: ()Int
scala> a()
res0: Int = 2
scala> def b(): Int = try 1 finally 2
b: ()Int
scala> b()
res1: Int = 1
```

15.5　match 表达式

match 表达式的作用相当于 switch，是把作用对象与定义的模式逐个进行比较，按匹配的模式执行相应的操作。举例说明：

```
scala> def something(x: String) = x match {
     |    case "Apple" => println("Fruit!")
     |    case "Tomato" => println("Vegetable!")
     |    case "Cola" => println("Beverage!")
```

```
     |    case _ => println("Huh?")
     | }
something: (x: String)Unit
scala> something("Cola")
Beverage!
scala> something("Toy")
Huh?
```

15.6 关于 continue 和 break

对于指令式编程而言，循环中经常用到关键字 continue 和 break，例如，下面的 Java 程序：在 1～1000 的范围内，如果数值能被 3 整除、被 5 整除、被 7 整除，则跳过该数值，如果能被 3、5、7 三个数都整除，则累加结束：

```
// Java
int i = 1;
int sum = 0;

while (i <= 1000) {
  if ((i%3==0) || (i%5==0) || (i%7==0)) {
    i = i + 1;
    continue;
  }
  else if (i % (3 * 5 * 7)==0){
    break;
  }
  else {
    sum  = sum + i;
    i = i + 1;
  }
}
```

实际上，这两个关键字对循环而言并不是必需的，可以改写成如下的 Scala 代码：

```
var i = 1
var sum = 0
var end_flag = false;
while (i <= 1000 && !end_flag) {
  if (!(i%3==0) || (i%5==0) || (i%7==0)) {
    sum  = sum + i
  }
  else if (i % (3 * 5 * 7) == 0){
    end_flag = true
  }
  i = i + 1
}
```

Scala 的标准库中也提供了 break 方法。通过“import scala.util.control.Breaks._”可以导入

Breaks 类，该类定义了一个名为“break”的方法。在写下 break 的地方，就会被编译器标记为可中断。

15.7　关于变量的作用域

在使用控制结构的时候，尤其是当有嵌套时，必然要搞清楚变量的作用范围。Scala 变量的作用范围很明确，边界就是花括号。例如（代码引自《Scala 编程》（第 3 版）[1]）：

```
def printMultiTable() = {
  var i = 1
  // 只有 i 在作用域内
  while (i <= 10) {
    var j = 1
    // i 和 j 都在作用域内
    while (j <= 10) {
      val prod = (i * j).toString
      // i、j 和 prod 都在作用域内
      var k = prod.length
      // i、j、prod 和 k 都在作用域内
      while (k < 4) {
        print(" ")
        k += 1
      }
      print(prod)
      j += 1
    }
    // i 和 j 仍在作用域内；prod 和 k 已经超出作用域
    println()
    i += 1
  }
  // i 仍在作用域内；j、prod 和 k 已经超出作用域
}
```

如果内、外作用域有同名的变量，那么内部作用域以内部变量为准，超出内部的范围则以外部变量为准。例如：

```
scala> def f() = {
     |     val a = 1
     |     do {
     |        val a = 10
     |        println(a)
     |     } while(false)
     |     println(a)
     | }
f: ()Unit
```

```
scala> f()
10
1
```

15.8 总结

本章介绍了 Scala 的内建控制结构，尤其是 for 表达式，在 Chisel 中也经常用到。对于重复逻辑、连线等，使用 for 表达式很方便。尽管 Verilog 也有 for 语法，但是使用较为麻烦，而且不能像 Chisel 那样支持泛型。

除此之外，Chisel 也有自定义的控制结构，这些内容会在后续章节讲解。

15.9 参考文献

[1] Martin Odersky，Lex Spoon，Bill Venners. Scala 编程[M]. 高宇翔，译. 3 版. 北京：电子工业出版社，2018：135.

第16章　模式匹配

第 15 章提到过，Scala 的内建控制结构中有一个 match 表达式，用于模式匹配或偏函数。模式匹配是 Scala 中一种强大的高级功能，并且在 Chisel 中被用于硬件的参数化配置，可以快速地裁剪、配置不同规模的硬件电路。掌握模式匹配对软、硬件编程都大有帮助。

16.1　样例类和对象

定义类时，若在最前面加上关键字“case”，则这个类就被称为样例类。Scala 的编译器会自动对样例类添加一些语法便利：

（1）添加一个与类同名的工厂方法。可以通过“类名（参数）”来构造对象，而不需要“new 类名（参数）”，使得代码看起来更加自然。

（2）参数列表的每个参数都隐式地获得了一个 val 前缀。类内部会自动添加与参数同名的公有字段。

（3）会自动以“自然”的方式实现 toString、hashCode 和 equals 方法。

（4）添加一个 copy 方法，用于构造与旧对象只有某些字段不同的新对象，只需通过传入具名参数和默认参数实现。比如 objectA.copy(arg0 = 10)会创建一个只有 arg0 为 10、其余成员与 objectA 完全一样的新对象。

一个样例类的定义如下：

```
scala> case class Students(name: String, score: Int)
defined class Students
scala> val stu1 = Students("Alice", 100)
stu1: Students = Students(Alice,100)
scala> stu1.name
res0: String = Alice
scala> stu1.score
res1: Int = 100
scala> val stu2 = stu1.copy()
stu2: Students = Students(Alice,100)
scala> stu2 == stu1
res2: Boolean = true
scala> val stu3 = stu1.copy(name = "Bob")
stu3: Students = Students(Bob,100)
scala> stu3 == stu1
res3: Boolean = false
```

样例类最大的优势是支持模式匹配。相关内容会在本章接下来的内容中介绍。样例对象与样例类很像，也是定义单例对象时在最前面加上关键字“case”。尽管样例对象和普通的单例对象一样，没有参数和构造方法，也是一个具体的实例，但是样例对象的实际形式更接近样例类。前面说的样例类的特性，样例对象也具备，例如，可用于模式匹配。根据编译后的结果来比较，样例对象与一个无参、无构造方法的样例类是一样的。

16.2 模式匹配

模式匹配的语法如下：

```
选择器 match { 可选分支 }
```

其中，选择器就是待匹配的对象，花括号中是一系列以关键字“case”为开头的可选分支。每个可选分支都包括一个模式及一个或多个表达式，如果模式匹配成功，则执行相应的表达式，最后返回结果。可选分支的定义如下：

```
case 模式 => 表达式
```

match 表达式与 Java 的 switch 的语法很像，但模式匹配的功能更多。两者有三点主要区别。

（1）match 是一个表达式，它可以返回一个值。

（2）可选分支存在优先级，其匹配顺序也就是代码编写时的顺序，并且只有第一个匹配成功的模式会被选中，然后对它的表达式求值并返回。如果表达式有多个，则按顺序执行直到下个 case 语句为止，并不会贯穿执行到末尾的 case 语句，所以多个表达式也可以不用花括号括起来。

（3）要确保至少有一个模式匹配成功，否则会抛出 MatchError 异常。

16.3 模式的种类

模式匹配之所以强大，原因之一就是支持多种多样的模式。

16.3.1 通配模式

通配模式用下画线“_”表示，它会匹配任何对象，通常放在末尾用于缺省、捕获所有可选路径，相当于 switch 的 default。如果某个模式需要忽略局部特性，也可以用下画线代替。例如：

```
scala> def test(x: Any) = x match {
     |     case List(1, 2, _) => true
     |     case _ => false
     | }
test: (x: Any)Boolean
scala> test(List(1, 2, 3))
res0: Boolean = true
scala> test(List(1, 2, 10))
res1: Boolean = true
scala> test(List(1, 2))
res2: Boolean = false
```

上述例子中，第一个 case 就是用下画线忽略了模式的局部特性：表明只有含有三个元素，且前两个为 1 和 2，第三个元素任意的列表才能匹配该模式。不符合第一个 case 的对象，都会被通配模式捕获。

越具体的模式，可匹配的范围越小。反之，越模糊的模式，覆盖的范围越大。具体的模式应该定义在模糊的模式前面，否则如果具体模式的作用范围是模糊模式的子集，那写在后面的具体模式就永远不会被执行。像通配模式这种全覆盖的模式，一定要写在最后。

16.3.2　常量模式

常量模式是用一个常量作为模式，使得只能匹配常量自己。任何字面量都可以作为常量模式，任何 val 类型的变量或单例对象（样例对象也是一样的）也可以作为常量模式。例如，Nil 这个单例对象能且仅能匹配空列表[1]（代码引自《Scala 编程》（第 3 版））：

```
scala> def test2(x: Any) = x match {
         |     case 5 => "five"
         |     case true => "truth"
         |     case "hello" => "hi!"
         |     case Nil => "the empty list"
         |     case _ => "something else"
         |  }
test2: (x: Any)String
scala> test2(List())
res0: String = the empty list
scala> test2(5)
res1: String = five
scala> test2(true)
res2: String = truth
scala> test2("hello")
res3: String = hi!
scala> test2(233)
res4: String = something else
```

16.3.3　变量模式

变量模式就是一个变量名，它可以匹配任何对象，这一点与通配模式一样。但是，变量模式还会把该变量名与匹配成功的输入对象绑定，在表达式中可以通过这个变量名来进一步操作输入对象。变量模式还可以放在最后面代替通配模式。例如（代码引自《Scala 编程》（第 3 版）[1]）：

```
scala> def test3(x: Any) = x match {
         |     case 0 => "Zero!"
         |     case somethingElse => "Not Zero: " + somethingElse
         |  }
test3: (x: Any)String
scala> test3(0)
res0: String = Zero!
scala> test3(List(0))
res1: String = Not Zero: List(0)
```

与通配模式一样，变量模式的后面不能添加别的模式，否则编译器会警告无法到达变量模式后面的代码。例如[1]：

```
scala> def test3(x: Any) = x match {
         |     case somethingElse => "Not Zero: " + somethingElse
         |     case 0 => "Zero!"
         | }
       case somethingElse => "Not Zero: " + somethingElse
         ^
On line 2: warning: patterns after a variable pattern cannot match (SLS 8.1.1)
       case 0 => "Zero!"
            ^
On line 3: warning: unreachable code due to variable pattern 'somethingElse'
on line 2
       case 0 => "Zero!"
            ^
On line 3: warning: unreachable code
def test3: (x: Any)String
```

有时候，常量模式看上去也是一个变量名，比如 Nil 就引用空列表这个常量模式。Scala 有一条简单的词法区分规则：以小写字母开头的简单名称会被当作变量模式，其他引用都是常量模式。即使以小写字母开头的简单名称是某个常量的别名，也会被当成变量模式。如果想绕开这条规则，有两种方法：①如果常量是某个对象的字段，可以加上限定词（如 this.a 或 object.a 等）来表示这是一个常量。②用反引号` `把名称包起来，编译器就会把它解读成常量，这也是绕开关键字与自定义标识符冲突的方法。例如：

```
scala> val somethingElse = 1
somethingElse: Int = 1
scala> def test4(x: Any) = x match {
         |     case `somethingElse` => "A constant!"
         |     case 0 => "Zero!"
         |     case _ => "Something else!"
         | }
test4: (x: Any)String
scala> test4(somethingElse)
res0: String = A constant!
```

16.3.4 构造方法模式

构造方法模式是把样例类的构造方法作为模式，其形式为“名称(模式)”。假设这里的“名称”指定的是一个样例类的名字，那么该模式将首先检查待匹配的对象是不是以这个名称命名的样例类的实例，再检查待匹配的对象的构造方法参数是不是匹配括号中的“模式”。Scala 的模式支持深度匹配，括号中的模式可以是任何一种模式，包括构造方法模式。嵌套的构造方法模式会进一步展开匹配。例如：

```
scala> case class A(x: Int)
defined class A
```

```
scala> case class B(x: String, y: Int, z: A)
defined class B
scala> def test5(x: Any) = x match {
     |     case B("abc", e, A(10)) => e + 1
     |     case _ =>
     | }
test5: (x: Any)AnyVal
```

其中，“abc”是常量模式，只能匹配字符串“abc”；e 是变量模式，绑定 B 的第二个构造参数，然后在表达式中加 1 并返回；A(10)是构造方法模式，B 的第三个参数必须是以 10 为参数构造的 A 的对象。例如：

```
scala> val a = B("abc", 1, A(10))
a: B = B(abc,1,A(10))
scala> val b = B("abc", 1, A(1))
b: B = B(abc,1,A(1))
scala> test5(a)
res0: AnyVal = 2
scala> test5(b)
res1: AnyVal = ()
```

16.3.5　序列模式

序列类型也可以用于模式匹配，比如 List 或 Array。下画线“_”或变量模式可以指出不关心的元素，把“_*”放在最后可以匹配任意的元素个数。例如：

```
scala> def test6(x: Any) = x match {
     |     case Array(1, _*) => "OK!"
     |     case _ => "Oops!"
     | }
test6: (x: Any)String
scala> test6(Array(1, 2, 3))
res0: String = OK!
scala> test6(1)
res1: String = Oops!
```

16.3.6　元组模式

元组也可以用于模式匹配，在圆括号中可以包含任意模式。形如(a, b, c)的模式可以匹配任意的三元组，注意里面是三个变量模式，不是三个字母常量。例如：

```
scala> def test7(x: Any) = x match {
     |     case (1, e, "OK") => "OK, e = " + e
     |     case _ => "Oops!"
     | }
test7: (x: Any)String
scala> test7(1, 10, "OK")
res0: String = OK, e = 10
```

16.3.7 带类型的模式

模式定义时，也可以声明具体的数据类型。用带类型的模式可以代替类型测试和类型转换。例如（代码引自《Scala 编程》（第 3 版）[2]）：

```
scala> def test8(x: Any) = x match {
     |     case s: String => s.length
     |     case m: Map[_, _] => m.size
     |     case _ => -1
     | }
test8: (x: Any)Int
```

其中，带类型的变量模式“s: String”将匹配每个非空的 String 实例，而“m: Map[_, _]”将匹配任意映射实例。注意，入参 x 的类型是 Any，而 s 的类型是 String，所以表达式中可以写 s.length 而不能写 x.length，因为 Any 类没有叫 length 的成员。m.size 同理。

在带类型的模式中，虽然可以像以上这个例子那样指明对象类型为笼统的映射“Map[_, _]”，但是无法更进一步指明映射的键-值分别是什么类型。在第 14 章曾讲过，这是因为 Scala 采用了擦除式的泛型，即运行时并不会保留类型参数的信息，所以程序在运行时无法判断某个映射的键-值具体是哪两种类型。唯一例外的是数组，因为数组的元素类型跟数组保存在一起。

16.3.8 变量绑定模式

除变量模式可以使用变量外，还可以对任何其他模式添加变量，构成变量绑定模式，其形式为“变量名 @ 模式”。变量绑定模式执行模式匹配的规则与原本模式一样，但是在匹配成功后会把输入对象的相应部分与添加的变量进行绑定，通过该变量就能在表达式中进行额外的操作。例如，下面为一个常量模式绑定了变量 e：

```
scala> def test9(x: Any) = x match {
     |     case (1, 2, e @ 3) => e
     |     case _ => 0
     | }
test9: (x: Any)Int
scala> test9(1, 2, 3)
res0: Int = 3
```

16.4 模式守卫

模式守卫出现在模式之后，是一条用 if 开头的语句。模式守卫可以是任意的布尔表达式，通常会引用模式中的变量。如果存在模式守卫，则必须模式守卫返回 true，模式匹配才算成功。

Scala 要求模式都是线性的，即一个模式内的两个变量不能同名。如果想指定，模式的两个部分要相同，不是定义两个同名的变量，而是通过模式守卫来解决的。例如：

```
case i: Int if i > 0 => ...                // 只匹配正整数
case s: String if s(0) == 'a' => ...       // 只匹配以字母'a'开头的字符串
case (x, y) if x == y => ...               // 只匹配两个元素相等的二元组
```

16.5 密封类

如果在“class”前面加上关键字“sealed”，那么这个类就称为密封类。密封类只能在同一个文件中定义子类，不能在文件之外被别的类继承。这有助于编译器检查模式匹配的完整性，因为这样确保了不会有新的模式随意出现，而只需要关心本文件内已有的样例类。所以，要使用模式匹配，最好把顶层的基类做成密封类。

对继承自密封类的样例类做匹配，编译器会用警告信息标示出缺失的组合。如果确实不需要覆盖所有组合，又不想用通配模式来避免编译器发出警告，可以在选择器后面添加“@unchecked”注解，这样编译器对后续模式分支的覆盖完整性检查就会被压制。例如（代码引自《Scala 编程》（第 3 版）[3]）：

```
scala> sealed abstract class Expr
defined class Expr
scala> case class Var(name: String) extends Expr
defined class Var
scala> case class Number(num: Double) extends Expr
defined class Number
scala> case class UnOp(operator: String, arg: Expr) extends Expr
defined class UnOp
scala> case class BinOp(operator: String, left: Expr, right: Expr) extends Expr
defined class BinOp
scala> def describe(e: Expr): String = e match {
         |     case Number(_) => "a number"
         |     case Var(_) => "a variable"
         | }
                                         ^
      warning: match may not be exhaustive.
      It would fail on the following inputs: BinOp(_, _, _), Number(_), UnOp(_,
_), Var(_)
def describe(e: Expr): String
scala> def describe(e: Expr): String = e match {
         |     case Number(_) => "a number"
         |     case Var(_) => "a variable"
         |     case _ => throw new RuntimeException  // Should not happen
         | }
describe: (e: Expr)String
scala> def describe(e: Expr): String = (e: @unchecked) match {
         |     case Number(_) => "a number"
         |     case Var(_) => "a variable"
         | }
describe: (e: Expr)String
```

16.6 可选值

从前面很多例子中可以发现两个问题：一是每条 case 分支可能返回不同类型的值，导致函数的返回值或变量的类型不好确定，该如何把它们统一起来呢？二是在通配模式下，常常不需要返回一个值。要解决这两个问题，Scala 提供了一个新的语法——可选值。

可选值就是类型为 Option[T]的一个值。其中，Option 是标准库中的一个密封抽象类。T 可以是任意的类型，例如，标准类型或自定义的类。并且 T 是协变的，简单来说，就是如果类型 T 是类型 U 的超类，那么 Option[T]也是 Option[U]的超类。

Option 类有一个子类：Some 类。通过“Some(x)”可以构造一个 Some 的对象，其中参数 x 是一个具体的值。根据 x 的类型，可选值的类型会发生改变。例如，Some(10)的类型是 Option[Int]，Some("10")的类型是 Option[String]。由于 Some 对象需要一个具体的参数值，所以这部分可选值用于表示“有值”。

Option 类还有一个子对象：None，它的类型是 Option[Nothing]，是所有 Option[T]类型的子类，代表“无值”。Option 类型代表要么是一个具体的值，要么无值。Some(x)常作为 case 语句的返回值，而 None 常作为通配模式的返回值。需要注意的是，Option[T]和 T 是两个完全无关的类型，赋值时不要混淆。

如果没有可选值语法，要表示“无值”可能会选用 null，就必须对变量进行判空操作。在 Java 中，判空是一个运行时的动作，如果忘记判空，编译时并不会报错，但是在运行时可能会抛出空指针异常，进而引发严重的错误。有了可选值之后，首先从字面上提醒读者这是一个可选值，存在无值和有值两种情况；其次，最重要的是，由于 Option[T]类型与 T 类型不同，赋值时可能需要先做相应的类型转换。类型转换最常见的方式就是模式匹配，在这期间可以把无值 None 过滤掉。如果不进行类型转换，编译器就会抛出类型错误，这样在编译期就进行判空处理进而防止运行时出现更严重的问题。

可选值提供了一个方法 isDefined，如果调用对象是 None，则返回 false，而 Some 对象都会返回 true。还有一个方法 get，用于把 Some(x)中的 x 返回，如果调用对象是 None，则报错。

16.7 模式匹配的另类用法

对于提取器，可以通过“val/var 对象名(模式) = 值”的方式来使用模式匹配，常用于定义变量。这里的“对象名”是指提取器，即某个单例对象，列表、数组、映射、元组等常用集合的伴生对象都是提取器。例如：

```
scala> val Array(x, y, _*) = Array(-1, 1, 233)
x: Int = -1
y: Int = 1
scala> val a :: 10 :: _ = List(999, 10)
val a: Int = 999
scala> val capitals = Map("China" -> "Beijing", "America" -> "Washington",
"Britain" -> "London")
val capitals: scala.collection.immutable.Map[String,String] = Map(China ->
```

```
Beijing, America -> Washington, Britain -> London)
    scala> for((country, city) <- capitals)
         |    println("The capital of " + country + " is " + city)
    The capital of China is Beijing
    The capital of America is Washington
    The capital of Britain is London
```

16.8 偏函数

在 Scala 中，万物皆对象。函数是一等值，与整数、浮点数、字符串等相同，所以函数也是一种对象，必然属于某一种类型。为了标记函数的类型，Scala 提供了一系列特质：Function0～Function22 来表示参数为 0，1，2，…，22 个的函数。其与元组很像，因此函数的参数最多只能有 22 个。当然也可以自定义含有更多参数的 FunctionX，但是 Scala 标准库没有提供，也没有必要。

除此之外，还有一个特殊的函数特质：偏函数 PartialFunction。偏函数的作用在于划分一个输入参数的可行域，在可行域内对入参执行一种操作，在可行域之外对入参执行其他操作。偏函数有两个抽象方法需要实现：apply 和 isDefinedAt。其中，isDefinedAt 用于判断入参是否在可行域内，是就返回 true，否则返回 false；apply 是偏函数的函数体，用于对入参执行操作。使用偏函数之前，应该先用 isDefinedAt 判断入参是否合法，不合法可能会出现异常。

定义偏函数的一种简便方法就是使用 case 语句组。广义上讲，case 语句就是一个偏函数，所以才可以用于模式匹配。一个 case 语句就是函数的一个入口，多个 case 语句就有多个入口，每个 case 语句又可以有自己的参数列表和函数体。例如：

```
    val isInt1: PartialFunction[Any, String] = {
      case x: Int => x + " is a Int."
    }
```

相当于

```
    val isInt2 = new PartialFunction[Any, String] {
      def apply(x: Any) = x.asInstanceOf[Int] + " is a Int."
      def isDefinedAt(x: Any) = x.isInstanceOf[Int]
    }
```

注意 apply 方法可以隐式调用。x.isInstanceOf[T]判断 x 是不是 T 类型（及其超类）的对象，是就返回 true。x.asInstanceOf[T]则把 x 转换成 T 类型的对象，如果不能转换，则报错。

偏函数 PartialFunction[Any, Any]是 Function1[Any, Any]的子特质，因为 case 语句只有一个参数。[Any, Any]中的第一个 Any 是输入参数的类型，第二个 Any 是返回结果的类型。如果确实需要输入多个参数，则可以用元组、列表或数组等把多个参数变成一个集合。

在用 case 语句定义偏函数时，前述的各种模式类型、模式守卫都可以使用。最后的通配模式可有可无，但是没有时，要保证运行不会出错。

上述代码运行如下：

```
    scala> isInt1(1)
    res0: String = 1 is a Int.
    scala> isInt2(1)
```

```
res1: String = 1 is a Int.
scala> isInt1.isDefinedAt('1')
res2: Boolean = false
scala> isInt2.isDefinedAt('1')
res3: Boolean = false
scala> isInt1('1')
scala.MatchError: 1 (of class java.lang.Character)
  at scala.PartialFunction$$anon$1.apply(PartialFunction.scala:344)
  at scala.PartialFunction$$anon$1.apply(PartialFunction.scala:342)
  at $anonfun$1.applyOrElse(<console>:1)
  at scala.runtime.AbstractPartialFunction.apply(AbstractPartialFunction.scala:35)
  ... 32 elided
scala> isInt2('1')
java.lang.ClassCastException: java.lang.Character cannot be cast to java.lang.Integer
  at scala.runtime.BoxesRunTime.unboxToInt(BoxesRunTime.java:99)
  at $anon$1.apply(<console>:2)
  at $anon$1.apply(<console>:1)
  ... 32 elided
```

16.9 总结

本章介绍了功能强大的模式匹配。该概念比较容易理解，但是熟练运用则比较难。最后讲解了偏函数，这个概念在 Chisel 得到了广泛应用。

16.10 参考文献

[1] Martin Odersky，Lex Spoon，Bill Venners. Scala 编程[M]. 高宇翔，译. 3 版. 北京：电子工业出版社，2018：277-278.

[2] Martin Odersky，Lex Spoon，Bill Venners. Scala 编程[M]. 高宇翔，译. 3 版. 北京：电子工业出版社，2018：282.

[3] Martin Odersky，Lex Spoon，Bill Venners. Scala 编程[M]. 高宇翔，译. 3 版. 北京：电子工业出版社，2018：290.

第 17 章　类型参数化

在面向对象的编程中，提高代码复用率的一种重要方法是泛型。泛型是一种重要的多态，称为“全类型多态”或“参数多态”。在某些容器类中，通常需要存储其他类型的对象，但是具体是什么类型，事先并不知道。若对每种可能包含的类型都编写一个新类，则不现实。一是工作量巨大，二是完全无法预知自定义类型是什么。例如，列表的元素可以是基本类型，也可以是自定义的类型，不可能在编写列表类时把自定义类型也考虑进去。更重要的是，这些容器类仅仅需要知道一个具体的类型，其他成员完全是一样的。既然这样，那完全可以编写一个泛型的类，它独立于成员的类型存在，然后把类型也作为一个参数，实例化生成不同的类对象。

既然与定义类型相关，那么可以泛型的自然是类和特质。在前面讲解集合时就已经初步了解了这样的类和特质，例如，Array[T]、List[T]、Map[T, U]等。本章将深入讲解 Scala 有关类型参数化的内容。

17.1　var 类型的字段

对于可重新赋值的字段，可执行两个基本操作：获取字段值或者设置为一个新值。在 JavaBeans 库中，这两个操作分别由名为“getter”和“setter”的方法来完成。Scala 遵循了 Java 的惯例，只不过实现两个基本操作的方法的名字不一样：如果在类中定义了一个 var 类型的字段，那么编译器会隐式地把这个变量限制成 private[this]的访问权限，同时隐式地定义一个名为“变量名”的 getter 方法和一个名为“变量名_=”的 setter 方法。默认的 getter 方法返回变量的值，而默认的 setter 方法接收外部传入的参数来直接赋给变量。例如：

```
class A {
  var aInt: Int = _
}
```

相当于

```
class A {
  // 这个变量名"a"是随意取的，只要不与两个方法名冲突即可
  private[this] var a: Int = _
  // getter，方法名与原来的变量名相同
  def aInt: Int = a
  // setter，注意名字中的"_="
  def aInt_=(x: Int) = a = x
}
```

注意，字段必须被初始化，即“= _”不能省略，它将字段初始化为零值（具体零值是什么取决于字段的类型，数值类型的零值是 0，布尔类型的零值是 false，引用类型的零值是 null），也可以初始化为某个具体值。如果不初始化，那么就是一个抽象字段。还有前面讲解的

private[this]，表明该成员只能用“this.a”或“a”来访问，句点前面不能是其他任何对象。

实际上定义的 var 类型字段并不是用 private[this]修饰的，只不过被编译器隐式转换了，所以外部仍然可以读取和修改该字段，但编译器会自动转换成对 getter 和 setter 方法的调用。“对象.变量”会调用 getter 方法，而“对象.变量 = 新值”会调用 setter 方法。而且这两个方法的权限与原本定义的 var 字段的权限相同，如果原本的 var 字段是公有的，那么这两个方法也是公有的；如果原本的 var 字段是受保护的，那么这两个方法也是受保护的；以此类推。也可以逆向操作，自定义 getter 和 setter 方法，以及一个 private[this]修饰的 var 类型字段，只要注意方法与字段的名字不冲突即可。

另外，这说明字段与方法没有必然联系。如果定义了“var a”这样的语句，那么必然有隐式的“a”和“a_=”方法，并且无法显式修改这两个方法（名字冲突）；如果自定义了“b”和“b_=”这样的方法，不一定要相应的 var 字段与之对应，这两个方法也可以操作类内的其他成员，而且可以通过“object.b”和“object.b = value”来调用。例如：

```
class A {
  private[this] var a: Int = _
  // 默认的 getter 和 setter
  def originalValue: Int = a
  def originalValue_=(x: Int) = a = x
  // 自定义的 getter 和 setter，且没有对应的 var 字段
  def tenfoldValue: Int = a * 10
  def tenfoldValue_=(x: Int) = a = x / 10
}
scala> val a = new A
a: A = A@130bea0
scala> a.originalValue = 1
a.originalValue: Int = 1
scala> a.originalValue
res0: Int = 1
scala> a.tenfoldValue
res1: Int = 10
scala> a.tenfoldValue = 1000
a.tenfoldValue: Int = 1000
scala> a.originalValue
res2: Int = 100
```

17.2 类型构造器

```
scala> abstract class A[T] {
     |     val a: T
     | }
defined class A
```

这个例子所示的“A”是一个类，但它不是一个类型，因为它接收一个类型参数。A 也被称为“类型构造器”，因为它可以接收一个类型参数来构造一个类型，就像普通类的构造方法

接收值参数构造实例对象一样。比如 A[Int]是一种类型，A[String]是另一种类型，等等。也可以说 A 是一个泛型的类。在指明类型时，不能像普通类那样只写一个类名，而必须在方括号中给出具体的类型参数。例如：

```
scala> def doesNotCompile(x: A) = {}
                            ^
       error: class A takes type parameters
scala> def doesCompile(x: A[AnyRef]) = {}
doesCompile: (x: A[AnyRef])Unit
```

除了泛型的类和特质需要在名字后面加上方括号与类型参数，如果某个成员方法的参数也是泛型的，那么方法名后面也必须加上方括号和类型参数。字段则不需要，只要直接用类型参数指明类型即可。

17.3　型变注解

像 A[T]这样的类型构造器，它们的类型参数 T 可以是协变的、逆变的或者不变的，这被称为类型参数的“型变”。“A[+T]”表示类 A 在类型参数 T 上是协变的，“A[-T]”表示类 A 在类型参数 T 上是逆变的。其中，类型参数的前缀“+”和“-”被称为型变注解，没有就是不变的。

型变注解类型如图 17-1 所示，如果类型 Sub 是类型 Super 的子类型，那么协变表示 Temp[Sub]也是 Temp[Super]的子类型，而逆变表示 Temp[Super]反而是 Temp[Sub]的子类型，不变则表示 Temp[Sub]和 Temp[Super]是两种没有任何关系的不同类型。

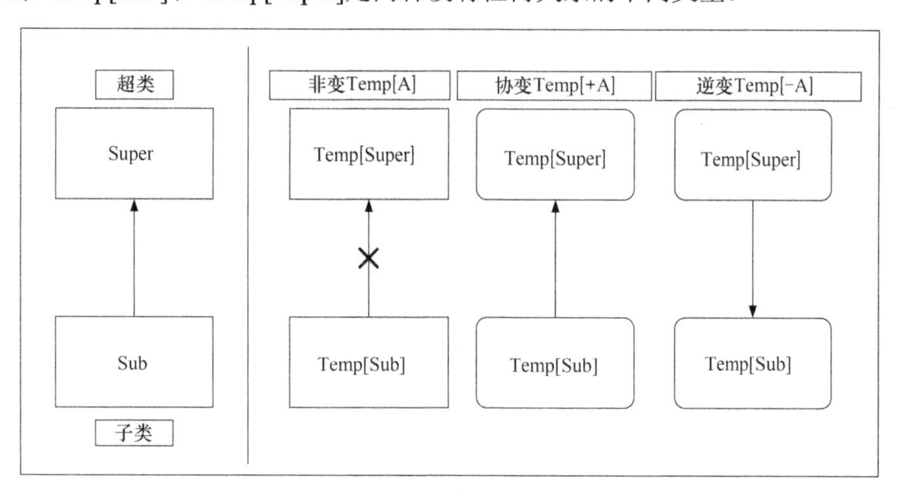

图 17-1　型变注解类型

17.4　检查型变注解

标注了型变注解的类型参数不能随意使用，类型系统设计要满足“里氏替换原则”：在任何需要类型为 T 的对象的地方，都能用类型为 T 的子类型的对象替换。里氏替换原则的依据是子类型多态。类型为超类的变量可以指向类型为子类的对象，因为子类继承了超类所有的非私有成员，能在超类中使用的成员，一般在子类中均可使用。

假设类型 T 是类型 S 的超类，如果类型参数是协变的，导致 A[T]也是 A[S]的超类，那么“val a: A[T] = new A[S]”就合法。此时，如果类 A 内部的某个方法 funcA 的入参的类型也是这个协变类型参数，那么方法调用“a.funcA(b: T)”就会出错，因为 a 实际指向的是一个子类对象，子类对象的方法 funcA 接收的入参的类型是 S，而子类 S 不能指向超类 T，所以传入的 b 不能被接收。但是 a 的类型是 A[T]又隐式地告诉使用者，可以传入类型是 T 的参数，这就产生了矛盾。相反，funcA 的返回类型是协变类型参数就没有问题，因为子类对象的 funcA 的返回值的类型虽然是 S，但是能被 T 类型的变量接收，即“val c: T = a.funcA()”合法。a 的类型 A[T]隐式地告诉使用者应该用 T 类型的变量接收返回值，虽然实际返回的值是 S 类型，但是子类型多态允许这样做。要保证不出错，生产者产生的值的类型应该是子类，消费者接收的值的类型应该是超类（接收者本来只希望使用超类的成员，但是实际给出的子类统统都具备，接收者也不会去使用多出来的成员，所以子类型多态才正确）。基于此，方法的入参的类型应该是逆变类型参数，逆变使得“val a: A[S] = new A[T]”合法，也就是实际引用的对象的方法想要一个 T 类型的参数，但传入了子类型 S 的值，符合里氏替换原则。同理，方法的返回类型应该是协变的。

既然类型参数的使用有限制，那么就应该有一条规则来判断该使用什么类型参数。Scala 的编译器把类或特质中任何出现类型参数的地方都当作一个“点”，点有协变点、逆变点和不变点之分，以声明类型参数的类和特质作为顶层开始，逐步往内层深入，对这些点进行归类。在顶层的点都是协变点，例如，顶层的方法的返回类型就在协变点。默认情况下，在更深一层的嵌套的点与在包含嵌套的外一层的点被归为一类。该规则有一些例外：①方法的值参数所在的点会根据方法外的点进行一次翻转，也就是把协变点翻转成逆变点、逆变点翻转成协变点、不变点仍然保持不变；②方法的类型参数（即方法名后面的方括号）也会根据方法外的点进行一次翻转；③如果类型也是一个类型构造器，比如以 C[T]为类型，那么，当 T 有“-”注解时就根据外层进行翻转，有“+”注解时就保持与外层一致，否则就变成不变点。

协变点只能用“+”注解类型参数，逆变点只能用“-”注解类型参数。没有型变注解的类型参数可以用在任何点，也是唯一能用在不变点的类型参数。所以对于类型 Q[+U, -T, V]而言，U 处在协变点，T 处在逆变点，而 V 处在不变点。

以如下例子为例进行解释：

```
abstract class Cat[-T, +U] {
   def meow[W⁻](volume: T⁻, listener: Cat[U+, T⁻]⁻): Cat[Cat[U+, T⁻]⁻, U+]+
}
```

这个例子中的正号表示协变点，负号表示逆变点。首先，Cat 类声明了类型参数，所以它是顶层。方法 meow 的返回值属于顶层的点，所以返回类型的最右边是正号，表示协变点。因为方法的返回类型也是类型构造器 Cat，并且第一个类型参数是逆变的，所以这里相对协变翻转成了逆变，而第二个类型参数是协变的，所以保持协变属性不变。继续往里归类，返回类型嵌套的 Cat 处在逆变点，所以第一个类型参数的位置相对逆变翻转成协变，第二个类型参数的位置保持逆变属性不变。两个值参数 volume 和 listener 都相对协变翻转成了逆变，并且 listener 的类型是 Cat，所以和返回类型嵌套的 Cat 一样。方法的类型参数 W 也相对协变翻转成了逆变。

虽然型变注解的检查很复杂，但这些工作都被编译器自动完成了。编译器的检查方法也很直接，就是查看顶层声明的类型参数是否出现在正确的位置。比如，上例中，T 都出现在逆变点，U 都出现在协变点，所以可以通过检查。至于 W 是什么，则无须关心。

17.5　类型构造器的继承关系

因为类型构造器需要根据类型参数来确定最终的类型，所以在判断多个类型构造器之间的继承关系时，必须依赖类型参数。对于只含单个类型参数的类型构造器而言，继承关系很好判断，只需要看型变注解是协变、逆变还是不变。当类型参数不止一个时，该如何判断呢？尤其是当函数的参数是一个函数时，更需要确定一个函数的子类型是什么样的函数。

以常用的单参数函数为例，其特质 Function1 的部分定义如下：

```
trait Function1[-S, +T] {
  def apply(x: S): T
}
```

类型参数 S 代表函数的入参的类型，应该是逆变的。类型参数 T 代表函数返回值的类型，所以是协变的。

假设类 A 是类 a 的超类，类 B 是类 b 的超类，并且定义了一个函数的类型为 Function1[a, B]，那么，这个函数的子类型应该是 Function1[A, b]。解释如下：假设在需要类型为 Function1[a, B]的函数的地方，实际用类型为 Function1[A, b]的函数代替了。那么，本来会给函数传入 a 类型的参数，但实际函数需要 A 类型的参数，因为类 A 是类 a 的超类，这符合里氏替换原则；本来会用类型为 B 的变量接收函数的返回值，但实际函数返回了 b 类型的值，因为类 B 是类 b 的超类，这也符合里氏替换原则。综上所述，用 Function1[A, b]代替 Function1[a, B]符合里氏替换原则，所以 Function1[A, b]是 Function1[a, B]的子类型。

因此，对于含有多个类型参数的类型构造器，要构造子类型，就是把逆变类型参数由子类替换成超类、把协变类型参数由超类替换成子类。

17.6　上界和下界

对于类型构造器 A[+T]，倘若没有别的手段，很显然它的方法的参数不能泛化，因为协变的类型参数不能用作函数的入参类型。如果要泛化参数，必须借助额外的类型参数，那么这个类型参数该怎么定义呢？因为可能存在“val x: A[超类] = new A[子类]”这样的定义，导致方法的入参类型会是 T 的超类，所以，额外的类型参数必须是 T 的超类。Scala 提供了一个语法——下界，其形式为“U >: T”，表示 U 必须是 T 的超类，或者是 T 本身（一个类型既是它自身的超类，又是它自身的子类）。

通过使用下界标定一个新的类型参数，就可以在 A[+T]这样的类型构造器中泛化方法的入参类型。例如：

```
scala> abstract class A[+T] {
     |     def funcA[U >: T](x: U): U
     | }
defined class A
```

现在，编译器不会报错，下界的存在导致编译器预期参数 x 的类型是 T 的超类。实际运行时，会根据传入的实际入参确定 U 是什么。返回类型定义成了 U，当然也可以是 T，但是动态地根据 U 来调整类型显得更自然。

与下界对应的是上界，其形式为“U <: T”，表示 U 必须是 T 的子类或本身。通过上界，就能在 A[-T]这样的类型构造器中泛化方法的返回类型。例如：

```
scala> abstract class A[-T] {
     |    def funcA[U <: T](x: U): U
     | }
defined class A
```

注意，编写上界、下界时，不能写错类型的位置和开口符号。

17.7　方法的类型参数

除类和特质能一开始声明类型参数外，方法也可以带有类型参数。如果方法仅仅使用了包含它的类或特质已声明的类型参数，那么方法自己就没必要写出类型参数。如果出现了包含它的类或特质未声明的类型参数，则必须写在方法的类型参数中。注意，方法的类型参数不能有型变注解。例如：

```
scala> abstract class A[-T] {
     |    def funcA(x: T): Unit
     | }
defined class A
scala> abstract class A[-T] {
     |    def funcA(x: T, y: U): Unit
     | }
   def funcA(x: T, y: U): Unit
                      ^
On line 2: error: not found: type U
scala> abstract class A[-T] {
     |    def funcA[U](x: T, y: U): Unit
     | }
defined class A
```

方法的类型参数不能与包含它的类和特质已声明的类型参数一样，否则会把它们覆盖。例如：

```
scala> class A[-T] {
     |   def funcA[T](x: T) = x.getClass
     | }
defined  class A
scala> val a = new A[Int]
a: A[Int] = A@1036e8d
scala> a.funcA("Hello")
res0: Class[_ <: String] = class java.lang.String
```

17.8　对象私有数据

var 类型的字段，其类型参数不能是协变的，因为隐式的 setter 方法需要一个入参，这就把协变类型参数用作入参。其类型参数也不能是逆变的，因为隐式的 getter 方法的返回类型是字段的类型。例如：

```
scala> class A[-T] {
     |     var a: T = _
     | }
<console>:12: error: contravariant type T occurs in covariant position in type
=> T of variable a
         var a: T = _
           ^
scala> class A[+T] {
     |     var a: T = _
     | }
       var a: T = _
         ^
On line 2: error: contravariant type T occurs in covariant position in type
T of variable a
```

如果 var 字段是对象私有的，即用 private[this]修饰，那么它只能在定义该类或特质时被访问。由于外部无法直接访问，不能在运行时违背里氏替换原则，因此隐式的 getter 和 setter 方法可以忽略对型变注解的检查。如果想在内部自定义 getter 或 setter 方法来产生一个错误，假设当前类型参数 T 是协变的，尽管可以通过下界来避免 setter 方法的型变注解错误，但是赋值操作又会发生类型匹配错误。类型检查无法通过，更不可能在运行时发生错误。同样，逆变类型参数也是如此。例如：

```
scala> class A[+T] {
     |    private[this] var a: T = _
     | }
defined class A
scala> class A[+T] {
     |    private[this] var a: T = _
     |   def set[U >: T](x: U) = a = x
     | }
       def set[U >: T](x: U) = a = x
                  ^
On line 3: error: type mismatch;
        found   : x.type (with underlying type U)
        required: T
scala> class A[-T] {
     |    private[this] var a: T = _
     | }
defined class A
scala> class A[-T] {
     |    private[this] var a: T = _
     |    def get[U <: T](): U = a
     | }
```

```
    def get[U <: T](): U = a
                ^
On line 3: error: type mismatch;
       found   : T
       required: U
```

所以，Scala 的编译器会忽略对 private[this] var 类型的字段的检查。

17.9 总结

本章的内容较抽象，但掌握这些语法有助于阅读与理解 Chisel 的源代码和语言的工作机制。

第 18 章　抽象成员

18.1　抽象成员

类可以用“abstract”修饰变成抽象的，特质天生就是抽象的，所以抽象类和特质可以包含抽象成员，也就是没有完整定义的成员。Scala 有 4 种抽象成员：抽象 val 字段、抽象 var 字段、抽象方法和抽象类型，它们的声明形式如下[1]（代码引自《Scala 编程》（第 3 版））：

```
trait Abstract {
  type T                      // 抽象类型
  def transform(x: T): T      // 抽象方法
  val initial: T              // 抽象 val 字段
  var current: T              // 抽象 var 字段
}
```

因为定义不充分，存在不可初始化的字段和类型，或者没有函数体的方法，所以抽象类和特质不能直接用 new 构造实例。抽象成员的本意就是让更具体的子类或子对象来实现它们。例如[1]：

```
class Concrete extends Abstract {
  type T = String
  def transform(x: String) = x + x
  val initial = "hi"
  var current = initial
}
```

抽象类型指的是用 type 关键字声明的一种类型——它是某个类或特质的成员但并未给出定义。虽然类和特质都定义了一种类型，并且它们可以是抽象的，但这不意味着抽象类或特质就叫抽象类型，抽象类型永远都是类和特质的成员。在使用抽象类型进行定义的地方，最后都要被解读成抽象类型的具体定义。而使用抽象类型的原因有两个：一是给名字冗长或含义不明的类型起一个别名；二是声明子类必须实现的抽象类型。

在不知道某个字段正确的值，但是明确地知道在当前类的每个实例中，该字段都会有一个不可变更的值时，就可以使用抽象 val 字段。抽象 val 字段与抽象无参方法类似，而且访问方式完全一样。但是，抽象 val 字段保证每次使用时都返回一个相同的值，而抽象方法的具体实现可能每次都返回不同的值。另外，抽象 val 字段只能实现成具体的 val 字段，不能改成 var 字段或无参方法；而抽象无参方法可以实现成具体的无参方法，也可以是 val 字段。

抽象 var 字段与抽象 val 字段类似，但抽象 var 字段是一个可被重新赋值的字段。与第 17 章讲解的具体 var 字段类似，抽象 var 字段会被编译器隐式地展开成抽象 setter 方法和抽象 getter 方法，但是不会在当前抽象类或特质中生成一个“private[this] var”字段。这个字段会在定义了其具体实现的子类或子对象当中生成。例如（代码引自《Scala 编程》（第 3 版）[2]）：

```
trait AbstractTime {
  var hour: Int
```

```
  var minute: Int
}
```

相当于

```
trait AbstractTime {
  def hour: Int              // hour的getter方法
  def hour_=(x: Int)         // hour的setter方法
  def minute: Int            // minute的getter方法
  def minute_=(x: Int)       // minute的setter方法
}
```

18.2 初始化抽象val字段

抽象 val 字段有时会承担超类参数的职能：它们允许程序员在子类中提供那些在超类中缺失的细节。这对特质尤其重要，因为特质没有构造方法，参数化通常都是通过子类实现抽象 val 字段来完成的。例如[2]：

```
trait RationalTrait {
  val numerArg: Int
  val denomArg: Int
}
```

要在具体的类中混入这个特质，就必须实现它的两个抽象 val 字段。例如[2]：

```
new RationalTrait {
  val numerArg = 1
  val denomArg = 2
}
```

注意，前面讲过，这不是直接实例化特质，而是隐式地用一个匿名类混入了该特质，并且花括号中的内容属于隐式的匿名类。

在构造子类的实例对象时，首先构造超类/超特质的组件，然后才轮到子类的剩余组件。因为花括号中的内容不属于超类/超特质，所以在构造超类/超特质的组件时，花括号中的内容其实是无用的。并且在这个过程中，如果需要访问超类/超特质的抽象 val 字段，会交出相应类型的默认值（比如 Int 类型的默认值是 0），而不是花括号中的定义。只有轮到构造子类的剩余组件时，花括号中的子类定义才会派上用场。所以，在构造超类/超特质的组件时，尤其是特质还不能接收子类的参数，如果默认值不满足某些要求，构造就会出错。例如[2]：

```
scala> trait RationalTrait {
     |   val numerArg: Int
     |   val denomArg: Int
     |   require(denomArg != 0)
     | }
defined trait RationalTrait
scala> new RationalTrait {
     |     val numerArg = 1
     |     val denomArg = 2
     | }
```

```
java.lang.IllegalArgumentException: requirement failed
  at scala.Predef$.require(Predef.scala:268)
  at RationalTrait.$init$(<console>:14)
  ... 32 elided
```

在这个例子中，require 函数会在参数为 false 时报错。该特质是用默认值 0 去初始化两个抽象字段的，花括号中的定义只有等超特质构造完成才有用，所以 require 函数无法通过。为此，Scala 提供了两种方法解决这种问题。

18.2.1 预初始化字段

如果能让花括号中的代码在最开始执行，就能避免该问题，这个方法被称作“预初始化字段”。其形式为：

```
new { 定义 } with 超类/超特质
```

例如[2]：

```
scala> new {
     |     val numerArg = 1
     |     val denomArg = 2
     | } with RationalTrait
res0: RationalTrait = $anon$1@9b47400
```

除了匿名类可以这样使用，单例对象或具名子类也可以，其形式是把花括号中的代码与单例对象名或类名用 extends 隔开，最后用 with 连接想要继承的类或混入的特质。例如[2]：

```
scala> class RationalClass(n: Int, d: Int) extends RationalTrait {
     |   val numerArg = n
     |   val denomArg = d
     | }
defined class RationalClass
scala> new RationalClass(1, 2)
java.lang.IllegalArgumentException: requirement failed
  at scala.Predef$.require(Predef.scala:268)
  at RationalTrait.$init$(<console>:14)
  ... 29 elided
scala> class RationalClass(n: Int, d: Int) extends {
     |   val numerArg = n
     |   val denomArg = d
     | } with RationalTrait
defined class RationalClass
scala> new RationalClass(1, 2)
res1: RationalClass = RationalClass@7ed8b44
```

该语法有一个瑕疵，就是预初始化字段发生得比构造超类/超特质更早，导致预初始化字段时实例对象其实还未被构造，所以花括号中的代码不能通过 this 来引用正在构造的对象本身。如果代码中出现了 this，那么这个引用将指向包含当前被构造的类或对象的对象，而不是被构造的对象本身。例如[2]：

```
scala> new {
```

```
         |       val numerArg = 1
         |       val denomArg = this.numerArg * 2
         | } with RationalTrait
<console>:15: error: value numerArg is not a member of object $iw
val denomArg = this.numerArg * 2
          ^
```

该代码无法通过编译，因为 this 指向了包含用 new 构造的对象的那个对象，在本例中是名为“$iw”的合成对象，该合成对象是 Scala 的编译器用于存放用户输入的代码的地方。由于$iw 没有叫 numerArg 的成员，因此编译器产生了错误。

18.2.2 惰性的 val 字段

预初始化字段是人为地调整初始化顺序，而把 val 字段定义成惰性的，可以让程序自己确定初始化顺序。如果在 val 字段前面加上关键字“lazy”，那么该字段只有首次被使用时才会进行初始化。如果是用表达式进行初始化，那就对表达式求值并保存，后续使用字段时都是复用保存的结果而不是每次都求值表达式。例如（代码引自《Scala 编程》（第 3 版）[3]）：

```
scala> trait LazyRationalTrait {
         |    val numerArg: Int
         |    val denomArg: Int
         |    lazy val numer = numerArg / g
         |    lazy val denom = denomArg / g
         |    override def toString = numer + "/" + denom
         |    private lazy val g = {
         |       require(denomArg != 0)
         |       gcd(numerArg, denomArg)
         |    }
         |    private def gcd(a: Int, b: Int): Int =
         |       if (b == 0) a else gcd(b, a % b)
         | }
defined trait LazyRationalTrait
scala> val x = 2
x: Int = 2
scala> new LazyRationalTrait {
         |      val numerArg = 1 * x
         |      val denomArg = 2 * x
         | }
res0: LazyRationalTrait = 1/2
```

首先是构造超特质的组件，但是需要初始化的非抽象字段都被 lazy 修饰，所以没有执行任何操作。由于 require 函数在字段 g 内部，而 g 没有初始化，因此不会出错。然后开始构造子类的组件，先对 1 * x 和 2 * x 两个表达式进行求值，得到 2 和 4 后把两个抽象字段初始化。最后，解释器需要调用 toString 方法进行信息输出，该方法要访问 numer，此时才对 numer 右侧的初始化表达式进行求值，且 numerArg 已经初始化为 2；在 numer 初始化时要访问 g，所以才对 g 进行初始化，但 denomArg 已满足 require 的要求，求得 g 为 2 并保存；等到 toString

方法要访问 denom 时，才初始化 denom，并且 g 不用再次求值。至此，对象构造完成。

18.3 抽象类型

假设要编写一个 Food 类，用各种子类来表示各种食物。要编写一个抽象的 Animal 类，有一个 eat 方法，接收 Food 类型的参数，会写成如下形式（代码引自《Scala 编程》（第 3 版）[4]）：

```
scala> class Food
defined class Food
scala> abstract class Animal {
        |    def eat(food: Food)
        | }
defined class Animal
```

如果用不同的 Animal 子类来代表不同的动物，并且食物类型也会根据动物的习性发生改变。比如定义一头吃草的牛，则可能定义如下[4]：

```
scala> class Grass extends Food
defined class Grass
scala> class Cow extends Animal {
        |   override def eat(food: Grass) = {}
        | }
<console>:13: error: class Cow needs to be abstract, since method eat in class
Animal of type (food: Food)Unit is not defined
(Note that Food does not match Grass: class Grass is a subclass of class Food,
but method parameter types must match exactly.)
 class Cow extends Animal {
    ^
<console>:14: error: method eat overrides nothing.
Note: the super classes of class Cow contain the following, non final members
named eat:
def eat(food: Food): Unit
override def eat(food: Grass) = {}
     ^
```

但是编译器并不允许这么做。问题出在“override def eat(food: Grass) = {}”这句代码并不会被编译。实现超类的抽象方法相当于重写，但是重写要保证参数列表完全一致，否则就是函数重载。在这里，超类的方法 eat 的参数类型是 Food，但是子类的版本改成了 Grass。Scala 的编译器执行严格的类型检查，尽管 Grass 是 Food 的子类，但是出现在函数的参数类型上，并不能简单地套用子类型多态，就认为 Grass 等效于 Food。所以，错误信息显示 Cow 类一是没有实现 Animal 类的抽象 eat 方法，二是 Cow 类的 eat 方法并未重写任何东西。

有读者认为这种规则过于严厉，但倘若放松，就会出现如下不符合常理的情况：

```
class Fish extends Food
val bessy: Animal = new Cow
bessy eat (new Fish)
```

假设编译器放开对 eat 方法的参数类型的限制，使得任何 Food 类型都能通过编译，则 Fish

类作为 Food 的子类，也能被 Cow 类的 eat 方法所接受。但是，给一头牛喂鱼，而不是吃草，显然与事实不符。

要达到上述目的，就需要更精确的编程模型。一种办法就是借助抽象类型及上界，例如[4]：

```
scala> class Food
defined class Food
scala> abstract class Animal {
        |    type SuitableFood <: Food
        |    def eat(food: SuitableFood)
        |  }
defined class Animal
```

在这里引入了一个抽象类型。由于方法 eat 的参数设定为抽象类型，在编译时会被解读成具体的 SuitableFood 实现，所以不同的 Animal 子类可以通过更改具体的 SuitableFood 来达到改变食物类型的目的，并且这符合严格的规则检查。其次，上界保证了在子类实现 SuitableFood 时，必须是 Food 的某个子类，即不会喂给动物吃非食物类的东西。此时的 Cow 类如下：

```
scala> class Grass extends Food
defined class Grass
scala> class Cow extends Animal {
        |   type SuitableFood = Grass
        |   override def eat(food: Grass) = {}
        |  }
defined class Cow
```

如果现在给吃草的牛喂一条鱼，那么就会发生类型错误[4]：

```
scala> class Fish extends Food
defined class Fish
scala> val bessy: Animal = new Cow
bessy: Animal = Cow@7bb4ed71
scala> bessy eat (new Fish)
<console>:14: error: type mismatch;
 found   : Fish
 required: bessy.SuitableFood
bessy eat (new Fish)
     ^
```

18.4　细化类型

当一个类继承自另一个类时，就称前者是后者的名义子类型。Scala 还有一个结构子类型，表示两个类型只是有某些兼容的成员，而不是常规的那种继承关系。结构子类型通过细化类型来表示。

比如，要做一个食草动物的集合。一种方法是定义一个食草的特质，让所有的食草动物类都混入该特质。但是这样会让食草动物与最基本的动物的关系不那么紧密。如果按前面定义食草牛那样继承自 Animal 类，那么食草动物集合的元素类型就可以表示为 Animal 类型，但这样又可能把食肉动物或杂食动物也包含进集合。此时，就可以使用结构子类型，其形式如下：

```
Animal { type SuitableFood = Grass }
```

最前面是基类 Animal 的声明，花括号中是想要兼容的成员。这个成员声明得比基类 Animal 更具体、更精细，表示食物类型必须是草。当然，并不一定要更加具体。那么，用这样一个类型指明集合元素的类型，就可以只包含食草动物了：

```
val animals: List[Animal { type SuitableFood = Grass }] = ???
```

18.5 Scala 的枚举

Scala 没有特定的语法表示枚举，而是在标准类库中提供一个枚举类——scala.Enumeration。通过创建一个继承自这个类的子对象可以创建枚举。例如（代码引自《Scala 编程》（第 3 版）[5]）：

```
scala> object Color extends Enumeration {
     |     val Red, Green, Blue = Value
     | }
defined object Color
```

对象 Color 和普通的单例对象一样，可以通过“Color.Red”这样的方式来访问成员，或者先用“import Color._”导入。

Enumeration 类定义了一个名为 Value 的内部类，以及同名的无参方法。该方法每次都返回内部类 Value 的全新实例，枚举对象 Color 的三个枚举值都分别引用了一个 Value 类型的实例对象。并且，因为 Value 是内部类，所以它的对象的具体类型还与外部类的实例对象有关。在这里，外部类的对象就是自定义的 Color，所以三个枚举值引用的对象的真正类型应该是 Color.Value。

假如还有别的枚举对象，例如[5]：

```
scala> object Direction extends Enumeration {
     |     val North, East, South, West = Value
     | }
defined object Direction
```

Color.Value 和 Direction.Value 是两个不同类型，所以两个枚举对象分别创造了两种不同类型的枚举值。

方法 Value 有一个重载的版本，可以接收一个字符串参数来给枚举值关联特定的名称。例如[5]：

```
scala> object Direction extends Enumeration {
     |     val North = Value("N")
     |     val East = Value("E")
     |     val South = Value("S")
     |     val West = Value("W")
     | }
defined object Direction
```

方法 values 返回枚举值的名称的集合。优先给出特定名称，否则就给出字段名称。例如：

```
scala> Color.values
res0: Color.ValueSet = Color.ValueSet(Red, Green, Blue)
```

```
scala> Direction.values
res1: Direction.ValueSet = Direction.ValueSet(N, E, S, W)
```

枚举值从 0 开始编号。内部类 Value 有一个方法 id 返回相应的编号，也可以通过“对象名（编号）”来返回相应的枚举值的名称。例如：

```
scala> Color.Red.id
res2: Int = 0
scala> Color(2)
res3: Color.Value = Blue
scala> Color(3)
java.util.NoSuchElementException: key not found: 3
  at scala.collection.MapLike.default(MapLike.scala:235)
  at scala.collection.MapLike.default$(MapLike.scala:234)
  at scala.collection.AbstractMap.default(Map.scala:65)
  at scala.collection.mutable.HashMap.apply(HashMap.scala:69)
  at scala.Enumeration.apply(Enumeration.scala:146)
  ... 28 elided
scala> Direction.North.id
res4: Int = 0
scala> Direction(0)
res5: Direction.Value = N
```

18.6 总结

本章的内容可以帮助理解 Chisel 标准库的工作机制。由于一般的电路描述不会用到这样的抽象成员，因此如果对本章内容不感兴趣或理解得不够透彻，读者可跳过本章。

18.7 参考文献

[1] Martin Odersky，Lex Spoon，Bill Venners. Scala 编程[M]. 高宇翔，译. 3 版. 北京：电子工业出版社，2018：411-412.

[2] Martin Odersky，Lex Spoon，Bill Venners. Scala 编程[M]. 高宇翔，译. 3 版. 北京：电子工业出版社，2018：414-419.

[3] Martin Odersky，Lex Spoon，Bill Venners. Scala 编程[M]. 高宇翔，译. 3 版. 北京：电子工业出版社，2018：421.

[4] Martin Odersky，Lex Spoon，Bill Venners. Scala 编程[M]. 高宇翔，译. 3 版. 北京：电子工业出版社，2018：423-425.

[5] Martin Odersky，Lex Spoon，Bill Venners. Scala 编程[M]. 高宇翔，译. 3 版. 北京：电子工业出版社，2018：430.

第 19 章　隐式转换与隐式参数

假设编写了一个向量类 MyVector，并且包含一些向量的基本操作。因为向量可以与标量做数乘运算，所以需要一个计算数乘的方法“*”，它应该接收一个类型为基本值类的参数。在向量对象 myVec 调用该方法时，可以写成诸如“myVec * 2”的形式。在数学上，反过来写“2 * myVec”也是可行的，但是在程序中行不通。因为操作符的左边是调用对象，反过来写就表示 Int 对象“2”是方法的调用者，但是 Int 类中并没有这种方法。

为了解决上述问题，所有的 oop 语言都会有相应的策略，比如 C++是通过友元的方式来解决的。Scala 则采取名为“隐式转换”的策略，把本来属于 Int 类的对象“2”转换类型，变成 MyVector 类的对象，这样它就能使用数乘方法。隐式转换属于隐式定义的一种，隐式定义就是那些程序员事先写好的定义，然后允许编译器隐式地插入这些定义来解决类型错误。因为这部分定义通常对使用者不可见，并且由编译器自动调用，故而得名“隐式定义”。

19.1　隐式定义的规则

Scala 对隐式定义有如下约束规则。

（1）标记规则。只有用关键字“implicit”标记的定义才能被编译器隐式使用，任何函数、变量或单例对象都可以被标记。其中，标记为隐式的变量和单例对象常用作隐式参数，隐式的函数常用于隐式转换。比如，代码“x + y”因为调用对象 x 的类型错误而不能通过编译，那么编译器会尝试把代码改成“convert(x) + y”，其中 convert 是某种可用的隐式转换。如果 convert 能将 x 改成某种支持“+”方法的对象，则这段代码就可能通过类型检查。

（2）作用域规则。Scala 编译器只会考虑在当前作用域内的隐式定义，否则，如果所有隐式定义都是全局可见的，将会使得程序异常复杂甚至出错。隐式定义在当前作用域必须是“单个标识符”，即编译器不会展开成“A.convert(x) + y”的形式。如果想用 A.convert，那么必须先用“import A.convert”导入，然后被展开成“convert(x) + y”的形式。单个标识符规则有一个例外，就是编译器会在与隐式转换相关的源类型和目标类型的伴生对象中查找隐式定义。因此，常在伴生对象中定义隐式转换，而不用在需要时显式导入。

（3）每次一个规则。编译器只会插入一个隐式定义，不会出现“convert1(convert2(x)) + y”这种嵌套的形式，但是可以让隐式定义包含隐式参数来绕开这个限制。

（4）显式优先原则。如果显式定义能通过类型检查，就不必进行隐式转换。因此，总是可以把隐式定义变成显式的，这样代码变长但是歧义变少。用显式还是隐式，需要取舍。

此外，隐式转换可以用任意合法的标识符来命名。有了名字后，一是可以显式地把隐式转换函数写出来，二是可以明确地导入具体的隐式转换而不是导入所有的隐式定义。

Scala 只会在三个地方使用隐式定义：转换到一个预期的类型，转换某个选择接收端（即调用方法或字段的对象），隐式参数。

19.2 隐式地转换到期望类型

Scala 的编译器对于类型检查比较严格，比如把一个浮点数赋值给整数变量，通常情况下人们可能希望通过截断小数部分来完成赋值，但是 Scala 在默认情况下是不允许这种丢失精度的转换的，这会造成类型匹配错误。例如（代码引自《Scala 编程》（第 3 版）[1]）：

```
scala> val i: Int = 1.5
<console>:11: error: type mismatch;
 found   : Double(1.5)
 required: Int
val i: Int = 1.5
         ^
```

用户可能并不关心精度问题，确实需要这样一种赋值操作，可以通过定义一个隐式转换来完成。例如[1]：

```
scala> import scala.language.implicitConversions
import scala.language.implicitConversions
scala> implicit def doubleToInt(x: Double) = x.toInt
doubleToInt(x: Double): Int
scala> val i: Int = 1.5
i: Int = 1
```

此时再进行之前的赋值，就会正确地截断小数部分。隐式转换也可以显式地调用：

```
scala> val i: Int = doubleToInt(2.33)
i: Int = 2
```

第 12 章中在讲解类继承时，最后提到了 Scala 的全局类层次，其中就有 7 种基本值类的转换，比如 Int 可以赋值给 Double。这其实也是隐式转换在起作用，只是这个隐式转换定义在 Scala 包中的单例对象 Predef 中。因为所有的 Scala 文件都会被编译器隐式地在开头按顺序插入 “import java.lang._” “import scala._” “import Predef._” 三条语句，所以标准库中的隐式转换会以不被察觉的方式工作。

19.3 隐式地转换接收端

接收端就是指调用方法或字段的对象，调用对象在非法的情况下，被隐式地转换成了合法的对象，这是隐式转换最常用的地方。例如：

```
scala> class MyInt(val i: Int)
defined class MyInt
scala> 1.i
<console>:14: error: value i is not a member of Int
1.i
  ^
scala> implicit def intToMy(x: Int) = new MyInt(x)
intToMy(x: Int): MyInt
scala> 1.i
```

```
res0: Int = 1
```

在这个例子中，标准值类 Int 是没有叫“i”的字段的，在定义隐式转换前，“1.i”是非法的。有了隐式转换后，用一个 Int 对象作为参数构造了一个新的 MyInt 对象，而 MyInt 对象就有字段 i。所以“1.i”被编译器隐式地展开成“intToMy(1).i”，这就使得已有类型可以通过“自然”的方式与新类型进行互动。

此外，隐式转换的这个作用还经常被用于模拟新的语法，尤其是在构建 DSL 语言时用到。因为 DSL 语言含有大量的自定义类型，这些自定义类型可能要频繁地与已有类型交互，有了隐式转换之后就能让代码的语法更加自然。比如 Chisel 就是这样的 DSL 语言，如果读者仔细研究 Chisel 的源代码，就会发现大量的隐式定义。

映射的“键-值”对语法“键 -> 值”其实是一个对偶“(键, 值)”，是隐式转换在起作用。Scala 仍然是在 Predef 这个单例对象中定义了一个箭头关联类 ArrowAssoc，该类有一个方法“->”，可以接收一个任意类型的参数，把调用对象和参数构成一个二元组来返回。同时，单例对象中还有一个隐式转换 any2ArrowAssoc，该转换也接收一个任意类型的参数，用这个参数构造一个 ArrowAssoc 类的实例对象。所以，“键 -> 值”会被编译器隐式地展开成“any2ArrowAssoc(键).->(值)”。因此，严格来讲没有“键 -> 值”这个语法，只不过是用隐式转换模拟出来的罢了。

19.4 隐式类

隐式类是一个以关键字“implicit”开头的类，用于简化富包装类的编写。它不能是样例类，并且主构造方法有且仅有一个参数。此外，隐式类只能位于某个单例对象、类或特质中，不能单独出现在顶层。隐式类的特点就是让编译器在相同层次下自动生成一个与类名相同的隐式转换，该转换接收一个与隐式类的主构造方法相同的参数，并用这个参数构造一个隐式类的实例对象来返回。例如（代码引自《Scala 编程》（第 3 版）[2]）：

```
// test.scala
case class Rectangle(width: Int, height: Int)
object Rec {
  implicit class RectangleMaker(width: Int) {
    def x(height: Int) = Rectangle(width, height)
  }
  // 自动生成的
  // implicit def RectangleMaker(width: Int) = new RectangleMaker(width)
}
```

将该文件编译后，就可以在解释器中用“import Rec._”或“import Rec.RectangleMaker”来引入这个隐式转换，然后用“1 x 10”这样的语句来构造一个长方形。实际上，Int 类并不存在方法“x”，但是隐式转换把 Int 对象转换成一个 RectangleMaker 类的对象，转换后的对象有一个构造 Rectangle 的方法“x”。例如（代码引自《Scala 编程》（第 3 版）[2]）：

```
scala> 1 x 10
<console>:15: error: value x is not a member of Int
 1 x 10
   ^
```

```
scala> import Rec.RectangleMaker
import Rec.RectangleMaker
scala> 1 x 10
res0: Rectangle = Rectangle(1,10)
```

隐式类需要单参数主构造方法的原因很简单，因为用于转换的调用对象只有一个，并且自动生成的隐式转换不会去调用辅助构造方法。隐式类不能出现在顶层是因为自动生成的隐式转换与隐式类在同一级，如果不用导入就能直接使用，那么顶层大量的隐式类就会使得代码变得复杂且容易出错。

19.5 隐式参数

函数的最后一个参数列表可以用关键字“implicit”声明为隐式的，这样整个参数列表的参数都是隐式参数。注意，是整个参数列表，即使括号中有多个参数，也只需要在开头写一个“implicit”。而且每个参数都是隐式的，不存在部分隐式或部分显式。

当调用函数时，若缺省了隐式参数列表，则编译器会尝试插入相应的隐式定义。也可以显式给出参数，但是必须全部缺省，或者全部显式给出，不能只写一部分。

要让编译器隐式插入参数，就必须事先定义好符合预期类型的隐式变量（val 和 var 可以混用，关键在于类型）、隐式单例对象或隐式函数（函数也能作为函数的参数进行传递），这些隐式定义也必须用“implicit”修饰。隐式变量、单例对象、函数在当前作用域的引用也必须满足“单标识符”原则，即不同层次之间需要用“import”来解决。

隐式参数的类型应该是“稀有”或“特定”的，类型名称最好能表明该参数的作用。如果直接使用 Int、Boolean、String 等常用类型，容易引发混乱。例如（代码引自《Scala 编程》（第 3 版）[3]）：

```
// test.scala
class PreferredPrompt(val preference: String)
class PreferredDrink(val preference: String)

object Greeter {
  def greet(name: String)(implicit prompt: PreferredPrompt,
      drink: PreferredDrink) = {
    println("Welcome, " + name + ". The system is ready.")
    print("But while you work, ")
    println("why not enjoy a cup of " + drink.preference + "?")
    println(prompt.preference)
  }
}

object JoesPrefs {
  implicit val prompt = new PreferredPrompt("Yes, master> ")
  implicit val drink = new PreferredDrink("tea")
}
scala> Greeter.greet("Joe")
```

```
    <console>:13: error: could not find implicit value for parameter prompt:
PreferredPrompt
    Greeter.greet("Joe")
         ^

    scala> import JoesPrefs._
    import JoesPrefs._

    scala> Greeter.greet("Joe")
    Welcome, Joe. The system is ready.
    But while you work, why not enjoy a cup of tea?
    Yes, master>

    scala> Greeter.greet("Joe")(prompt, drink)
    Welcome, Joe. The system is ready.
    But while you work, why not enjoy a cup of tea?
    Yes, master>

    scala> Greeter.greet("Joe")(prompt)
    <console>:17: error: not enough arguments for method greet: (implicit prompt:
PreferredPrompt, implicit drink: PreferredDrink)Unit.
    Unspecified value parameter drink.
    Greeter.greet("Joe")(prompt)
                        ^
```

19.6　含有隐式参数的主构造方法

普通的函数可以有隐式参数，类的主构造方法也可以包含隐式参数，辅助构造方法是不允许出现隐式参数的。有一个问题需要注意，假设类 A 仅有一个参数列表，并且该列表是隐式的，那么 A 的实际定义形式是“A()(implicit 参数)”，也就是比字面上的代码多了一对空括号。无论是用 new 实例化类 A，还是被其他类继承，若调用主构造方法时显式给出隐式参数，就必须写出这对空括号。若隐式参数由编译器自动插入，则空括号可有可无。例如：

```
    scala> class A(implicit val x: Int)
    defined class A
    scala> val a = new A(1)
    <console>:12: error: no arguments allowed for nullary constructor A:
()(implicit x: Int)A
    val a = new A(1)
         ^
    scala> val a = new A()(1)
    a: A = A@3003e580
    scala> implicit val ORZ = 233
    ORZ: Int = 233
```

```
scala> val b = new A
b: A = A@1c98b4eb
scala> b.x
res4: Int = 233
scala> val c = new A()
c: A = A@68b7bdcb
scala> c.x
res1: Int = 233
scala> val d = new A { val y = x }
d: A{val y: Int} = $anon$1@6cee903a
scala> d.x
res2: Int = 233
scala> d.y
res3: Int = 233
```

如果类 A 有多个参数列表，且最后一个是隐式的参数列表，则主构造方法没有额外的空括号。

19.7 上下文界定

排序是一种常用的操作，Scala 提供了一个特质 Ordering[T]，方便用户定义特定的排序行为。该特质有一个抽象方法 compare，接收两个 T 类型的参数，然后返回一个 Int 类型的结果。如果第一个参数“大于”第二个参数，则应该返回正数，反之应该返回负数，相等则返回 0。这里的“大于”“小于”“等于”是可以自定义的，完全取决于 compare 的具体定义，并不一定是常规的逻辑，比如可以和正常逻辑相反。此外，该特质还有方法 gt、gteq、lt 和 lteq，用于表示大于、大于或等于、小于、小于或等于，分别根据 compare 的结果来返回相应的布尔值。换句话说，如果一个对象中混入了 Ordering[T]特质，并实现了自己需要的 compare 方法，就能省略定义很多其他相关的方法。

假设现在需要编写一个方法寻找“最大”的列表元素，并且具体行为会根据某个隐式 Ordering[T]对象发生改变，那么可能定义如下（代码引自《Scala 编程》（第 3 版）[4]）：

```
def maxList[T](elements: List[T])(implicit ordering: Ordering[T]): T =
  elements match {
    case List() => throw new IllegalArgumentException("empty list!")
    case List(x) => x
    case x :: rest =>
      val maxRest = maxList(rest)(ordering) // 参数 ordering 被显式传递
      if (ordering.gt(x, maxRest)) x // 参数 ordering 被显式使用
      else maxRest
  }
```

注意，函数 maxList 的第二个参数列表是隐式的，这就会让编译器在缺省给出时，自动在当前作用域下寻找一个 Ordering[T]类型的对象。在第一行注释处，函数内部进行了自我调用，并且第二个参数仅仅只是传递了 ordering，此时就可以利用隐式参数的特性，不必显式给出第二个参数的传递。

隐式导入的 Predef 对象中定义了下面这样一个函数[4]：

```
def implicitly[T](implicit t: T) = t
```

要想使用这个函数，可以只写成“implicitly[T]”的形式。只需要指明 T 是什么具体类型，在默认参数的情况下，编译器会在当前作用域下自动寻找一个 T 类型的隐式对象传递给参数 t，然后把这个对象返回。例如，implicitly[ORZ]就会把当前作用域下的隐式 ORZ 对象返回。既然函数 maxList 的第二个参数是编译器隐式插入的，那么第二行注释处也就没必要显式写出 ordering，而可以改成“implicitly[Ordering[T]]”。

所以，一个更精简的 maxList 如下所示[4]：

```
def maxList[T](elements: List[T])(implicit ordering: Ordering[T]): T =
  elements match {
    case List() => throw new IllegalArgumentException("empty list!")
    case List(x) => x
    case x :: rest =>
      val maxRest = maxList(rest)
      if (implicitly[Ordering[T]].gt(x, maxRest)) x
      else maxRest
  }
```

现在，函数 maxList 的定义中已经不需要显式写出隐式参数的名字了，所以隐式参数可以改成任意名字，而函数体仍然保持不变。由于这个模式很常用，因此 Scala 允许省略这个参数列表并改用上下文界定。形如“[T : Ordering]”的函数的类型参数就是一个上下文界定，它有两层含义：①和正常情况一样，先在函数中引入一个类型参数 T；②为函数添加一个类型为 Ordering[T]的隐式参数。例如[4]：

```
def maxList[T: Ordering](elements: List[T]): T =
  elements match {
    case List() => throw new IllegalArgumentException("empty list!")
    case List(x) => x
    case x :: rest =>
      val maxRest = maxList(rest)
      if (implicitly[Ordering[T]].gt(x, maxRest)) x
      else maxRest
  }
```

上下文界定与前面讲的上界和下界很像，但[T <: Ordering[T]]表明 T 是 Ordering[T]的子类型并且不会引入隐式参数，[T : Ordering]则并没有标定类型 T 的范围，而仅说明类型 T 与某种形式的排序相关，并且会引入隐式参数。

上下文界定是一种很灵活的语法，配合像 Ordering[T]这样的特质及隐式参数，可以实现各种功能而不需要改变定义的 T 类型。

19.8 多个匹配的隐式定义

当多个隐式定义都符合条件时，编译器会发出定义模棱两可的错误。但是如果其中一个比别的更加具体，那么编译器会自动选择定义更具体的隐式定义，且不会发出错误。所谓“具体”，只要满足以下两个条件之一即可。

（1）更具体的定义，其类型是更模糊的定义的子类型。如果是隐式转换，比较的是参数类型，不是返回结果的类型。

（2）子类中的隐式定义比超类中的隐式定义更具体。

定义模棱两可的例子如下：

```
scala> class A(implicit val x: Int)
defined class A
scala> implicit val z = 10
z: Int = 10
scala> implicit val zz = 100
zz: Int = 100
scala> val a = new A()
<console>:14: error: ambiguous implicit values:
 both value z of type => Int
 and value zz of type => Int
 match expected type Int
 val a = new A()
     ^
```

条件1：

```
scala> class A(implicit val x: Int)
defined class A
scala> implicit val z = 10
z: Int = 10
scala> implicit val zz: Any = 100
zz: Any = 100
scala> val a = new A()
a: A = A@fee881
scala> a.x
res0: Int = 10
```

条件2：

```
scala> class A(implicit val x: Int)
defined class A
scala> class Sup {
         |   implicit val z = 10
         | }
defined class Sup
scala> class Sub extends Sup {
         |   implicit val zz = 100
         | }
defined class Sub
scala> val a = new Sup
a: Sup = Sup@13d2f8d
scala> val b = new Sub
b: Sub = Sub@9fd11f
scala> import a._
```

```
import a._
scala> import b._
import b._
scala> val c = new A()
c: A = A@79d01b
scala> c.x
res0: Int = 100
```

19.9 总结

隐式定义是一种很常用的 Scala 高级语法，尤其是在阅读、理解 Chisel 这样的 DSL 语言时，需要彻底搞明白自定义的隐式定义是如何工作的。即使是编写实际的硬件电路，像 RocketChip 的快速裁剪、配置功能，也是通过模式匹配加上隐式参数实现的。配置机制在第一篇的第 10 章中已讲解。对于想掌握 Chisel 高级功能的读者，本章是学习的重点。

19.10 参考文献

[1] Martin Odersky，Lex Spoon，Bill Venners. Scala 编程[M]. 高宇翔，译. 3 版. 北京：电子工业出版社，2018：448-449.

[2] Martin Odersky，Lex Spoon，Bill Venners. Scala 编程[M]. 高宇翔，译. 3 版. 北京：电子工业出版社，2018：453.

[3] Martin Odersky，Lex Spoon，Bill Venners. Scala 编程[M]. 高宇翔，译. 3 版. 北京：电子工业出版社，2018：454-456.

[4] Martin Odersky，Lex Spoon，Bill Venners. Scala 编程[M]. 高宇翔，译. 3 版. 北京：电子工业出版社，2018：460-462.

反侵权盗版声明